これなら解ける

電気数学

実験でアプローチ

工学博士・博士（理学）　髙木　茂行
博士（工学）　美井野　優
【共著】

コロナ社

序　　　　文

電気電子工学科の教員として学生を指導しながら，いつも残念に思うことがある。電気電子工学に強い関心があり，学びたい専門分野も明確に決まっているにもかかわらず，数学が苦手なことで専門科目の理解が深まらないことだ。彼らは大学入学までのどこかのタイミングで，例えば太陽電池やPC，LEDなどの電気電子機器に出会い，この分野の発展性・可能性に強い期待を持ったはずだ。

期待する専門分野の勉強に胸を膨らませて大学に入学してきた学生に，**立ちはだかるのが数学だ**。電気は目に見えないので，その動きを捕らえて理解・可視化するには数学がとても重要である。しかし，高校ではそんなことは教えてくれない。虚数が交流回路の計算に使われ，交流に対するキャパシタ，インダクタの動作を理解するには微分や積分が必須だとは，夢にも思わない。さらに，高校の物理では，微分や積分を使わなくても済むようにカリキュラムが組まれているため，理系で受験に必要だからというぐらいの意識で数学を学ぶ学生もいるだろう。

大学に入学すると，すぐに微分積分や線形代数の授業がはじまる。大学の授業は高校の授業に比べれば難しく，大学レベルの問題がスラスラ解ける学生はそれほど多くはいない。これらの科目が終わると，数学と電気電子工学とを結ぶ授業として，電気数学の授業が行われる。電気数学が終わると，後にも先にも数学関連の授業は行われない。したがって

「電気数学は，電気電子工学を学ぶ学生にとって必要な数学能力を修得する最後の砦」

となる。

こうした状況にもかかわらず，電気数学がカバーする範囲は広く，微分や積分などの主要項目に1回，多くても2回の授業しか充当できない。時間的制約の中で，多くの学生に電気電子工学で必要な数学を理解してもらおうと，授業が終わるたびに振り返り，教え方やその内容についての試行錯誤を繰り返してきた。そして，特に①電気電子工学と数学の関係を理解してもらうこと，②数学を解く楽しみを感じてもらうこと，③電気電子工学で必要となる数学をできるだけ網羅して解説すること，の3点が重要だと考えた。

こうして，積み上げてきたノウハウをテキストにまとめたのが本書である。目的とした3項目については，つぎのような工夫を凝らした。

① **電気電子工学と数学の関係を理解**　両者の関係を理解するためには，実際の電気電子工学とそれを記述する数学を示すのが一番と考えた。そこで，数学で記述された現象と実際の実験結果とが一致する例をできるだけ紹介するようにした。具体的な例として，4章では，指数関数のグラフと実際の減衰波形から時定数を理解できるようにしている。

② **数学を解く楽しみ**　数学の問題が解けるようになれば，数学への興味も湧き，勉強時間も

長くなり，一段と難しい問題にもチャレンジできるという正のループが働く。本書では，難しい証明や理論は可能な限り省き，問題を解く手法に重点を置いた。問題を解く手順，ノウハウ，注意することを「解き方」としてまとめた。解法の手順が長い 8，9 章の微分方程式では，その大まかな解法手順を最初に Step として示し，それぞれの Step での解き方を順次説明する方法で説明した。

③ **電気電子工学で必要な数学の網羅**　電気数学は幅広い分野を扱う。半年の授業の場合十分に対応できないため，大学によってはフェーザ，ラプラス変換，フーリエ級数，ベクトル解析を電気数学の授業から除き，関連する専門分野で教えるようにしている。しかしながら，たとえ半年でも授業を受けておけば，いざ必要になったときに，抵抗なく自分で学ぶことができる。そこで，これらの内容もテキストに加えた。

これまで電気数学を教えてきた試みを本テキストに盛り込んだ。このテキストを使って学習した学生が少しでも数学に興味を持ち，電気電子工学の専門科目を学ぶときの数学力に身に付けてくれることを切に望む。そして，大学院や社会人となって，目も覚めるような素晴らしい研究・開発成果を出してくれることを切に期待する。

なお，本書の執筆は以下のように 2 名で分担した。

高木茂行：5 章，6.4～6.6 節，8～12 章
　　　　　各章の導入部，実験で試す

美井野優：1～4 章，6.1～6.3 節，7，13 章
　　　　　章末問題略解，章末問題詳解

本書に掲載できなかった章末問題詳解はコロナ社の Web ページ（https://coronasha.co.jp/np/isbn/9784339009842）からダウンロードができるので答え合わせだけでなく解説を確認して自習に活用してほしい。

2022 年 6 月

著者を代表して　髙木 茂行

【講義を担当する先生方へ】

このテキストを使って授業する際のいくつかの活用方法として，選択する章を表にまとめました。

1 年間の履修では 1 年生の前期あるいは後期から，前半に 1〜7 章まで，後半に 8〜13 章までの授業方法が考えられます。

半年間での履修では，学生がある程度の数学や電気回路の専門知識を修得していることが望ましいと考えます。一つのパターンは電気電子系専門科目でよく使われる数学に特化する方法で，もう一つは微分・積分，線形代数を履修した後に数学科目の仕上げとして，全章を学ぶ方法があります。

本書の活用方法

履修時期	1 年間で履修する場合		半年間で履修する場合	
	前半 電気数学基礎	後半 電気数学応用	1 年後期以降 電気電子系数学に特化	1 年後期以降 電気電子系数学仕上げ
1 章	○			△
2 章	○		○	○
3 章	○			○
4 章	○			○
5 章	○		○	○
6 章	○		○	○
7 章	○		○	○
8 章		○	○	○
9 章		○	○	○
10 章		○	○	○
11 章		○	○	○
12 章		○	○	○
13 章		○	○	○

目　　　次

1　行列（基本編：2 × 2 の行列）

2　行列（応用編：3 × 3 の行列）

3 三　角　関　数

4 指数と対数およびその関数

5　複　素　数

6　微分・偏微分

7　積　分

8　1階の微分方程式

9 2階の微分方程式

10 ラプラス変換

11　ラプラス変換で微分方程式を解く

12　フーリエ級数

13　ベ　ク　ト　ル

1　行列（基本編：2×2 の行列）

これから学ぶ「行列」は皆さんにとって初めて出会う概念かもしれない。しかし，われわれは日常生活で，行列の考え方を使っている。**図 1.1** (a) は列車の座席であり，図 (b) はその座席表である。座席は番号とアルファベットで，2A のように指定されている。番号は縦方向の順番（行），アルファベットは横方向（列）の順番を示しており，この組合せで座席の位置が決まる。ただし，数学では縦（行）と横（列）の表記ともに数字を用いる。

(a)　鉄道の座席指定

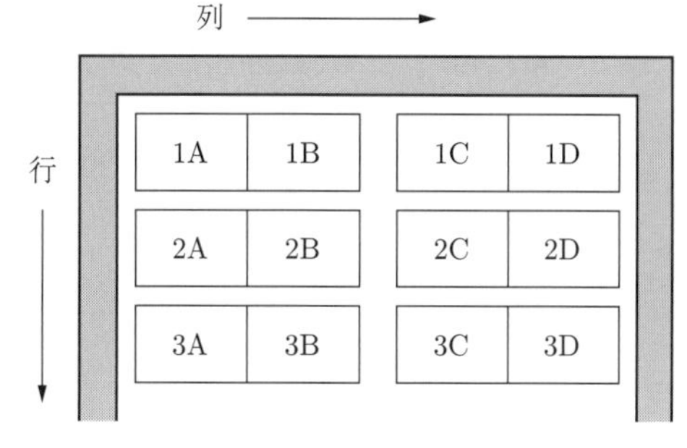

(b)　座席表

図 1.1　鉄道の座席指定と行列

行列が座席指定の延長と思えば親近感も湧くだろう。行列自体が持つ奥深い意味やその使い方は後回しにして，まずは「行列とはなにか」を理解し，関連する基本事項を確認しよう。行列は高校では習わないので，最初は「なんだこれは」と思うかもしれないが，電気電子工学を理解するうえではとても便利な道具だ。

1.1　行列ことはじめ

縦と横に数字が並ぶ行列。本章では，このような「数字の配列＝行列」について基本的な定義や計算方法を学んでいく。

1.1.1　用 語 の 定 義

最初に，行列に関する用語を説明する。つぎのように「数字を規則的に並べた配列」を**行列** (matrix) と呼ぶ。なお，行列を表記するときには角括弧 [ ] もしくは丸括弧 ( ) で包む。

$$\begin{bmatrix} 1 & 3 \\ 8 & -5 \end{bmatrix} \quad \begin{bmatrix} 6 & 3 & 7 \\ 8 & -5 & 10 \\ 11 & -2 & 0 \end{bmatrix} \quad \begin{bmatrix} 3 & -3 & 5 \\ 8 & 9 & 11 \end{bmatrix} \quad \begin{bmatrix} 9 & 2 & -5 \end{bmatrix} \quad \begin{bmatrix} -4 \\ 2 \\ -3 \end{bmatrix} \tag{1.1}$$

行列を構成するそれぞれの数は**要素**（element）といい，横に並んだ要素の組を**行**（row），縦の組を**列**（column）と表現する。例えば，**図 1.2** のような行列は 2 行 3 列の行列（2×3 の行列）と呼ばれ，$2 \times 3 = 6$ 個の要素を含む。

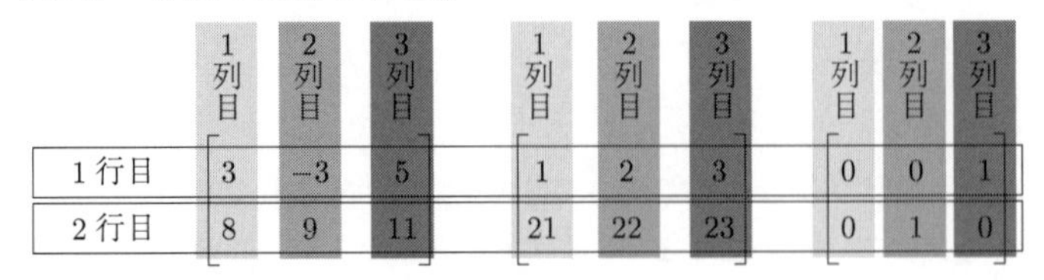

図 1.2　行列の例

行列の要素を一つ指定したいときには，(i, j) **成分**（entry）という言葉を用いる。例えば，**図 1.3** に示すような行列の「6」という要素を指定したいとき，「6」は行列の「2 行目 3 列目」に位置しているため，「$(2, 3)$ 成分」という。

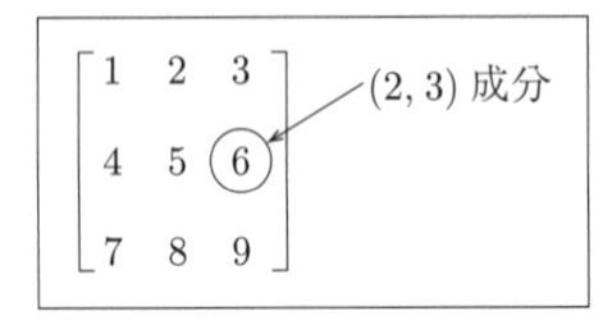

図 1.3　成　分

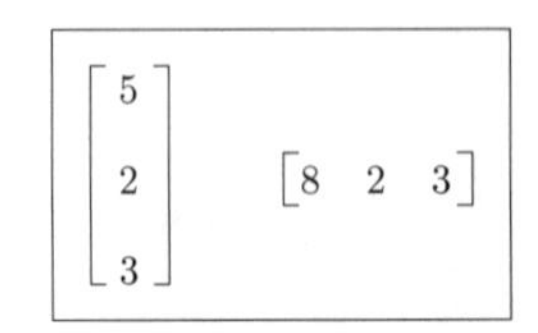

図 1.4　行や列の数が「1」の行列

図 1.4 のように，行の数や列の数が「1」であるような行列は，高校数学で学ぶ「ベクトル」と同一視できる。

一方で，行列やベクトルのように配列化されていない単独の数（例えば $1, -2, 5$ など）は**スカラ**（scalar）と呼ぶ。行列やベクトル，スカラを文字で表記したい場合には，**表 1.1** のような記号を用いるのが一般的である。

表 1.1　行列・ベクトル・スカラの代表的な記号

記　号	意　味	特　徴
A	行　列	アルファベット大文字
$\boldsymbol{x}$	ベクトル	アルファベット太文字
r	スカラ	アルファベット小文字

1.1.2　和・差・スカラ倍・転置

数学の代表的な演算である「足し算」や「引き算」について考えてみよう。行列の世界では，足し算・引き算をつぎのように定義する。

定義 1.1　(行列の和と差)

前提条件：二つの行列 A と B の行数および列数がたがいに等しい。

$$A \pm B = \begin{bmatrix} a_{11} \pm b_{11} & a_{12} \pm b_{12} \\ a_{21} \pm b_{21} & a_{22} \pm b_{22} \end{bmatrix} \tag{1.2}$$

（ただし，a_{ij} を A の (i, j) 成分，b_{ij} を B の (i, j) 成分とする）

前提条件をわかりやすくいえば，二つの行列が「まったく同じ形」をしているということだ。そうであれば，足し算・引き算を計算できるということになる。実際にどのように計算するのかというと，行列の中の「**同じ位置にある数字同士**を足し算・引き算する」のだ。以下の例で具体的に見てみよう。

例題 1.1　つぎの 2×2 の行列の和を求めよ。

$$\begin{bmatrix} 3 & -3 \\ 8 & 9 \end{bmatrix} + \begin{bmatrix} 1 & 2 \\ 21 & 22 \end{bmatrix}$$

【解答】　定義 1.1 に従って

$$\begin{bmatrix} 3 & -3 \\ 8 & 9 \end{bmatrix} + \begin{bmatrix} 1 & 2 \\ 21 & 22 \end{bmatrix} = \begin{bmatrix} 3+1 & -3+2 \\ 8+21 & 9+22 \end{bmatrix} = \begin{bmatrix} 4 & -1 \\ 29 & 31 \end{bmatrix}$$

◆[†]

例題 1.2　つぎの 2×2 の行列の差を求めよ。

$$\begin{bmatrix} 3 & -3 \\ 8 & 9 \end{bmatrix} - \begin{bmatrix} 1 & 2 \\ 21 & 22 \end{bmatrix}$$

【解答】　定義 1.1 に従って

$$\begin{bmatrix} 3 & -3 \\ 8 & 9 \end{bmatrix} - \begin{bmatrix} 1 & 2 \\ 21 & 22 \end{bmatrix} = \begin{bmatrix} 3-1 & -3-2 \\ 8-21 & 9-22 \end{bmatrix} = \begin{bmatrix} 2 & -5 \\ -13 & -13 \end{bmatrix}$$

◆

形が違う行列同士では和・差が成り立たない。

$$\begin{bmatrix} 3 & -3 \\ 8 & 9 \end{bmatrix} + \begin{bmatrix} 1 & 2 & 3 \\ 21 & 22 & 23 \end{bmatrix} = (\text{不成立}) \tag{1.3}$$

$5+5+5=5 \times 3$ のように，足し算が定義できれば，定数（スカラ）倍もその拡張として定義できる。

定義 1.2　(行列の定数（スカラ）倍)

$$rA = \underbrace{\begin{bmatrix} a_{11} & a_{12} \\ a_{21} & a_{22} \end{bmatrix} + \cdots + \begin{bmatrix} a_{11} & a_{12} \\ a_{21} & a_{22} \end{bmatrix}}_{r\text{ 個}} = \begin{bmatrix} ra_{11} & ra_{12} \\ ra_{21} & ra_{22} \end{bmatrix} \tag{1.4}$$

[†] ◆マークは解答の終わりを示す。

計算方法としては，各要素を定数倍する。例えば，(1, 1) 成分に着目すれば，a_{11} を r 個足し合わせた $a_{11} + a_{11} + \cdots + a_{11}$ のような計算となり，書き換えれば，ra_{11} である。そのほかの成分についてもまったく同じ考え方をすればよい。

例題 1.3　つぎの行列のスカラ倍を求めよ。

$$2\begin{bmatrix} 1 & 2 \\ 21 & 22 \end{bmatrix}$$

【解答】　定義 1.2 に従って

$$2\begin{bmatrix} 1 & 2 \\ 21 & 22 \end{bmatrix} = \begin{bmatrix} 1 & 2 \\ 21 & 22 \end{bmatrix} + \begin{bmatrix} 1 & 2 \\ 21 & 22 \end{bmatrix} = \begin{bmatrix} 2\cdot 1 & 2\cdot 2 \\ 2\cdot 21 & 2\cdot 22 \end{bmatrix} = \begin{bmatrix} 2 & 4 \\ 42 & 44 \end{bmatrix}$$ ◆

つぎに，行列の特徴的な演算，「転置」を紹介する。

定義 1.3　(行列の転置)

$$A = \begin{bmatrix} a_{11} & a_{12} \\ a_{21} & a_{22} \end{bmatrix} \quad \Leftrightarrow \quad A^{\top} = \begin{bmatrix} a_{11} & a_{21} \\ a_{12} & a_{22} \end{bmatrix} \tag{1.5}$$

ここで，A の行と列を入れ替えた行列を A の**転置**（transpose）と呼び，$A^{\top}$ と記述する。転置の計算方法は，対角線を軸に各要素を「反転」させる。すなわち，行列の左上から右下へ対角線を引き，この線を軸として行に並ぶ要素と列に並ぶ要素を入れ替える。この転置という作業にどのような意味があるのかはひとまず置いておいて，計算方法のみ確認しておこう。

図 1.5 に行列の転置のイメージを示す。A の 1 行目と 1 列目が対角線を軸に反転し，転置 $A^{\top}$ の 1 列目と 1 行目になっている。以降の行，列についても同様になる。

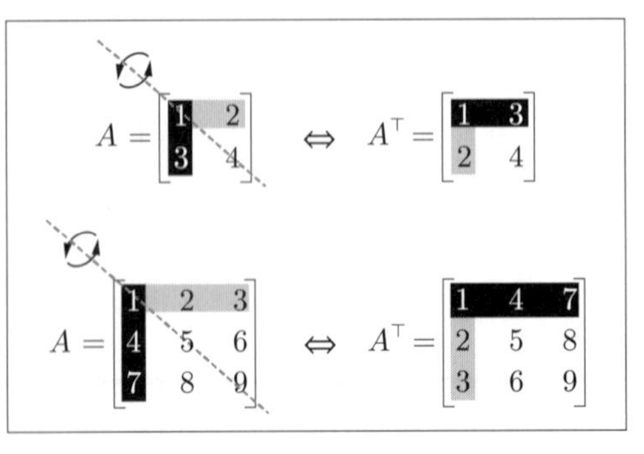

図 1.5　行列の転置のイメージ

1.2　普通の掛け算とはやや異なる行列の積

行列同士の足し算・引き算では「同じ位置にある要素同士」の足し算・引き算を行った。しかしながら，行列同士の「掛け算」では，足し算や引き算とは異なる一風変わった計算を行う。

行列の「積」は，「行列」の特徴ともいえる演算であり，なにをするにしてもついてまわる中心的な役割を果たしている。

定義 1.4　(行列 A と B の積 AB（標準))

前提条件：A の列数と B の行数がたがいに等しい。

$$AB = \begin{bmatrix} a_{11} & a_{12} \\ a_{21} & a_{22} \end{bmatrix} \begin{bmatrix} b_{11} & b_{12} \\ b_{21} & b_{22} \end{bmatrix} = \begin{bmatrix} a_{11}b_{11} + a_{12}b_{21} & a_{11}b_{12} + a_{12}b_{22} \\ a_{21}b_{11} + a_{22}b_{21} & a_{21}b_{12} + a_{22}b_{22} \end{bmatrix} \tag{1.6}$$

定義の暗記は容易ではないが，左の行列 A については横並びの $\begin{bmatrix} a_{11} & a_{12} \end{bmatrix}$ や $\begin{bmatrix} a_{21} & a_{22} \end{bmatrix}$ がペアとして計算方法に表れている。一方で，右の行列 B については縦並びの $\begin{bmatrix} b_{11} \\ b_{21} \end{bmatrix}$ や $\begin{bmatrix} b_{12} \\ b_{22} \end{bmatrix}$ がペアとして計算方法に表れている。左は横（あるいは行），右は縦（あるいは列），などと覚えればよい。なお，左は横，右は縦と掛けるので，AB と BA では異なる結果となることに注意してほしい。

例題 1.4　つぎの積を計算せよ。

$$\begin{bmatrix} 1 & 2 \\ 3 & 4 \end{bmatrix} \begin{bmatrix} 10 & 3 \\ 1 & 2 \end{bmatrix}$$

【解答】

$$\begin{bmatrix} 1 & 2 \\ 3 & 4 \end{bmatrix} \begin{bmatrix} 10 & 3 \\ 1 & 2 \end{bmatrix} = \begin{bmatrix} 1 \cdot 10 + 2 \cdot 1 & 1 \cdot 3 + 2 \cdot 2 \\ 3 \cdot 10 + 4 \cdot 1 & 3 \cdot 3 + 4 \cdot 2 \end{bmatrix} = \begin{bmatrix} 12 & 7 \\ 34 & 17 \end{bmatrix}$$

第 2 式（中央に記載の足し算を含む式）の各成分を見てみよう。

$(1,1)$ 成分：左の行列から 1 行目 $\begin{bmatrix} 1 & 2 \end{bmatrix}$ を，右の行列から 1 列目 $\begin{bmatrix} 10 \\ 1 \end{bmatrix}$ を抜き出している。

$$\begin{bmatrix} 1 & 2 \\ 3 & 4 \end{bmatrix} \begin{bmatrix} 10 & 3 \\ 1 & 2 \end{bmatrix} = \begin{bmatrix} 1 \cdot 10 + 2 \cdot 1 & 1 \cdot 3 + 2 \cdot 2 \\ 3 \cdot 10 + 4 \cdot 1 & 3 \cdot 3 + 4 \cdot 2 \end{bmatrix} = \begin{bmatrix} 12 & 7 \\ 34 & 17 \end{bmatrix}$$

$(1,2)$ 成分：左の行列から 1 行目 $\begin{bmatrix} 1 & 2 \end{bmatrix}$ を，右の行列から 2 列目 $\begin{bmatrix} 3 \\ 2 \end{bmatrix}$ を抜き出している。

$$\begin{bmatrix} 1 & 2 \\ 3 & 4 \end{bmatrix} \begin{bmatrix} 10 & 3 \\ 1 & 2 \end{bmatrix} = \begin{bmatrix} 1 \cdot 10 + 2 \cdot 1 & 1 \cdot 3 + 2 \cdot 2 \\ 3 \cdot 10 + 4 \cdot 1 & 3 \cdot 3 + 4 \cdot 2 \end{bmatrix} = \begin{bmatrix} 12 & 7 \\ 34 & 17 \end{bmatrix}$$

(2,1) 成分：左の行列から 2 行目 $\begin{bmatrix}3 & 4\end{bmatrix}$ を，右の行列から 1 列目 $\begin{bmatrix}10\\1\end{bmatrix}$ を抜き出している。

$$\begin{bmatrix}1 & 2\\3 & 4\end{bmatrix}\begin{bmatrix}10 & 3\\1 & 2\end{bmatrix}=\begin{bmatrix}1\cdot 10+2\cdot 1 & 1\cdot 3+2\cdot 2\\3\cdot 10+4\cdot 1 & 3\cdot 3+4\cdot 2\end{bmatrix}=\begin{bmatrix}12 & 7\\34 & 17\end{bmatrix}$$

(2,2) 成分：左の行列から 2 行目 $\begin{bmatrix}3 & 4\end{bmatrix}$ を，右の行列から 1 列目 $\begin{bmatrix}3\\2\end{bmatrix}$ を抜き出している。

$$\begin{bmatrix}1 & 2\\3 & 4\end{bmatrix}\begin{bmatrix}10 & 3\\1 & 2\end{bmatrix}=\begin{bmatrix}1\cdot 10+2\cdot 1 & 1\cdot 3+2\cdot 2\\3\cdot 10+4\cdot 1 & 3\cdot 3+4\cdot 2\end{bmatrix}=\begin{bmatrix}12 & 7\\34 & 17\end{bmatrix}$$

♦

1.3　行列計算で最も重要な逆行列（2 × 2 の行列）

方程式 $2x=1$ を解くとき，皆さんはどのような計算をするだろうか。おそらく多くの方は両辺を 2 で割り，$x=1/2$ とすることだろう。この $x=1/2=2^{-1}$ は 2 の**逆数**（multiplicative inverse）と呼ばれる。行列についても，逆数に相当する行列，逆行列を考えることができる。

1.3.1　定義と具体例

まずはじめに逆行列の定義を示す。

定義 1.5　(逆行列)　$n\times n$ の行列 A について，つぎの等式を満たす A^{-1} を A の逆行列という。

$$AA^{-1}=A^{-1}A=I \tag{1.7}$$

ここで，I は**単位行列**（identity matrix）を意味している。単位行列とは，行の数と列の数が等しく,「対角線上に 1 が，そのほかには 0 が並んだ行列」である。具体的にはつぎのような例が挙げられる。

$$I_2=\begin{bmatrix}1 & 0\\0 & 1\end{bmatrix},\quad I_3=\begin{bmatrix}1 & 0 & 0\\0 & 1 & 0\\0 & 0 & 1\end{bmatrix},\quad I_4=\begin{bmatrix}1 & 0 & 0 & 0\\0 & 1 & 0 & 0\\0 & 0 & 1 & 0\\0 & 0 & 0 & 1\end{bmatrix} \tag{1.8}$$

どのような行列 A に対しても，単位行列 I との積をとれば $AI = IA = A$ となるので，I は行列積の世界での「1」に相当する。つぎのような例を確認してみよう。

例題 1.5 つぎの行列 A, B について，$B = A^{-1}$ を証明せよ。

$$A = \begin{bmatrix} 1 & 2 \\ 3 & 4 \end{bmatrix}, \qquad B = \begin{bmatrix} -2 & 1 \\ 1.5 & -0.5 \end{bmatrix}$$

【解答】（証明）

$$AB = \begin{bmatrix} 1 & 2 \\ 3 & 4 \end{bmatrix} \begin{bmatrix} -2 & 1 \\ 1.5 & -0.5 \end{bmatrix} = \begin{bmatrix} 1 \cdot (-2) + 2 \cdot 1.5 & 1 \cdot 1 + 2 \cdot (-0.5) \\ 3 \cdot (-2) + 4 \cdot 1.5 & 3 \cdot 1 + 4 \cdot (-0.5) \end{bmatrix} = \begin{bmatrix} 1 & 0 \\ 0 & 1 \end{bmatrix} = I$$

$$BA = \begin{bmatrix} -2 & 1 \\ 1.5 & -0.5 \end{bmatrix} \begin{bmatrix} 1 & 2 \\ 3 & 4 \end{bmatrix} = \begin{bmatrix} (-2) \cdot 1 + 1 \cdot 3 & (-2) \cdot 2 + 1 \cdot 4 \\ 1.5 \cdot 1 + (-0.5) \cdot 3 & 1.5 \cdot 2 + (-0.5) \cdot 4 \end{bmatrix} = \begin{bmatrix} 1 & 0 \\ 0 & 1 \end{bmatrix} = I$$

したがって，$AB = BA = I$ であるので，B は A の逆行列である。 ♦

1.3.2 行列式・余因子行列・逆行列の導出

では，逆行列はどのように求めればよいのだろうか。本項では 2×2 の行列の逆行列に絞って計算方法を紹介する。

逆行列は**行列式**（determinant）と**余因子行列**（cofactor matrix）によって記述できる。それぞれの算出方法を見てみよう。まず，2×2 の行列の行列式はつぎの通り定義される。

定義 1.6 （行列式 $|A|$（2×2 の行列））

$$A = \begin{bmatrix} a & b \\ c & d \end{bmatrix} \quad \Leftrightarrow \quad |A| = ad - bc \tag{1.9}$$

計算方法は，対角線上の要素 a, d および b, c の積を計算し，この順で差を求める。

行列式 $|A|$ とは，行列 A の特徴を表す一つの指標であり，行列演算のさまざまな場面で現れる。定義 1.6 の定義式は行列式の基本中の基本であり，これをもとにして 3×3，4×4 の行列式も考えることもできる。しっかりと記憶しておこう†。

† 定義式は「定義」であるので，初学者が「なぜこうなのか？」を考える必要は特にない。「このように定義するとなにかと上手くいく，あるいは便利なのでこうした」という風に考えておけばよい。

例題 1.6　つぎの行列の行列式を求めよ。

$$A = \begin{bmatrix} 1 & 2 \\ 3 & 4 \end{bmatrix}$$

【解答】　各行列の a, b, c, d を見出し，定義 1.6 に当てはめると

$$A \quad \Rightarrow a = 1,\ b = 2,\ c = 3,\ d = 4 \qquad |A| = ad - bc = 1 \cdot 4 - 2 \cdot 3 = -2$$ ◆

つぎに，2 × 2 の行列の余因子行列はつぎの通り定義される。

定義 1.7　（余因子行列 C と $\mathrm{adj}(A)$（2 × 2 の行列））

$$A = \begin{bmatrix} a & b \\ c & d \end{bmatrix} \quad \Leftrightarrow \quad C = \begin{bmatrix} d & -c \\ -b & a \end{bmatrix} \tag{1.10}$$

$$\Leftrightarrow \quad \mathrm{adj}(A) = C^\top = \begin{bmatrix} d & -b \\ -c & a \end{bmatrix} \tag{1.11}$$

余因子行列とは，文字通り「余因子」によって構成される行列である。余因子や余因子行列については 2 章で詳しく説明するので，いまのところは「そんなものがある」という程度の理解で構わない。計算方法としては，行列 A の a と d，b と c を入れ替え，b, c の符号を反転する。余因子行列の転置を $\mathrm{adj}(A)$ と表す†。

例題 1.7　つぎの各行列の余因子行列を求めよ。

$$A = \begin{bmatrix} 1 & 2 \\ 3 & 4 \end{bmatrix}$$

【解答】　各行列の a, b, c, d を見出し，定義 1.7 に当てはめる。

$$A \quad \Rightarrow a = 1,\ b = 2,\ c = 3,\ d = 4 \qquad C = \begin{bmatrix} d & -c \\ -b & a \end{bmatrix} = \begin{bmatrix} 4 & -3 \\ -2 & 1 \end{bmatrix}$$ ◆

定義 1.6 と 1.7 で逆行列を求める準備は整った。行列式と余因子行列を使って逆行列を定義する。

† ここで，$\mathrm{adj}(A)$ は adjugate matrix と呼ばれる。$\mathrm{adj}(A)$ を余因子行列と呼ぶ習わしもあるが，本書では英名に従って cofactor matrix を余因子行列と呼ぶ。

定義 1.8　(行列式と余因子行列による逆行列の定義)

$$A^{-1} = \frac{1}{|A|}\,\mathrm{adj}(A) = \frac{1}{|A|}C^{\top} \tag{1.12}$$

さて，定義 1.8 から，逆行列の計算手順はつぎの通りとなる。

解き方 1.1：逆行列 A^{-1} の算出

Step 1：行列式 $|A|$ を計算する。
$|A| = 0$ であれば A の逆行列は存在しない。

Step 2：余因子行列 C の転置 $\mathrm{adj}(A) = C^{\top}$ を計算する。

Step 3：$\mathrm{adj}(A)$ を $|A|$ で割ると逆行列 A^{-1} となる。

とりわけ，2 × 2 の行列については，定義 1.6，1.7 から

$$A = \begin{bmatrix} a & b \\ c & d \end{bmatrix} \quad \Leftrightarrow \quad A^{-1} = \frac{1}{ad - bc}\begin{bmatrix} d & -b \\ -c & a \end{bmatrix} \tag{1.13}$$

となる。この式は比較的簡単なので，暗記しておくとよい。

例題 1.8　つぎの各行列の逆行列を求めよ。

$$A = \begin{bmatrix} 1 & 2 \\ 3 & 4 \end{bmatrix}$$

【解答】　**Step 1, 2**：これまでの例題から，行列式および adj はそれぞれつぎの通りとなる。

$$A = \begin{bmatrix} 1 & 2 \\ 3 & 4 \end{bmatrix} \quad \Leftrightarrow \quad |A| = -2, \quad C = \begin{bmatrix} 4 & -3 \\ -2 & 1 \end{bmatrix}, \quad \mathrm{adj}(A) = \begin{bmatrix} 4 & -2 \\ -3 & 1 \end{bmatrix}$$

Step 3：adj を行列式で割って逆行列を得る。

$$A^{-1} = \frac{1}{|A|}\,\mathrm{adj}(A) = \frac{1}{-2}\begin{bmatrix} 4 & -2 \\ -3 & 1 \end{bmatrix} = \begin{bmatrix} -2 & 1 \\ 1.5 & -0.5 \end{bmatrix}$$ ♦

1.4　行列方程式の解法（2 × 2 の行列）

方程式とは「等号（=）」を含んだ式のことであるが，方程式に変数が含まれる場合，その変数の値を特定する作業を「方程式を解く」という。例えば，「$2x = 1$」は方程式であり，これを

解けば「$x = 1/2$」を得る。行列についても方程式を考えることができ，もちろんこれを解くための手段も用意されている。なかでも本節では，「連立方程式と対応した**行列方程式**」とその解法を説明する。

1.4.1　連立方程式への変換を用いた行列方程式の求解

行列方程式と連立方程式はつぎのような対応関係にある。

解き方 1.2：行列方程式と連立方程式の変換

$$A\boldsymbol{x} = \boldsymbol{b} \quad \Leftrightarrow \quad \begin{bmatrix} a_{11} & a_{12} \\ a_{21} & a_{22} \end{bmatrix} \begin{bmatrix} x_1 \\ x_2 \end{bmatrix} = \begin{bmatrix} b_1 \\ b_2 \end{bmatrix} \tag{1.14}$$

$$\Leftrightarrow \quad \begin{bmatrix} a_{11}x_1 + a_{12}x_2 \\ a_{21}x_1 + a_{22}x_2 \end{bmatrix} = \begin{bmatrix} b_1 \\ b_2 \end{bmatrix} \tag{1.15}$$

$$\Leftrightarrow \quad \begin{cases} a_{11}x_1 + a_{12}x_2 = b_1 \\ a_{21}x_1 + a_{22}x_2 = b_2 \end{cases} \tag{1.16}$$

計算方法は，A と $\boldsymbol{x}$ の行列積を求め，$\boldsymbol{b}$ と比較する。

連立方程式は行列方程式へ変換でき，その逆の変換もできる。上記の例では二元連立方程式を扱っているが，三元，四元と次元を高めていっても同様の変換が成り立つ。

例題 1.9　つぎの連立方程式を行列方程式へ変換せよ。

$$\begin{cases} x + 2y &= 5 \\ 3x + 4y &= 10 \end{cases}$$

【解答】　基本的な方針は，解き方 1.2 に示した変換を逆にたどればよい。まず，連立方程式の左辺と右辺を行列の形へ書き換える。

$$\begin{cases} x + 2y &= 5 \\ 3x + 4y &= 10 \end{cases} \quad \Leftrightarrow \quad \begin{bmatrix} 1 \cdot x + 2 \cdot y \\ 3 \cdot x + 4 \cdot y \end{bmatrix} = \begin{bmatrix} 5 \\ 10 \end{bmatrix}$$

つぎに，左辺を係数と変数に分けた行列の積の形に変換する。

$$\begin{bmatrix} 1 \cdot x + 2 \cdot y \\ 3 \cdot x + 4 \cdot y \end{bmatrix} = \begin{bmatrix} 5 \\ 10 \end{bmatrix} \quad \Leftrightarrow \quad \begin{bmatrix} 1 & 2 \\ 3 & 4 \end{bmatrix} \begin{bmatrix} x \\ y \end{bmatrix} = \begin{bmatrix} 5 \\ 10 \end{bmatrix}$$

これでもとの連立方程式を行列方程式へと変換できた。解き方 1.2 の表記に合わせれば，つぎのようになる。

$$A\boldsymbol{x} = \boldsymbol{b}, \quad A = \begin{bmatrix} 1 & 2 \\ 3 & 4 \end{bmatrix} \quad \boldsymbol{x} = \begin{bmatrix} x \\ y \end{bmatrix} \quad \boldsymbol{b} = \begin{bmatrix} 5 \\ 10 \end{bmatrix}$$ ♦

1.4.2　逆行列を用いた行列方程式の求解

行列方程式の解法の一つには，逆行列を用いたつぎのような導出がある。

解き方 1.3：逆行列を用いた行列方程式の求解

$$A\boldsymbol{x} = \boldsymbol{b} \quad \Leftrightarrow \quad \boldsymbol{x} = A^{-1}\boldsymbol{b} \tag{1.17}$$

計算方法としては，A の逆行列 A^{-1} を計算し，$A^{-1}\boldsymbol{b}$ を求める。これは，スカラの方程式でいうところの，$2x = 4$ に対して両辺に 2^{-1} を掛け，$x = 2$ とする解法に相当する。

例題 1.10　つぎの行列方程式の解を求めよ。

$$\begin{bmatrix} 1 & 2 \\ 3 & 4 \end{bmatrix} \boldsymbol{x} = \begin{bmatrix} 0 \\ 20 \end{bmatrix}$$

【解答】　$A^{-1} = \begin{bmatrix} -2 & 1 \\ 1.5 & -0.5 \end{bmatrix}$ であるので，求める解は

$$\boldsymbol{x} = A^{-1}\boldsymbol{b} = \begin{bmatrix} -2 & 1 \\ 1.5 & -0.5 \end{bmatrix} \begin{bmatrix} 0 \\ 20 \end{bmatrix} = \begin{bmatrix} -2 \cdot 0 + 1 \cdot 20 \\ 1.5 \cdot 0 + (-0.5) \cdot 20 \end{bmatrix} = \begin{bmatrix} 20 \\ -10 \end{bmatrix}$$ ♦

1.5　実験で試す：電気回路と行列

1.5.1　回路方程式を行列で解く

行列が役立つことを理解するため，2 行 2 列の行列を実際の電気回路で使ってみよう。電流値を行列を用いて求め，実験結果と比較する。取り上げる回路は，**図 1.6** に示すような簡単な並列回路だ。この回路なら行列を使わなくても電流値は求まるが，2 章で取り上げる回路例のように回路が複雑になっても同じ手法が使えるから便利だ。

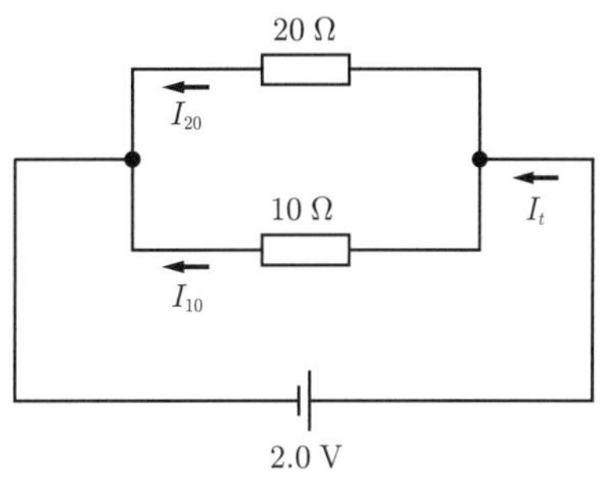

図 1.6　抵抗の並列回路

電気回路は一方の抵抗が 10 Ω，もう一方の抵抗が 20 Ω の並列回路で，回路の両端に 2.0 V の直流電圧を掛ける。このときに流れる全電流 I_t と，10 Ω 側に流れる電流 I_{10}

を求める。20 Ω 側に流れる電流 I_{20} は，**キルヒホッフの電流則**（Kirchhoff's current law）により I_t から I_{20} を引けば得られる。

電気回路の電流，電圧を求めるときの基本となるのが**キルヒホッフの電圧則**（Kirchhoff's voltage law）で，「起電力の和は電圧降下の和に等しい」である。この法則を 10 Ω 側の回路に適用すると，起電力（直流電源 2.0 V）が 10 Ω の抵抗での電圧降下と等しくなり，次式となる。

$$10\,〔\Omega〕\times I_{10} = 2.0\,〔\mathrm{V}〕 \tag{1.18}$$

同様に，20 Ω 側の回路に適用すると，次式となる。

$$20\,〔\Omega〕\times I_{20} = 2.0\,〔\mathrm{V}〕 \tag{1.19}$$

ここで，上述したキルヒホッフの電流則から得られる $I_{20} = I_t - I_{10}$ の関係を式 (1.19) に代入すると，次式となる。

$$20\,〔\Omega〕\times (I_t - I_{10}) = 2.0\,〔\mathrm{V}〕 \tag{1.20}$$

式 (1.18) と式 (1.20) をまとめると，つぎの連立方程式が得られる。

$$\begin{cases} 10I_{10} = 2.0 \\ 20I_t - 10I_{10} = 2.0 \end{cases} \tag{1.21}$$

これを，行列を使って解いてみよう。式 (1.21) に解き方 1.2 を適用すると，つぎの行列方程式が得られる。

$$\begin{bmatrix} 0 & 10 \\ 20 & -20 \end{bmatrix} \begin{bmatrix} I_t \\ I_{10} \end{bmatrix} = \begin{bmatrix} 2 \\ 2 \end{bmatrix} \tag{1.22}$$

ここで，式 (1.22) の 2 行 2 列の行列を A とする。解き方 1.1 を使って，A の逆行列を求める。行列式は，定義 1.6 を使って次式となる。

$$|A| = 0 \times (-20) - 10 \times 20 = -200 \tag{1.23}$$

逆行列 A^{-1} は，解き方 1.1 から次式となる。

$$A^{-1} = \frac{1}{-200}\begin{bmatrix} -20 & -10 \\ -20 & 0 \end{bmatrix} \tag{1.24}$$

したがって，解き方 1.3 より，A^{-1} を式 (1.22) の左側から掛けて I_t, I_{10} が求まる。

$$\begin{aligned} \begin{bmatrix} I_t \\ I_{10} \end{bmatrix} &= \frac{1}{-200}\begin{bmatrix} -20 & -10 \\ -20 & 0 \end{bmatrix}\begin{bmatrix} 2 \\ 2 \end{bmatrix} = \frac{1}{-200}\begin{bmatrix} -20 \times 2 + (-10) \times 2 \\ -20 \times 2 + 0 \times 2 \end{bmatrix} \\ &= \frac{1}{-200}\begin{bmatrix} -60 \\ -40 \end{bmatrix} = \begin{bmatrix} 0.3 \\ 0.2 \end{bmatrix} \end{aligned} \tag{1.25}$$

以上により，$I_{10} = 0.2\,\mathrm{A}$，$I_t = 0.3\,\mathrm{A}$ となる。もちろん，行列を用いずに式 (1.21) を解いても良いが，行列では式 (1.23)〜(1.25) のように機械的作業で解が求められることがメリットである。

1.5.2 回路方程式で解いた電流と実際の値の比較

前項で，図 1.6 の回路に対して，行列を使って電流 I_t, I_{10} を求めた。ここでは，図 1.6 と同じ回路を実際に作成し，電流の測定結果が行列で求めた値と等しくなることを確認する。**図 1.7** (a) に実験装置，図 (b) に実験回路を示す。また，図 1.7 (b) の実験回路との対応を確認するため，図 1.6 の回路を図 1.7 (c) として再掲している。

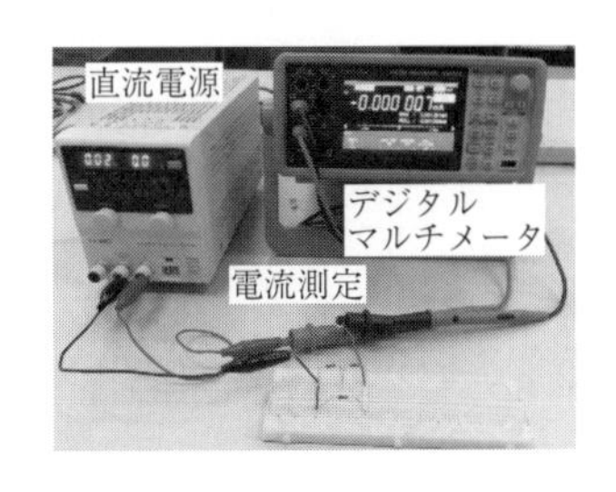

(a) 実験装置

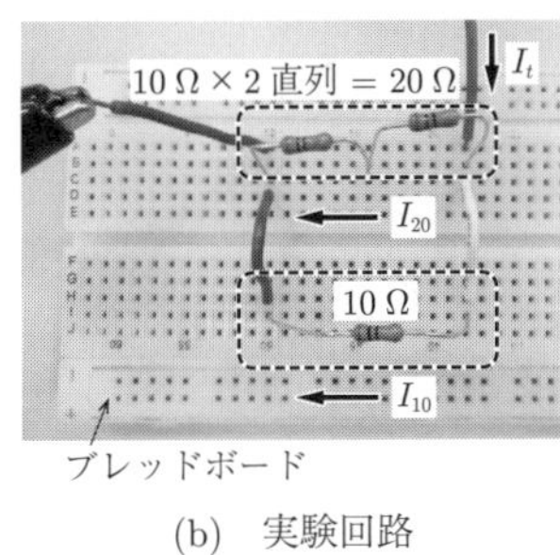

(b) 実験回路

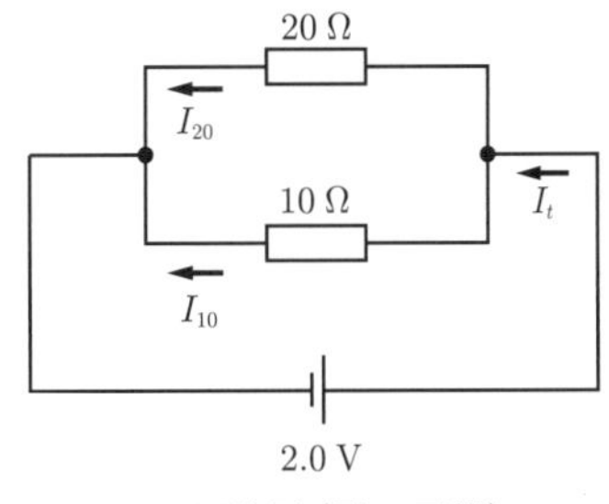

(c) 回路図（図1.6再掲）

図 1.7 抵抗の並列回路の実験

図 1.7 (a) の実験装置で，左側の直流電源から 2.0 V の電圧を図 1.7 (b) の実験回路に供給している。図 1.6 の回路で求める値とした I_t, I_{10} を測定する位置に合わせ，デジタルマルチメータで電流を測定した。電流測定の結果を **図 1.8** に示す。図 1.8 (a) では $I_t = 0.293\,\mathrm{A}$，図 (b) では $I_{10} = 0.195\,\mathrm{A}$ となっており，前項で行列から求めた $I_t = 0.3\,\mathrm{A}$，$I_{10} = 0.2\,\mathrm{A}$ とおおむね一致している。電流値がまったく同じ値にならないのは，抵抗値に誤差があるためである。電気数学を使って回路の電圧や電流を求めれば，こうした回路素子の誤差を考慮しない理想的な値が求まるので，電気回路の設計・解析をするのにきわめて有効な方法である。

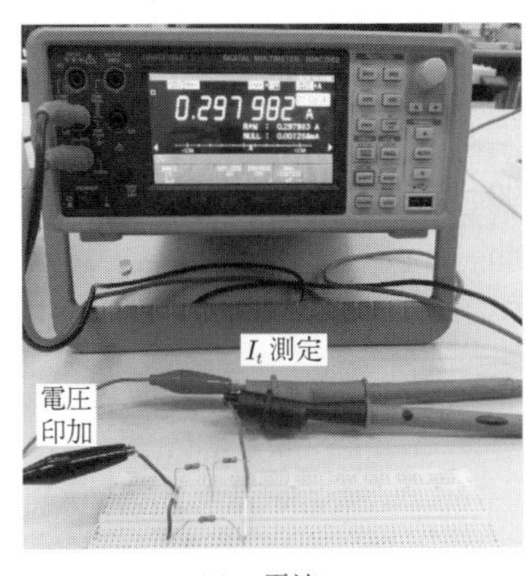

(a) 電流 I_t

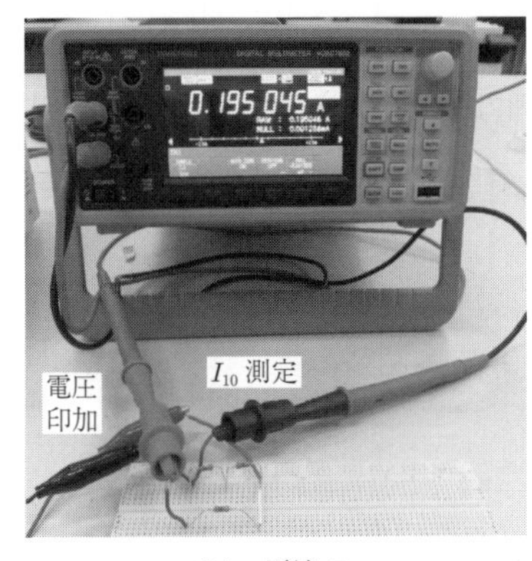

(b) 電流 I_{10}

図 1.8 電流測定の結果

―――― 章　末　問　題 ――――

【１】（**行列の基本**）つぎの行列 A の行数および列数を答えよ。また，要素 0 の成分を答えよ。

$$A = \begin{bmatrix} 8 & -9 & 1 & 2 & 4 \\ 1 & 12 & 7 & 0 & -2 \\ -3 & 5 & 2 & -4 & 3 \end{bmatrix}$$

【２】（**行列の和・差・スカラ倍**）つぎの行列

$$A = \begin{bmatrix} 5 & -2 \\ 3 & 9 \end{bmatrix}, \quad B = \begin{bmatrix} -1 & 8 \\ 12 & -5 \end{bmatrix}$$

について，つぎの計算を行え。

(1)　$A + B$　　(2)　$2A - B$　　(3)　$-3A + 4B$　　(4)　$\dfrac{1}{2}A + \dfrac{1}{4}B$

【３】（**行列の転置**）つぎの各行列の転置を求めよ。

(1)　$\begin{bmatrix} 100 & 35 \\ 22 & 4 \end{bmatrix}$　　(2)　$\begin{bmatrix} 58 & 7 \\ 13 & 3 \end{bmatrix}$

【４】（**行列の積**）つぎの行列の積を計算せよ。

(1)　$\begin{bmatrix} 1 & 2 \\ 3 & 4 \end{bmatrix}\begin{bmatrix} 5 & 6 \\ 7 & 8 \end{bmatrix}$　　(2)　$\begin{bmatrix} -3 & 2 \\ 4 & 1 \end{bmatrix}\begin{bmatrix} 1 & -2 \\ 5 & -10 \end{bmatrix}$　　(3)　$\begin{bmatrix} 10 & -20 \\ 30 & -40 \end{bmatrix}\begin{bmatrix} 1 & 0 \\ 0 & 1 \end{bmatrix}$

(4)　$\begin{bmatrix} 1 & 2 \\ 3 & 4 \end{bmatrix}\begin{bmatrix} 4 & -2 \\ -3 & 1 \end{bmatrix}$

【５】（**逆行列**）つぎの行列の逆行列が存在するかどうかを調べ，存在する場合には逆行列を求めよ。

(1)　$\begin{bmatrix} 1 & 3 \\ -5 & 7 \end{bmatrix}$　　(2)　$\begin{bmatrix} -2 & -14 \\ 1 & 7 \end{bmatrix}$　　(3)　$\begin{bmatrix} 0 & 3 \\ -1 & 8 \end{bmatrix}$　　(4)　$\begin{bmatrix} 3 & 0 \\ 0 & 7 \end{bmatrix}$

【６】（**行列方程式**）つぎの連立方程式を行列方程式として解け。

(1)　$\begin{cases} 2x + 3y = 1 \\ -x + 5y = 3 \end{cases}$　　(2)　$\begin{cases} -100x + 300y = 10 \\ 20x + \ \ 50y = 4 \end{cases}$

2 行列（応用編：3×3 の行列）

前章の基本編では，2 行 2 列の行列に関する基本事項と，連立方程式の行列による解き方を学んだ。ここからは，学んだ基本事項を拡張して，より複雑な問題に挑戦していく。本章（応用編）では，3 行 3 列以上の行列と三元以上の連立方程式についてどのようにアプローチしていくのかを学ぶ。最初は行列を難しいと感じるかもしれないが，公式に従ってひたすら計算するだけである。一つひとつの公式のルールを理解して，ぜひ，修得してほしい。

また，図 **2.1** のような電気回路から行列方程式を導き，その解を求めるところまでの解き方を実際に体験してもらう。行列を用いれば，複雑な構成の回路であっても，形式的な手続きで電圧や電流の導出が可能となる。この章の終わりでは，行列で解いた電圧・電流と実際の回路の値とを比較するので楽しみにしてほしい。

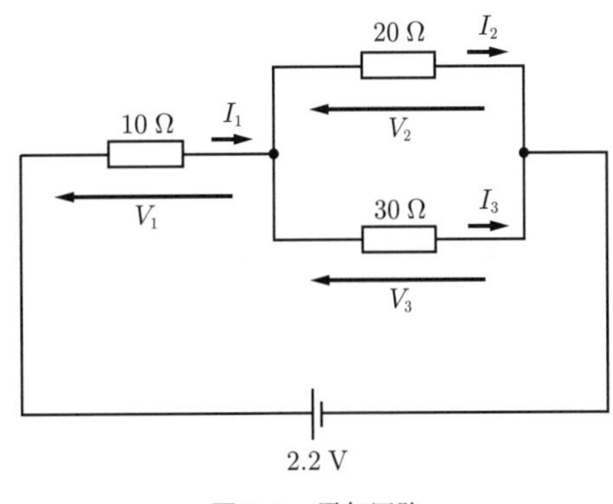

図 2.1　電気回路

2.1　逆行列（3×3 の行列）

2×2 の行列 A の逆行列 A^{-1} の求め方はすでに前章で学んだ。これを自然に拡張すれば，$n \times n$ の行列であっても逆行列が求まるはずである。3×3 の行列を例にとり，具体的に確認してみよう。

2.1.1　小　行　列　式

まず，3×3 の行列で行列式 $|A|$ と余因子行列 C の転置 $C^{\top} = \mathrm{adj}(A)$ から逆行列 $A^{-1} = \mathrm{adj}(A)/|A|$ を導く方法を確認する。1 章で学んだ 2 行 2 列の逆行列を求める方法に対して不足しているのは，3×3 での行列式や余因子行列の求め方である。3 行 3 列の行列を扱うためには，はじめに**小行列式**（minor）と呼ばれる行列式を求める。ここで，小行列式とは，行列 A の各要素，すなわちすべての (i, j) 成分に対してつぎの通り定義される行列式である。

定義 2.1　(小行列式 M_{ij})

$$M_{ij} = |(\text{行列の } i \text{ 行目，} j \text{ 列目を取り除いた小行列})| \tag{2.1}$$

---

i 行目，j 列目を取り除く，というのは，「i 行目，j 行目をなかったことにして，ほかの要素のみで構成される新たな行列を考えよう」ということである。

3×3 の行列に注目して具体的な計算手順を見てみよう。

解き方 2.1：3 × 3 の行列の小行列式の算出

Step 1：行列の i 行目，j 列目を取り除いた 2×2 の小行列を構成する。

Step 2：定義 1.6 を用いて小行列の行列式を計算する。

このとき，どのように i，j を選ぶとしても，3×3 の行列から 1 行と 1 列を取り除いた 2×2 の行列を考える。得られた 2×2 の小行列に対して行列式を計算すればよい。複雑に思うかもしれないが，例題 2.1 の具体例に挑戦すれば理解できるはずである。

例題 2.1　つぎの行列 A について，小行列式を求めよ。

$$A = \begin{bmatrix} 1 & 2 & 3 \\ 4 & -5 & 6 \\ 7 & 8 & 9 \end{bmatrix}$$

【解答】　解き方 2.1 によれば，$i = 1$（1 行目）の各小行列式はつぎの通り計算できる。ここで，薄く表記した数字は小行列式を考えるにあたって無視する数字である。

$$M_{11} = \underbrace{\begin{vmatrix} 1 & 2 & 3 \\ 4 & -5 & 6 \\ 7 & 8 & 9 \end{vmatrix}}_{\text{Step 1}} = \underbrace{\begin{vmatrix} -5 & 6 \\ 8 & 9 \end{vmatrix} = -5 \cdot 9 - 6 \cdot 8}_{\text{Step 2}} = -93$$

$$M_{12} = \begin{vmatrix} 1 & 2 & 3 \\ 4 & -5 & 6 \\ 7 & 8 & 9 \end{vmatrix} = \begin{vmatrix} 4 & 6 \\ 7 & 9 \end{vmatrix} = 4 \cdot 9 - 6 \cdot 7 = -6$$

$$M_{13} = \begin{vmatrix} 1 & 2 & 3 \\ 4 & -5 & 6 \\ 7 & 8 & 9 \end{vmatrix} = \begin{vmatrix} 4 & -5 \\ 7 & 8 \end{vmatrix} = 4 \cdot 8 - (-5) \cdot 7 = 67$$

同様に，$i = 2$（2 行目）の各小行列式はつぎの通り。

$$M_{21} = \begin{vmatrix} 1 & 2 & 3 \\ 4 & -5 & 6 \\ 7 & 8 & 9 \end{vmatrix} = \begin{vmatrix} 2 & 3 \\ 8 & 9 \end{vmatrix} = 2 \cdot 9 - 3 \cdot 8 = -6$$

$$M_{22} = \begin{vmatrix} 1 & 2 & 3 \\ 4 & -5 & 6 \\ 7 & 8 & 9 \end{vmatrix} = \begin{vmatrix} 1 & 3 \\ 7 & 9 \end{vmatrix} = 1 \cdot 9 - 3 \cdot 7 = -12$$

$$M_{23} = \begin{vmatrix} 1 & 2 & 3 \\ 4 & -5 & 6 \\ 7 & 8 & 9 \end{vmatrix} = \begin{vmatrix} 1 & 2 \\ 7 & 8 \end{vmatrix} = 1 \cdot 8 - 2 \cdot 7 = -6$$

同様に，$i = 3$（3 行目）の各小行列式はつぎの通り。

$$M_{31} = \begin{vmatrix} 1 & 2 & 3 \\ 4 & -5 & 6 \\ 7 & 8 & 9 \end{vmatrix} = \begin{vmatrix} 2 & 3 \\ -5 & 6 \end{vmatrix} = 2 \cdot 6 - 3 \cdot (-5) = 27$$

$$M_{32} = \begin{vmatrix} 1 & 2 & 3 \\ 4 & -5 & 6 \\ 7 & 8 & 9 \end{vmatrix} = \begin{vmatrix} 1 & 3 \\ 4 & 6 \end{vmatrix} = 1 \cdot 6 - 3 \cdot 4 = -6$$

$$M_{33} = \begin{vmatrix} 1 & 2 & 3 \\ 4 & -5 & 6 \\ 7 & 8 & 9 \end{vmatrix} = \begin{vmatrix} 1 & 2 \\ 4 & -5 \end{vmatrix} = 1 \cdot (-5) - 2 \cdot 4 = -13$$

♦

2.1.2 ここが踏ん張りどころ：余因子・余因子行列・行列式の導出

小行列式に対して適切な符号（正か負か）を割り当てたものを**余因子**（cofactor）という。そして，余因子により構成される行列こそが余因子行列である。

定義 2.2 （余因子 C_{ij} と余因子行列 C）

$$C_{ij} = (-1)^{i+j} M_{ij} \tag{2.2}$$

$$C = \begin{bmatrix} C_{11} & C_{12} & C_{13} \\ C_{21} & C_{22} & C_{23} \\ C_{31} & C_{32} & C_{33} \end{bmatrix} \tag{2.3}$$

定義 2.2 には複雑な記号が並んでいるように見えるが，実際の計算は簡単だ。解き方 2.1 の小行列式を行列内に並べ，行番号と列番号の合計に対応させてプラス・マイナスの符号を付けるのみである。具体的には，つぎのような計算手順で余因子と余因子行列が求まる。

解き方 2.2：3 × 3 の行列の余因子 C_{ij} と余因子行列 C の算出

Step 1：すべての (i, j) 成分に対応する小行列式 M_{ij} を計算する。

Step 2：余因子 $C_{ij} = (-1)^{i+j} M_{ij}$ を求める。

Step 3：(i, j) 成分に余因子 C_{ij} を配置した行列が余因子行列 C となる。

$(-1)^{i+j}$ などと書くと煩雑に見える。ただ，これは，行と列を足した値を -1 の指数にしているだけである。例えば，1 行 1 列の場合は $i = 1, j = 1$ で，$(-1)^{i+j} = (-1)^{1+1} = (-1)^2 = 1$ となる。実際にすべてを計算してみると，それぞれの要素をつぎのようなルールで反転させているだけである。

$$\begin{bmatrix} + & - & + \\ - & + & - \\ + & - & + \end{bmatrix} \tag{2.4}$$

「+」が反転なし，「−」が反転ありの要素の位置と対応している。すなわち，M_{12}，M_{21}，M_{23}，M_{32} のみ符号を反転させる。

例題 2.2　つぎの行列 A について，余因子行列を求めよ。

$$A = \begin{bmatrix} 1 & 2 & 3 \\ 4 & -5 & 6 \\ 7 & 8 & 9 \end{bmatrix}$$

【解答】 **Step 1**：例題 2.1 とまったく同じであるため割愛する（M_{11} から M_{33} を求める）。
Step 2：$i = 1$ の余因子はつぎの通り。

$$C_{11} = (-1)^{1+1} M_{11} = (-1)^2 \cdot (-93) = -93$$
$$C_{12} = (-1)^{1+2} M_{12} = (-1)^3 \cdot (-6) = 6$$
$$C_{13} = (-1)^{1+3} M_{13} = (-1)^4 \cdot 67 = 67$$

$i = 2$ の余因子はつぎの通り。

$$C_{21} = (-1)^{2+1} M_{21} = (-1)^3 \cdot (-6) = 6$$
$$C_{22} = (-1)^{2+2} M_{22} = (-1)^4 \cdot (-12) = -12$$
$$C_{23} = (-1)^{2+3} M_{23} = (-1)^5 \cdot (-6) = 6$$

$i = 3$ の余因子はつぎの通り。

$$C_{31} = (-1)^{3+1} M_{31} = (-1)^4 \cdot 27 = 27$$

$$C_{32} = (-1)^{3+2} M_{32} = (-1)^5 \cdot (-6) = 6$$

$$C_{33} = (-1)^{3+3} M_{33} = (-1)^6 \cdot (-13) = -13$$

Step 3：したがって，A の余因子行列はつぎの通り。

$$C = \begin{bmatrix} C_{11} & C_{12} & C_{13} \\ C_{21} & C_{22} & C_{23} \\ C_{31} & C_{32} & C_{33} \end{bmatrix} = \begin{bmatrix} -93 & 6 & 67 \\ 6 & -12 & 6 \\ 27 & 6 & -13 \end{bmatrix}$$ ♦

一方で，行列式 $|A|$ についても，余因子を用いればつぎの通り定義できる。

定義 2.3　（余因子を用いた行列式 $|A|$）

$$A = \begin{bmatrix} a_{11} & a_{12} & a_{13} \\ a_{21} & a_{22} & a_{23} \\ a_{31} & a_{32} & a_{33} \end{bmatrix} \quad \Leftrightarrow \quad |A| = a_{11}C_{11} + a_{12}C_{12} + a_{13}C_{13}$$

すなわち，つぎの計算手順で行列式を得られる。

解き方 2.3：行列式 $|A|$ の算出

Step 1：A およびその余因子行列 C の $(1, i)$ 成分同士の積をとる。

Step 2：計算した積をすべて足し合わせる。

つまり

- A の $(1,1)$ 成分とその余因子の積
- A の $(1,2)$ 成分とその余因子の積
- A の $(1,3)$ 成分とその余因子の積

の三つを計算し，すべて足し合わせればよい。

例題 2.3　つぎの行列 A の行列式を求めよ。

$$A = \begin{bmatrix} 1 & 2 & 3 \\ 4 & -5 & 6 \\ 7 & 8 & 9 \end{bmatrix}$$

【解答】　解き方 2.3 に従えば，行列式はつぎの通り算出できる。

$$|A| = \underbrace{a_{11}C_{11}}_{\text{Step 1}} + \underbrace{a_{12}C_{12}}_{\text{Step 1}} + \underbrace{a_{13}C_{13}}_{\text{Step 1}} = 1 \cdot (-93) + 2 \cdot (6) + 3 \cdot 67$$

$$= \underbrace{-93 + 12 + 201}_{\text{Step 2}} = 120$$

♦

2.1.3 逆行列の導出

以上の導出と定義 1.8 から，3×3 の行列の逆行列はつぎの計算手順で求められる。

解き方 2.4：3×3 の行列 A の逆行列 A^{-1} の算出

Step 1：A のすべての要素に対応する小行列式 M_{ij} を計算する。

Step 2：A の余因子行列を求め，$\mathrm{adj}(A)$ を求める。

Step 3：A の行列式 $|A|$ を求める。

Step 4：$\mathrm{adj}(A)$ を $|A|$ で割ると逆行列 A^{-1} となる。

例題 2.4　つぎの行列 A の逆行列を求めよ。

$$A = \begin{bmatrix} 1 & 2 & 3 \\ 4 & -5 & 6 \\ 7 & 8 & 9 \end{bmatrix}$$

【解答】　**Step 1**：A のすべての要素に対応する小行列式は，定義 2.1 を用いた例題 2.1 から

$$M_{11} = -93, \quad M_{12} = -6, \quad M_{13} = 67,$$
$$M_{21} = -6, \quad M_{22} = -12, \quad M_{23} = -6,$$
$$M_{31} = 27, \quad M_{32} = -6, \quad M_{33} = -13$$

Step 2：A の余因子行列は，定義 2.2 を用いた例題 2.2 から

$$C = \begin{bmatrix} -93 & 6 & 67 \\ 6 & -12 & 6 \\ 27 & 6 & -13 \end{bmatrix}$$

であり，その転置である $\mathrm{adj}(A)$ は

$$\mathrm{adj}(A) = C^{\top} = \begin{bmatrix} -93 & 6 & 27 \\ 6 & -12 & 6 \\ 67 & 6 & -13 \end{bmatrix}$$

Step 3：A の行列式は，定義 2.3 を用いた例題 2.3 から

$$|A| = 120$$

Step 4：$\mathrm{adj}(A)$ を $|A|$ で割って A^{-1} を得る。

$$A^{-1} = \frac{1}{|A|}\mathrm{adj}(A) = \frac{1}{120}\begin{bmatrix} -93 & 6 & 27 \\ 6 & -12 & 6 \\ 67 & 6 & -13 \end{bmatrix}$$

※ AA^{-1} や $A^{-1}A$ を計算して得られた逆行列が正しいか確かめてみよう。 ♦

実際に計算してみてわかる通り，3×3 の行列の逆行列は，2×2 のものに比べて導出がはるかに複雑である。もちろん，4×4，5×5 と行列の大きさが大きくなるにつれて計算はさらに複雑化する。

2.2　行列方程式の解法（3×3 の行列）

3×3 の行列方程式の解法は，A と $\boldsymbol{x}$ の行列積を求め，$\boldsymbol{b}$ と比較する。基本的な手順は解き方 1.3 に示した 2×2 のときと同様であり，$n \times n$ の一般的な行列に対しても同じである。

解き方 2.5：逆行列を用いた行列方程式の求解

$$A\boldsymbol{x} = \boldsymbol{b} \quad \Leftrightarrow \quad \boldsymbol{x} = A^{-1}\boldsymbol{b} \tag{2.5}$$

例題 2.5　つぎの行列方程式の解を求めよ。

$$\begin{bmatrix} 1 & 2 & 3 \\ 4 & -5 & 6 \\ 7 & 8 & 9 \end{bmatrix}\boldsymbol{x} = \begin{bmatrix} 0 \\ 20 \\ 40 \end{bmatrix}$$

【解答】　解き方 2.4 から，A の逆行列は

$$A^{-1} = \frac{1}{120}\begin{bmatrix} -93 & 6 & 27 \\ 6 & -12 & 6 \\ 67 & 6 & -13 \end{bmatrix}$$

であるので，求める解は

$$\boldsymbol{x} = A^{-1}\boldsymbol{b} = \frac{1}{120}\begin{bmatrix} -93 & 6 & 27 \\ 6 & -12 & 6 \\ 67 & 6 & -13 \end{bmatrix}\begin{bmatrix} 0 \\ 20 \\ 40 \end{bmatrix}$$

$$= \frac{1}{120}\begin{bmatrix} -93\cdot 0 + 6\cdot 20 + 27\cdot 40 \\ 6\cdot 0 + (-12)\cdot 20 + 6\cdot 40 \\ 67\cdot 0 + 6\cdot 20 + (-13)\cdot 40 \end{bmatrix} = \frac{1}{120}\begin{bmatrix} 1\,200 \\ 0 \\ -400 \end{bmatrix} = \begin{bmatrix} 10 \\ 0 \\ -\frac{10}{3} \end{bmatrix}$$ ♦

上記の例における計算はつぎの連立方程式の解 (x, y, z) を求めていることに相違ない。

$$\begin{cases} x + 2y + 3z = 0 \\ 4x - 5y + 6z = 0 \\ 7x + 8y + 9z = 0 \end{cases} \Leftrightarrow \quad x = 10,\ y = 0,\ z = -\frac{10}{3} \tag{2.6}$$

2.3　実験で試す：電気回路と行列

本節では，実際の電気回路の**電圧**（voltage）や**電流**（current）を行列によって導出し，得られた結果が本当に正しいのか，回路実験を通して検証してみよう。

2.3.1　回路方程式を行列で解く

図 2.2 の電気回路で，電流 I_1，I_2 および I_3 についての連立方程式（回路方程式）を導いてみよう。まずは，**オームの法則**（Ohm's law）から，各**抵抗**（resistance）において次式が成り立つ。

$$V_1 = 10\cdot I_1 \qquad V_2 = 20\cdot I_2$$
$$V_3 = 30\cdot I_3 \tag{2.7}$$

つぎに，キルヒホッフの電圧則から，次式が成り立つ。

$$V_1 + V_2 = 2.2 \qquad V_2 - V_3 = 0 \tag{2.8}$$

最後に，キルヒホッフの電流則から，次式が成り立つ。

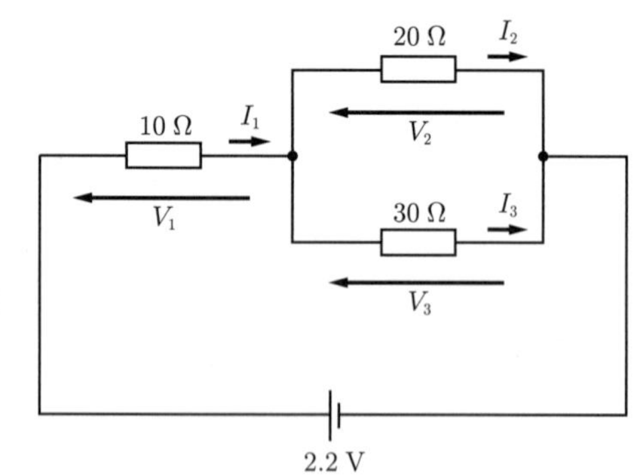

図 2.2　電気回路（図 2.1 再掲）

$$I_1 = I_2 + I_3 \tag{2.9}$$

式 (2.7) を式 (2.8) に代入し，式 (2.9) とまとめれば，つぎの連立方程式が導かれる。

$$\begin{cases} 10I_1 + 20I_2 = 2.2 \\ 20I_2 - 30I_3 = 0 \\ I_1 - I_2 - I_3 = 0 \end{cases} \tag{2.10}$$

したがって，解き方 1.2 を用いれば，つぎの行列方程式を得る。

$$\begin{bmatrix} 10 & 20 & 0 \\ 0 & 20 & -30 \\ 1 & -1 & -1 \end{bmatrix} \begin{bmatrix} I_1 \\ I_2 \\ I_3 \end{bmatrix} = \begin{bmatrix} 2.2 \\ 0 \\ 0 \end{bmatrix} \tag{2.11}$$

この形まで導出できれば，あとは解き方 2.4 に従って逆行列を算出し，解き方 2.5 に従って解を求めればよい。行列 A は式 (2.12) となる。

$$A = \begin{bmatrix} 10 & 20 & 0 \\ 0 & 20 & -30 \\ 1 & -1 & -1 \end{bmatrix} \tag{2.12}$$

〔**1**〕 解き方 2.4 を用いて逆行列を算出する。

Step 1：A のすべての要素に対応する小行列式は

$$\begin{aligned} &M_{11} = \begin{vmatrix} 20 & -30 \\ -1 & -1 \end{vmatrix} = -50, \quad M_{12} = \begin{vmatrix} 0 & -30 \\ 1 & -1 \end{vmatrix} = 30, \quad M_{13} = \begin{vmatrix} 0 & 20 \\ 1 & -1 \end{vmatrix} = -20, \\ &M_{21} = \begin{vmatrix} 20 & 0 \\ -1 & -1 \end{vmatrix} = -20, \quad M_{22} = \begin{vmatrix} 10 & 0 \\ 1 & -1 \end{vmatrix} = -10, \quad M_{23} = \begin{vmatrix} 10 & 20 \\ 1 & -1 \end{vmatrix} = -30, \\ &M_{31} = \begin{vmatrix} 20 & 0 \\ 20 & -30 \end{vmatrix} = -600, \quad M_{32} = \begin{vmatrix} 10 & 0 \\ 0 & -30 \end{vmatrix} = -300, \quad M_{33} = \begin{vmatrix} 10 & 20 \\ 0 & 20 \end{vmatrix} = 200 \end{aligned} \tag{2.13}$$

Step 2：A の余因子行列は

$$C = \begin{bmatrix} -50 & (-1)\cdot 30 & -20 \\ (-1)\cdot(-20) & -10 & (-1)\cdot(-30) \\ -600 & (-1)\cdot(-300) & 200 \end{bmatrix} = \begin{bmatrix} -50 & -30 & -20 \\ 20 & -10 & 30 \\ -600 & 300 & 200 \end{bmatrix} \tag{2.14}$$

となる。したがって，その転置 $\mathrm{adj}(A)$ は

$$\mathrm{adj}(A) = \begin{bmatrix} -50 & 20 & -600 \\ -30 & -10 & 300 \\ -20 & 30 & 200 \end{bmatrix} \tag{2.15}$$

Step 3：A の行列式は

$$|A| = a_{11}C_{11} + a_{12}C_{12} + a_{13}C_{13} = 10 \cdot (-50) + 20 \cdot (-30) + 0 \cdot (-20)$$
$$= -500 - 600 = -1\,100 \qquad (2.16)$$

Step 4：adj(A) を $|A|$ で割って A^{-1} を得る。

$$A^{-1} = \frac{1}{|A|}\,\mathrm{adj}(A) = \frac{1}{-1\,100}\begin{bmatrix} -50 & 20 & -600 \\ -30 & -10 & 300 \\ -20 & 30 & 200 \end{bmatrix} \qquad (2.17)$$

〔**2**〕 解き方 2.5 を用いて行列方程式を解く。

式 (2.11) から，解き方 2.5 の $\boldsymbol{x}$ および $\boldsymbol{b}$ は次式の通りとなる。

$$\boldsymbol{x} = \begin{bmatrix} I_1 \\ I_2 \\ I_3 \end{bmatrix}, \quad \boldsymbol{b} = \begin{bmatrix} 2.2 \\ 0 \\ 0 \end{bmatrix} \qquad (2.18)$$

したがって，$\boldsymbol{x} = A^{-1}\boldsymbol{b}$ により

$$\boldsymbol{x} = \frac{1}{-1\,100}\begin{bmatrix} -50 & 20 & -600 \\ -30 & -10 & 300 \\ -20 & 30 & 200 \end{bmatrix}\begin{bmatrix} 2.2 \\ 0 \\ 0 \end{bmatrix} = \frac{1}{-1\,100}\begin{bmatrix} -50 \cdot 2.2 + 0 + 0 \\ -30 \cdot 2.2 + 0 + 0 \\ -20 \cdot 2.2 + 0 + 0 \end{bmatrix}$$
$$= \frac{1}{-11 \cdot 100}\begin{bmatrix} 5 \cdot 2 \cdot (-11) \\ 3 \cdot 2 \cdot (-11) \\ 2 \cdot 2 \cdot (-11) \end{bmatrix} = \frac{1}{100}\begin{bmatrix} 10 \\ 6 \\ 4 \end{bmatrix} = \begin{bmatrix} 0.1 \\ 0.06 \\ 0.04 \end{bmatrix} \qquad (2.19)$$

ゆえに，各素子を流れる電流は

$$I_1 = 100\,\mathrm{mA}, \quad I_2 = 60.0\,\mathrm{mA}, \quad I_3 = 40.0\,\mathrm{mA} \qquad (2.20)$$

であり，それぞれの電圧は式 (2.7) から

$$V_1 = 1.0\,\mathrm{V}, \quad V_2 = 1.2\,\mathrm{V}, \quad V_3 = 1.2\,\mathrm{V} \qquad (2.21)$$

となる。

2.3.2 回路方程式で解いた電圧電流と実際の値の比較

前項で，図 2.1 の回路方程式に対して，行列を使って解く方法を説明し，I_1，I_2，I_3 電流，V_1，V_2，V_3 電圧の値を求めた。ここでは，図 2.1 と同じ回路を実際に組んで，測定結果が計算で求めた値と等しくなること確認しよう。

図 2.3 (a) に実験装置，図 (b) に実験回路を示す。また，図 (b) の回路との対応を確認するため，図 2.1 の回路図を 図 (c) として再掲している。図 2.3 (a) の実験装置で，左側の直流電源から 2.2 V の電圧を図 2.3 (b) の実験回路に供給している。図 2.1 の回路方程式で測定する位置に合わせ，デジタルマルチメータで電圧，電流を測定する。図 2.3 (a) では，図 2.1 の回路の両端電圧を測定しており，2.2 V が印加されていることを示している。

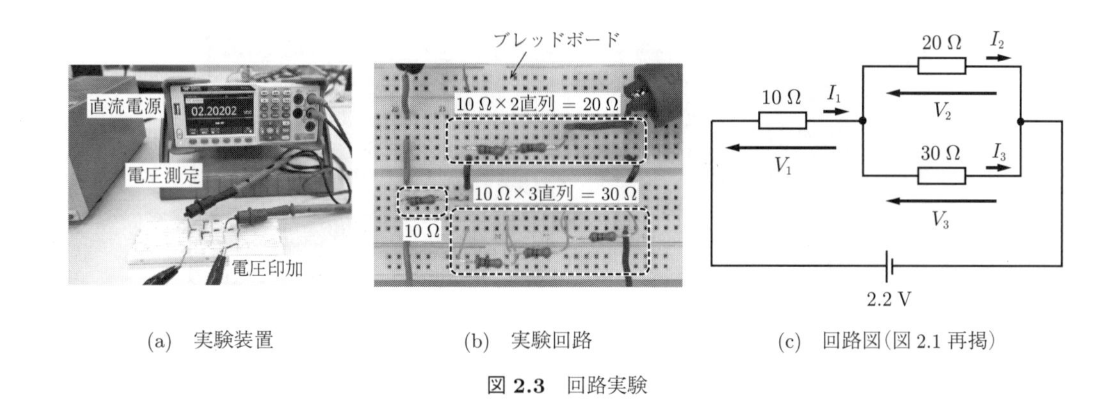

(a)　実験装置　　(b)　実験回路　　(c)　回路図（図 2.1 再掲）

図 **2.3**　回路実験

図 2.3 (b) で，10 Ω の抵抗と，20 Ω および 30 Ω の並列回路が直列に接続されている。図 2.3 (c) の回路図との対応をわかりやすくするため，抵抗はすべて 10 Ω を使用し，20 Ω は 2 個の直列，3 個の直列で構成している。なお，回路の構成と配線のため，ブレッドボードと呼ばれる基板を使っている。基板の中央 2 列では，縦方向の 5 個の穴が基板の下で接続されており，図 2.3 (b) と同じ回路を構成している。

この実験装置を使って，最初に電圧を測定した。**図 2.4** (a) は 10 Ω の抵抗の両端電圧 V_1 の測定結果で，1.008013 V を示している。デジタルマルチメータでは小数点以下 6 桁まで表示し

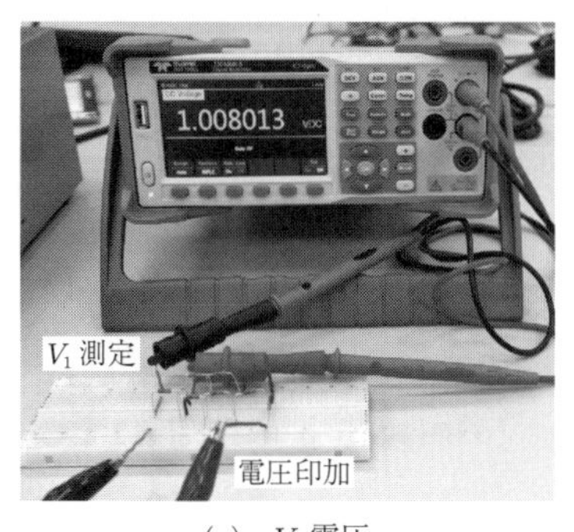

(a)　V_1 電圧

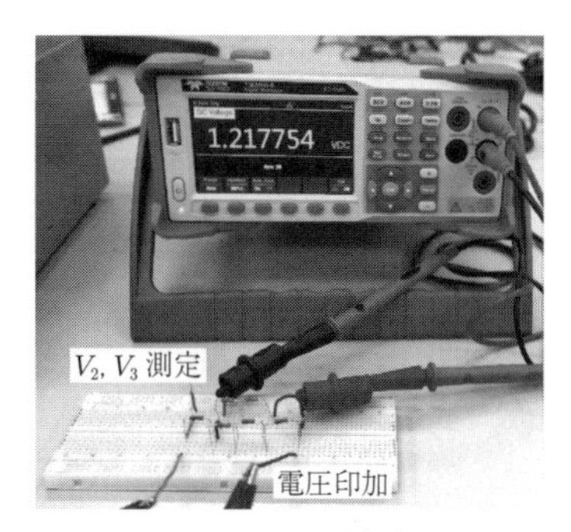

(b)　V_2，V_3 電圧

図 **2.4**　電圧測定の結果

ているが，実験誤差もあるので小数点以下 2 桁まで読むと，1.01 V である。図 2.4 (b) は，V_2 電圧である。この回路では，20 Ω の抵抗と 30 Ω の抵抗が並列接続されており，V_2 と V_3 電圧は同じで 1.22 V と読みとれる。つぎに，電流を測定した結果が**図 2.5** である。図 2.5 (a) は回路図の電流 I_1，図 2.5 (b) は I_2 電流の値を表示している。デジタルマルチメータの表示が mA レンジとなっており，図 2.5 (a) では 100 mA，すなわち 0.10 A を示している。同様に図 2.5 (b) では，60 mA，すなわち 0.06 A である。

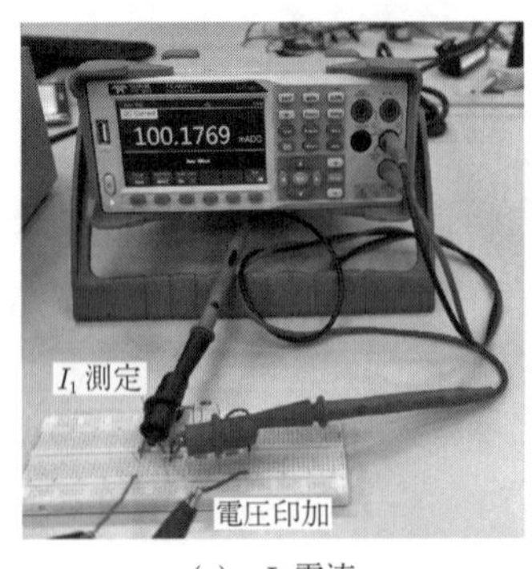

(a)　I_1 電流

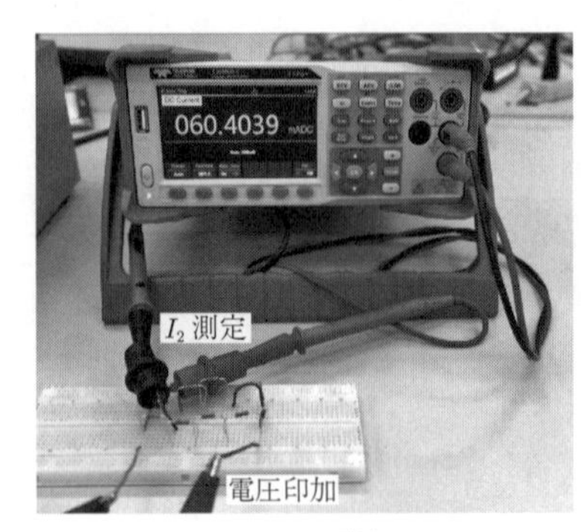

(b)　I_2 電流

図 2.5　電流測定の結果

前項で求めた回路方程式の解と，測定結果を**表 2.1** にまとめた。電圧測定は実験誤差などもあり，小数点以下 2 桁目は少し違っているが，回路方程式の解とほぼ一致している。また，電流測定については，I_1，I_2 ともの計算結果と一致している。実験では測定誤差，実験に使用する回路素子（今回の実験では抵抗）の値のバラツキにより，測定値が変動する。しかしながら，計算結果にはそうした誤差が含まれないので，理想的な値の計算や回路設計にはきわめて有効である。

表 2.1　2.3.1 項の計算結果と 2.3.2 項の測定結果の比較

計算・測定項目		計算結果	測定結果
電　圧	V_1	1.00	1.01
〔V〕	V_2	1.20	1.22
電　流	I_1	0.10	0.10
〔A〕	I_2	0.06	0.06

――― 章 末 問 題 ―――

【1】（行列式）つぎの行列の行列式を求めよ。

(1) $\begin{bmatrix} 3 & -3 & 1 \\ 2 & 0 & -1 \\ 1 & 4 & 5 \end{bmatrix}$　(2) $\begin{bmatrix} 1 & 0 & 3 \\ 0 & 5 & 0 \\ 7 & 8 & 9 \end{bmatrix}$　(3) $\begin{bmatrix} 3 & 2 & -1 \\ 2 & -1 & -3 \\ 1 & 3 & -2 \end{bmatrix}$　(4) $\begin{bmatrix} -7 & -10 & 4 \\ 3 & -9 & 2 \\ 7 & 1 & 2 \end{bmatrix}$

【2】（行列の余因子）つぎの行列の余因子をすべて求めよ。

$$\begin{bmatrix} 2 & 0 & 3 \\ 3 & -5 & 7 \\ 0 & 0 & 1 \end{bmatrix}$$

【3】（逆行列）つぎの行列の逆行列が存在するかを調べ，存在する場合には逆行列を求めよ。

(1) $\begin{bmatrix} 2 & 1 & 1 \\ 3 & 2 & 1 \\ 2 & 1 & 2 \end{bmatrix}$　(2) $\begin{bmatrix} 1 & 2 & 3 \\ 4 & 5 & 6 \\ 7 & 8 & 9 \end{bmatrix}$　(3) $\begin{bmatrix} 1 & 3 & -2 \\ -3 & 0 & -5 \\ 2 & 5 & 0 \end{bmatrix}$　(4) $\begin{bmatrix} 4 & -2 & 3 \\ 8 & -3 & 5 \\ 7 & -2 & 4 \end{bmatrix}$

【4】（行列方程式）つぎの連立方程式を行列方程式として解け。

(1) $\begin{cases} x + 2y + 3z = 5 \\ y + 4z = 3 \\ 5x + 6y = -2 \end{cases}$　(2) $\begin{cases} 5x + 7y + 9z = 1 \\ 4x + 3y + 8z = -3 \\ 7x + 5y + 6z = 8 \end{cases}$

【5】（電気回路と行列）図 **2.6** の回路を流れる電流 I_1, I_2, I_3 をそれぞれ求めよ。

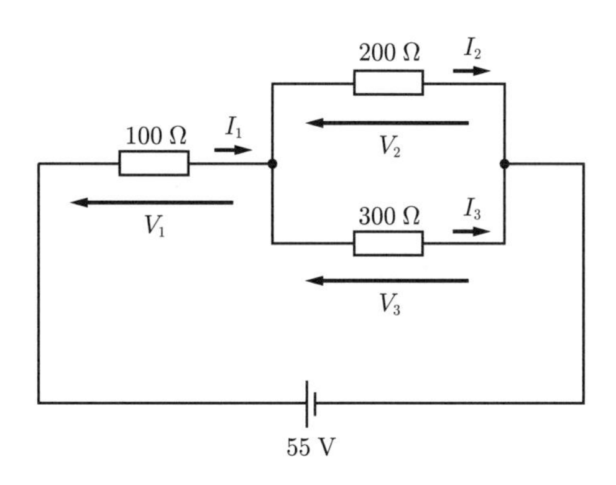

図 **2.6**　【5】の電気回路

3 三角関数

電気回路では，大きく分けて二つの回路，**直流回路**（DC（direct current）circuit）と**交流回路**（AC（alternating current）circuit）を扱う。交流回路は実生活におけるさまざまな場面で活躍しているが，高校物理ではあまり触れられていない。**図 3.1** には交流波形の例と交流回路で頻繁に用いる回路素子である**インダクタ**（**コイル**）や**キャパシタ**（**コンデンサ**），抵抗を示した。これらの素子を含む交流回路の問題では，微分方程式と呼ばれる難解な方程式に直面することが多い。そして，その方程式の解はこの章の三角関数や指数関数，対数関数となる。

これまでは，三角関数を単なる数学上の関数として扱ってきた。すなわち，直角三角形の長さの比や，角度に対する値を持つ関数という具合である。電気数学では，三角関数を電圧や電流の波形を表すために用いる。三角関数は，交流を数学的に表現するためにとても便利な関数である。本章では，基礎から三角関数を学び直すとともに3.2.3 項で交流を三角関数で表す方法を学ぶ。

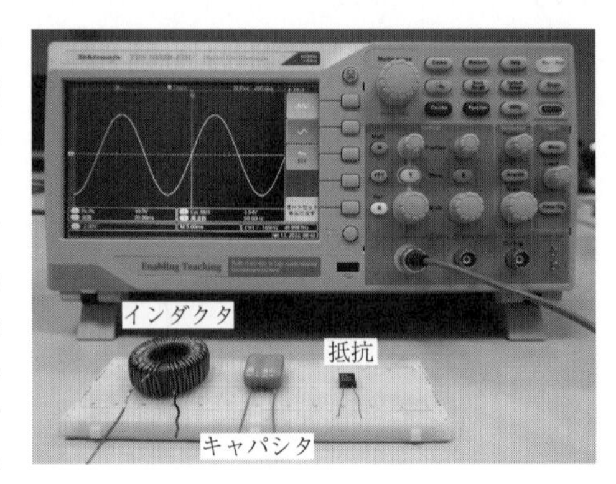

図 3.1　交流波形と回路素子

3.1　三角関数の基礎となる三角比

3.1.1　度数法と弧度法

われわれは普段，角度を表す測度として**度**（°, degree）を用いることが多い。水平といえば 180°，直角といえば 90°，円を 1 周といえば 360° と容易に思い出せるだろう。中学高校で数学が得意だった方は，30°，45°，60° についてもなじみの深い角度であったに違いない。これらのように，「度」によって角度を測る方式を**度数法**と呼ぶ。**図 3.2** で基本的な度数を復習しよう。

角を表すもう一つの測度として，**弧度**（radian）がある。「弧」度というだけあって，この測度は円における弧の長さに着目している。「度」というわかりやすい単位があるのに，なぜ，孤度を使うのかと思うかもしれない。高校の物理で習ったかもしれないが，物理の基本単位はメートルを中心とした MKS とセンチメートルを中心とした CGS だが，ここでは「度」という単位は使わない。そこで，角度を「円の半径と中心角に対応する円弧の比」で表す「孤度」を使う。

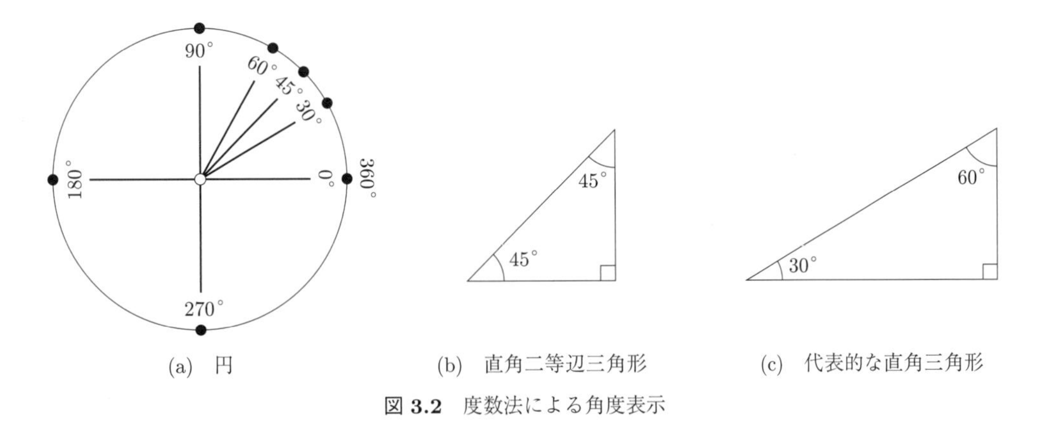

(a)　円　(b)　直角二等辺三角形　(c)　代表的な直角三角形

図 3.2　度数法による角度表示

定義 3.1　(弧　度)　半径 r の円において，弧の長さが l となる中心角（弧度）を次式で定義する。

$$\theta_{\mathrm{rad}} = \frac{l}{r} \tag{3.1}$$

例題 3.1

(1)　半径 1 の円において，弧の長さが π となるような中心角を求めよ。

(2)　半径 0.5 の円において，弧の長さが π となるような中心角を求めよ。

【解答】

(1)　$\theta_{\mathrm{rad}} = \dfrac{\pi}{1} = \pi$　　(2)　$\theta_{\mathrm{rad}} = \dfrac{\pi}{0.5} = 2\pi$

(2) では，弧の長さ π が半径 0.5 の円の円周と一致するため，中心角は 360° に等しいことに注意しておこう。 ◆

度から弧度への変換は次式で行う。

公式 3.1：度と弧度の変換公式

$$\theta_{\mathrm{rad}} = \frac{\theta_{\mathrm{deg}}}{360^\circ} \times 2\pi \qquad \text{（度から弧度）} \tag{3.2}$$

$$\theta_{\mathrm{deg}} = \frac{\theta_{\mathrm{rad}}}{2\pi} \times 360^\circ \qquad \text{（弧度から度）} \tag{3.3}$$

例題 3.2　つぎのそれぞれの角度を指定の表記法へ変換せよ。

(1)　60° に対応する弧度　　(2)　90° に対応する弧度

(3)　弧度 π に対応する度　　(4)　弧度 2π に対応する度

【解答】 (1), (2) は公式 3.1 の式 (3.2) を，(3), (4) は式 (3.3) を用いる。

(1) $\theta_{\rm rad} = \dfrac{60^\circ}{360^\circ} \times 2\pi = \dfrac{\pi}{3}$　　(2) $\theta_{\rm rad} = \dfrac{90^\circ}{360^\circ} \times 2\pi = \dfrac{\pi}{2}$

(3) $\theta_{\rm deg} = \dfrac{\pi}{2\pi} \times 360^\circ = 180^\circ$　　(4) $\theta_{\rm deg} = \dfrac{2\pi}{2\pi} \times 360^\circ = 360^\circ$　◆

代表的な度と弧度の対応関係を**図 3.3** にまとめた。図に示されたような代表的な角度についての変換は即座にできるよう，暗記しておくとよい。

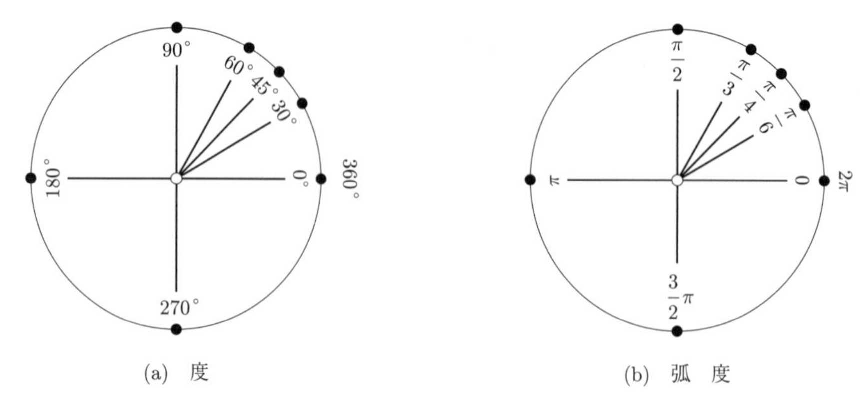

図 3.3　度と弧度の対応

3.1.2　単位円による三角比の一般定義

さて，三角関数を学ぶ前に高校数学で学んだ三角比の定義を振り返っておこう。代表的な三角比としては，sin（**正弦**（sine）），cos（**余弦**（cosine）），tan（**正接**（tangent））の三つ†が有名である。

定義 3.2　(三角比の一般定義)

図 3.4 から次式が成り立つ。

$$\sin\theta = b \tag{3.4}$$

$$\cos\theta = a \tag{3.5}$$

$$\tan\theta = \frac{b}{a} \quad (a \neq 0) \tag{3.6}$$

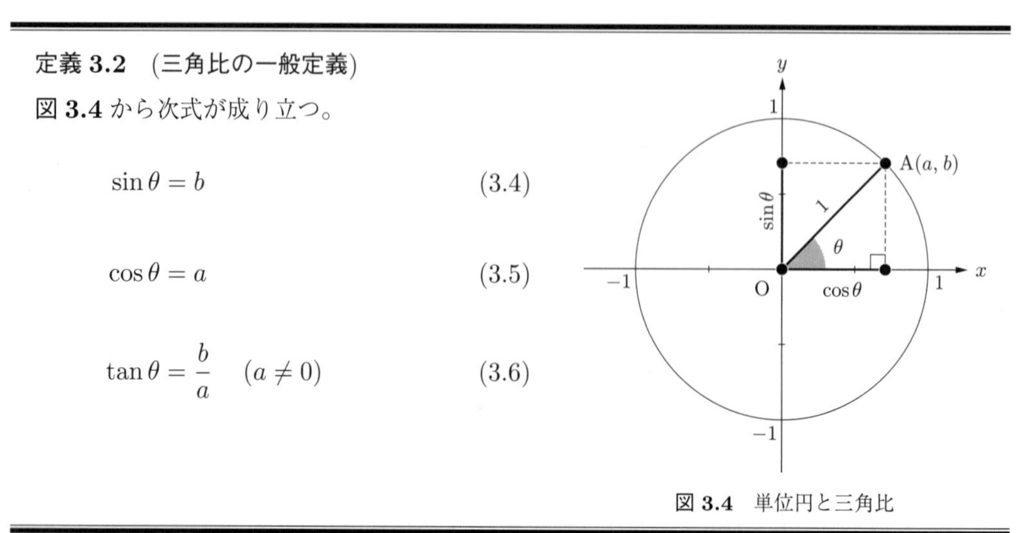

図 3.4　単位円と三角比

† これらのほかに sec（正割，secant），csc（余割，cosecant），cot（余接，cotangent）が存在する。しかし，電気回路では滅多に現れず，本章でも特に取り上げない。

以下，定義 3.2 の定義について記号の意味も含めて詳しく説明する。

図 3.4 の通り，xy 平面で，原点 $\mathrm{O}(0,0)$ を中心とした単位円を考えよう。この単位円上の点を $\mathrm{A}(a,b)$ とすると，OA を斜辺にとる直角三角形が一意に定まる。この直角三角形について，斜辺 OA が x 軸の正の部分から成す角 $\angle\mathrm{XOA}=\theta$ に注目しよう。すると，直角三角形における三角比の定義および $r=1$ により，$0<\theta<\pi/2$ では，$(a,b)=(\cos\theta,\sin\theta)$ となる。

ここで，$a=0$ となるような θ に対しては，$\tan\theta$ を定義しないこととする。また，線分 OA が x 軸に対して「反時計回りの位置にある」と捉える場合には，$\theta>0$ とみなし，「時計回りの位置にある」と捉える場合には $\theta<0$ とみなすこととしよう。これにより，$\theta<0$ の三角比も考えられるようになる。

例題 3.3　$\theta=4\pi/3$ について，$\sin\theta,\cos\theta,\tan\theta$ をそれぞれ求めよ。

【解答】

まず，点 A の座標を求める。

$$\theta=\frac{4\pi}{3}=\pi+\frac{\pi}{3} \tag{3.7}$$

より，点 A は**図 3.5** の座標に位置する。

三角形 AOH は $\angle\mathrm{A}=\pi/6,\angle\mathrm{O}=\pi/3,\angle\mathrm{H}=\pi/2$ の直角三角形であるため，それぞれの辺の比は

$$\mathrm{OH}:\mathrm{OA}:\mathrm{AH}=1:2:\sqrt{3} \tag{3.8}$$

となる。$\mathrm{OA}=1$ より，ただちに

$$\mathrm{OH}=\frac{1}{2},\quad \mathrm{AH}=\frac{\sqrt{3}}{2} \tag{3.9}$$

したがって，点 A の座標 (a,b) は，符号に気を付けると

$$a=-\frac{1}{2},\quad b=-\frac{\sqrt{3}}{2}$$

よって，定義 3.2 により

$$\sin\theta=-\frac{\sqrt{3}}{2},\quad \cos\theta=-\frac{1}{2},\quad \tan\theta=\frac{1}{\sqrt{3}}$$

♦

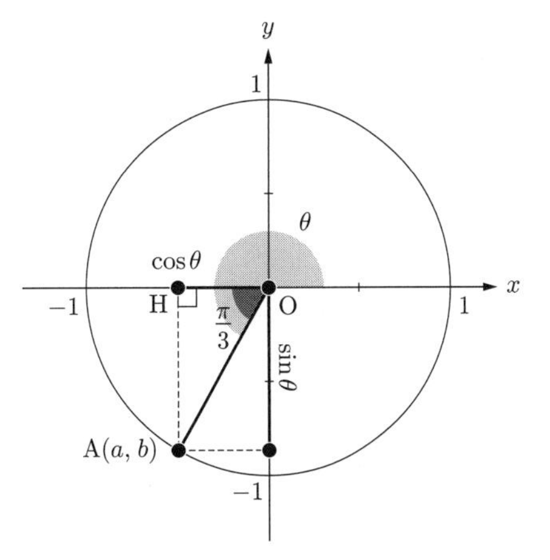

図 3.5　点 A の座標と三角比

3.1.3　三角比の公式

ここでは，三角比の重要な公式を紹介していく†。

〔1〕 **とにかく重要な三平方の定理**　　まずは $\tan\theta$ と $\sin\theta$，$\cos\theta$ の変換式を見てみよう。

† ここでの公式とは，**恒等式**（identities）と同義であり，どのような変数（三角比の場合には θ など）を与えたとしてもつねに成立する等式のことである。

公式 3.2：$\tan\theta$ と $\sin\theta, \cos\theta$ の変換

$$\tan\theta = \frac{\sin\theta}{\cos\theta} \tag{3.10}$$

この変換式は定義 3.2 から簡単に求められるだろう。

続いては三角比における三平方（ピタゴラス）の定理である。

公式 3.3：三角比における三平方の定理

$$\cos^2\theta + \sin^2\theta = 1 \tag{3.11}$$

$$1 + \tan^2\theta = \frac{1}{\cos^2\theta} \quad (\cos\theta \neq 0) \tag{3.12}$$

（ただし，$\sin^2\theta = \sin\theta \times \sin\theta$，$\cos^2\theta = \cos\theta \times \cos\theta$，$\tan^2\theta = \tan\theta \times \tan\theta$）

再び定義 3.2 を振り返ってみると，点 A (a, b) は単位円上に存在する点であった。単位円の方程式は $x^2 + y^2 = 1$ であるので，(x, y) に (a, b) を代入することで $a^2 + b^2 = 1$ という関係を導き出せる。この式の (a, b) を $(\cos\theta, \sin\theta)$ に置き換えれば，式 (3.11) が得られる。また，この式はとても重要だ。電気電子工学の専門分野のいたるところに現れる。絶対に忘れないでほしい。一方，$a \neq 0$ であれば，$a^2 + b^2 = 1$ の両辺を a^2 で割って

$$1 + \left(\frac{b}{a}\right) = \frac{1}{a^2} \tag{3.13}$$

の式を導出できる。$\tan\theta = b/a$ から，式 (3.12) の下段の式が得られる。

〔**2**〕 **角度に関する変換式**　ここからは角度にまつわる変換式を見てみよう。たくさんの式の紹介するため戸惑うかもしれないが，すべてを正確に覚える必要はない。おおよそを理解し，必要に応じて単位円を描いて確認すればよい。

$$\sin\left(\frac{\pi}{2} - \theta\right) = \frac{a}{r}, \quad \cos\left(\frac{\pi}{2} - \theta\right) = \frac{b}{r}, \quad \tan\left(\frac{\pi}{2} - \theta\right) = \frac{a}{b} \tag{3.14}$$

いい換えれば，つぎの関係が成り立つ。

公式 3.4：$\pi/2 - \theta$ の三角比

$$\sin\left(\frac{\pi}{2} - \theta\right) = \cos\theta, \quad \cos\left(\frac{\pi}{2} - \theta\right) = \sin\theta, \quad \tan\left(\frac{\pi}{2} - \theta\right) = \frac{1}{\tan\theta} \tag{3.15}$$

一般に，θ と $-\theta$ の三角比について，つぎの関係が成り立つ。

公式 3.5：θ と $-\theta$ の三角比

図 **3.6** から，次式が成り立つ。

$$\sin(-\theta) = -\sin\theta, \qquad \cos(-\theta) = \cos\theta, \qquad \tan(-\theta) = -\tan\theta \tag{3.16}$$

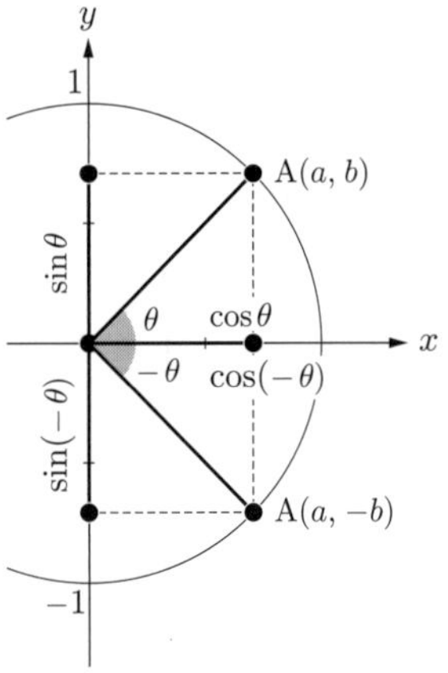

図 3.6　θ と $-\theta$ の三角比

したがって，公式 3.4 の θ を $-\theta$ と置き換えれば，次式が導かれる。

公式 3.6：$\theta + \pi/2$ の三角比

$$\begin{aligned}
\sin\left(\theta + \frac{\pi}{2}\right) &= \cos(-\theta) &&= \cos\theta, \\
\cos\left(\theta + \frac{\pi}{2}\right) &= \sin(-\theta) &&= -\sin\theta, \\
\tan\left(\theta + \frac{\pi}{2}\right) &= \frac{1}{\tan(-\theta)} &&= -\frac{1}{\tan\theta}
\end{aligned} \tag{3.17}$$

さらに，公式 3.6 の θ を $\theta + \pi/2$ と置き換えれば，次式が得られる。

公式 3.7：$\theta + \pi$ の三角比

$$\begin{aligned}
\sin(\theta + \pi) &= \cos\left(\theta + \frac{\pi}{2}\right) &&= -\sin\theta, \\
\cos(\theta + \pi) &= -\sin\left(\theta + \frac{\pi}{2}\right) &&= -\cos\theta, \\
\tan(\theta + \pi) &= -\frac{1}{\tan\left(\theta + \frac{\pi}{2}\right)} &&= \tan\theta
\end{aligned} \tag{3.18}$$

また，単位円の性質から，θ と $\theta + 2\pi$ はまったく同じ点 A を指す。したがって，すべての整数 n に対して，つぎの関係が導かれる。

公式 3.8：$\theta + 2n\pi$ の三角比

$$\sin(\theta + 2n\pi) = \sin\theta, \quad \cos(\theta + 2n\pi) = \cos\theta, \quad \tan(\theta + 2n\pi) = \tan\theta \tag{3.19}$$

公式 3.4〜3.8 を用いれば，$\theta < 0$ および $\pi/2 < \theta$ に対する三角比を $0 < \theta < \pi/2$ の三角比によって表現できる。

図 3.7 の各座標は，代表的な三角比に対応する点 A の座標を示している。

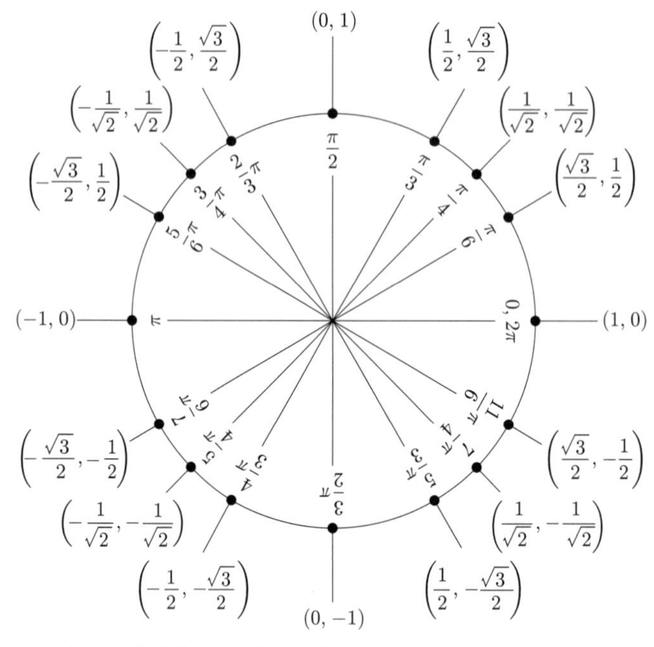

図 3.7　代表的な三角比に対応する点 $A(a, b) = (\cos\theta, \sin\theta)$

3.1.4　微分・積分でも重要な加法定理

ここでは，三角比の**加法定理**（angle addition theorem）について説明する。関係するいくつかの式が出てくるが，最も重要なのは，sin および cos の加法定理だ。この 2 式があれば，後述する倍角の公式 3.10 などほとんどの式を導くことができる。しっかり覚えておいてほしい。

公式 3.9：加法定理

$$\begin{aligned}
\sin(\alpha \pm \beta) &= \sin\alpha\cos\beta \pm \cos\alpha\sin\beta, \\
\cos(\alpha \pm \beta) &= \cos\alpha\cos\beta \mp \sin\alpha\sin\beta, \\
\tan(\alpha \pm \beta) &= \frac{\tan\alpha \pm \tan\beta}{1 \mp \tan\alpha\tan\beta}
\end{aligned} \tag{3.20}$$

注意してほしいのは，$+$ と $-$ の符号の順序である。$\pm$ と $\mp$ では，前者が $+$ のときに後者が $-$ となり，前者が $-$ のときに後者が $+$ となる。例えば

$$\cos(\alpha - \beta) = \cos\alpha\cos\beta + \sin\alpha\sin\beta \tag{3.21}$$

$$\tan(\alpha + \beta) = \frac{\tan\alpha + \tan\beta}{1 - \tan\alpha\tan\beta} \tag{3.22}$$

といった具合である。

この式を用いることで，図 3.7 で紹介した代表的な角度 $(\pi/6, \pi/4, \pi/3, \pi/2)$ 以外の角についても三角比を算出できる。

例題 3.4　$\theta = 5\pi/12$ について，$\sin\theta, \cos\theta, \tan\theta$ を求めよ。

【解答】　公式 3.1 から，$\theta = 5\pi/12 = 75^\circ$ である。すなわち，$75^\circ = 30^\circ + 45^\circ$ と捉えて加法定理を用いればよい。

再び公式 3.1 から，$30^\circ = \pi/6$，$45^\circ = \pi/4$ であるので，$5\pi/12 = \pi/6 + \pi/4$ と書き換えられる。よって，加法定理から

$$\begin{aligned}
\sin\left(\frac{\pi}{6} + \frac{\pi}{4}\right) &= \sin\left(\frac{\pi}{6}\right)\cos\left(\frac{\pi}{4}\right) + \cos\left(\frac{\pi}{6}\right)\sin\left(\frac{\pi}{4}\right) \\
&= \frac{1}{2}\cdot\frac{1}{\sqrt{2}} + \frac{\sqrt{3}}{2}\cdot\frac{1}{\sqrt{2}} = \frac{1+\sqrt{3}}{2\sqrt{2}} = \frac{\sqrt{2}+\sqrt{6}}{4}\ \left(= \frac{\sqrt{6}+\sqrt{2}}{4}\right) \\
\cos\left(\frac{\pi}{6} + \frac{\pi}{4}\right) &= \cos\left(\frac{\pi}{6}\right)\cos\left(\frac{\pi}{4}\right) - \sin\left(\frac{\pi}{6}\right)\sin\left(\frac{\pi}{4}\right) \\
&= \frac{\sqrt{3}}{2}\cdot\frac{1}{\sqrt{2}} - \frac{1}{2}\cdot\frac{1}{\sqrt{2}} = \frac{\sqrt{3}-1}{2\sqrt{2}} = \frac{\sqrt{6}-\sqrt{2}}{4} \\
\tan\left(\frac{\pi}{6} + \frac{\pi}{4}\right) &= \frac{\tan\left(\frac{\pi}{6}\right) + \tan\left(\frac{\pi}{4}\right)}{1 - \tan\left(\frac{\pi}{6}\right)\tan\left(\frac{\pi}{4}\right)} \\
&= \frac{\frac{1}{\sqrt{3}} + 1}{1 - \frac{1}{\sqrt{3}}\cdot 1} = \frac{\sqrt{3}+1}{\sqrt{3}-1} = \frac{(\sqrt{3}+1)^2}{2} = \frac{4+2\sqrt{3}}{2} = 2 + \sqrt{3}
\end{aligned}$$

◆

加法定理により，ある角度 θ の倍角 2θ について，つぎの公式を導出できる。

公式 3.10：倍角の三角比

$$\begin{aligned}
\sin 2\theta &= 2\sin\theta\cos\theta, \\
\cos 2\theta &= \cos^2\theta - \sin^2\theta = 1 - 2\sin^2\theta = 2\cos^2\theta - 1, \\
\tan 2\theta &= \frac{2\tan\theta}{1 - \tan^2\theta}
\end{aligned} \tag{3.23}$$

倍角の公式のうち，特に $\cos 2\theta$ に注目してほしい。$\cos 2\theta$ は $\sin^2\theta$ あるいは $\cos^2\theta$ を用いるのみで記述できる。すなわち，$\cos\theta$ や $\sin\theta$ の二次式を $\cos 2\theta$ の一次式に変換できるのである。この関係が 7 章の積分ではよく利用される。公式 3.11 で具体的に確認してみよう。

公式 3.11：半角の三角比

$$\begin{aligned}
\sin^2\frac{\theta}{2} &= \frac{1-\cos 2\theta}{2}, \\
\cos^2\frac{\theta}{2} &= \frac{1+\cos 2\theta}{2}, \\
\tan^2\frac{\theta}{2} &= \frac{1+\cos 2\theta}{1-\cos 2\theta}
\end{aligned} \tag{3.24}$$

3.1.5 （発展）和積・積和の公式

三角比同士の積を和に，和を積に変換する公式として，つぎの式が大変有名である。これは，後に学ぶ「積分」において，積よりも和の形を考えるほうが遥かに容易なためである。

公式 3.12：三角比の和から積への変換（和積）

$$\begin{aligned}
\sin A + \sin B &= 2\sin\frac{A+B}{2}\cos\frac{A-B}{2}, \\
\sin A - \sin B &= 2\cos\frac{A+B}{2}\sin\frac{A-B}{2}, \\
\cos A + \cos B &= 2\cos\frac{A+B}{2}\cos\frac{A-B}{2}, \\
\cos A - \cos B &= 2 - \sin\frac{A+B}{2}\sin\frac{A-B}{2}
\end{aligned} \tag{3.25}$$

公式 3.13：三角比の積から和への変換（積和）

$$\begin{aligned}
\sin\alpha\cos\beta &= \frac{1}{2}\left\{\sin(\alpha+\beta)+\sin(\alpha-\beta)\right\}, \\
\cos\alpha\sin\beta &= \frac{1}{2}\left\{\sin(\alpha+\beta)-\sin(\alpha-\beta)\right\}, \\
\cos\alpha\cos\beta &= \frac{1}{2}\left\{\cos(\alpha+\beta)+\cos(\alpha-\beta)\right\}, \\
\sin\alpha\sin\beta &= \frac{1}{2}\left\{\cos(\alpha+\beta)-\cos(\alpha-\beta)\right\}
\end{aligned} \tag{3.26}$$

3.2　三　角　関　数

定義 3.2 において，三角比は「ある角 θ に応じて一意に決定する値」として定義している。一方，関数とは「値と値の間の対応付けを記述する概念」である。例えば，一次関数 $f(x) = 2x$

では変数 x と $2x$ を対応付け，二次関数 $f(x)=3x^2$ では変数 x と $3x^2$ を対応付ける。すなわち，ある各 x とその三角比との対応付けは関数として考えられる。それでは，この関数の定義から見てみよう。

3.2.1 三角関数の定義とグラフ

ある実数 x の関数 $f(x)$ を考える。$f(x)$ が x の三角比であるとき，この関数を**三角関数**（trigonometric function）と呼ぶ。代表的な三角関数の定義を以下に示す。

定義 3.3 (代表的な三角関数)

$$
\begin{aligned}
&f(x)=\sin x,\\
&f(x)=\cos x,\\
&f(x)=\tan x \quad \left(\text{ただし } x\neq\frac{2n-1}{2}\pi\right)
\end{aligned}
\tag{3.27}
$$

ここで，$f(x)=\tan x$ の定義域には $x=(2n-1)\pi/2$ が含まれないことに注意する†。$x=(2n-1)\pi/2$ は，$\pi/2$ の奇数倍のことで，例えば，$-\pi/2$，$\pi/2$ といった値である。

一次関数や二次関数と同様に，三角関数についてもグラフを描画できる。このグラフは三角関数を理解するための強力なツールといえる。**図 3.8** に定義 3.3 の三角関数のグラフを示す。図から以下のような特徴が読み取れるだろう。

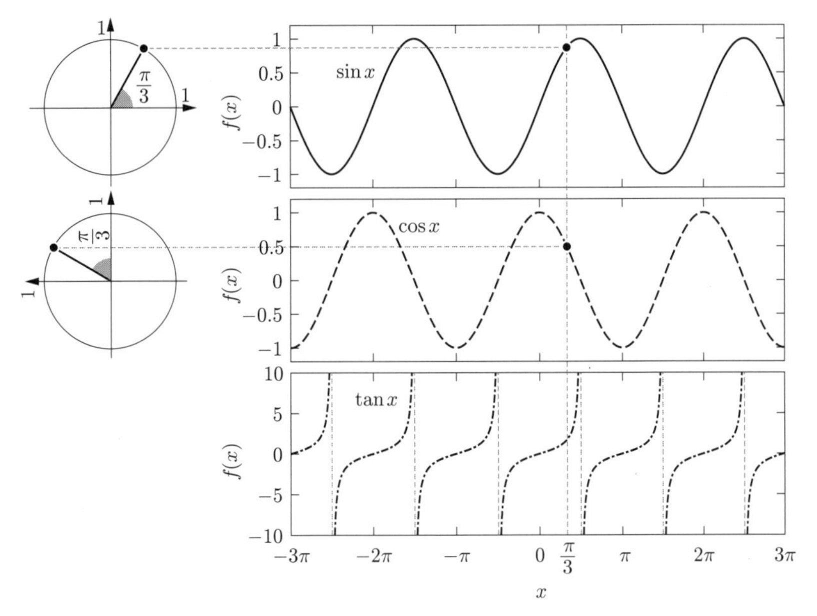

図 3.8 定義 3.3 の三角関数のグラフ

† 定義 3.2 を思い出そう。

(1) $f(x) = \sin x$ と $f(x) = \cos x$ は水平方向に平行移動しているだけでまったく同じ形をしている。

(2) $f(x) = \sin x$ と $f(x) = \cos x$ はどのような x に対しても $-1 \leqq f(x) \leqq 1$ を満たしている。

(3) $f(x) = \tan x$ について，$x = \{(2n-1)/2\}\pi$（黒点線）付近では，$f(x)$ が $+\infty$ あるいは $-\infty$ に漸近する。

(4) すべての三角関数はある一定の形を繰り返している（周期性がある)。

(5) 3.1.2 項で説明したように，sin と cos は単位円上の点 $(\cos x, \sin x)$ に対応する。弧度法で表記された角度 x と単位円上の x 座標をプロットすれば $\cos x$ のグラフとなり，y 座標をプロットすれば $\sin x$ となる。

なお，図 3.8 には特徴 (5) がわかりやすくなるよう，$x = \pi/3$ の値を記載している。

上記の特徴はすでに学んだ内容から自然に導出できる。例えば，特徴 (1) については，公式 3.6 から $\sin(x + \pi/2) = \cos x$ となることに注意すると，$\sin x$ のグラフを x 軸方向に $-\pi/2$ 平行移動させることにより，$\cos x$ のグラフに一致する。

図 3.8 の三角関数のように，同じ形のグラフを繰り返し出力し続ける関数 $f(x)$ を**周期** T **の周期関数**と呼ぶ。公式 3.8 により，定義 3.3 の三角関数はすべて $T = 2\pi$ の周期を持つ。

3.2.2 逆 三 角 関 数

関数 $y = f(x)$ を x について解いて，$x = g(y)$ となるとき，g を f の**逆関数** (inverse function) といい，$g(x) = f^{-1}(x)$ などと書ける。求めていたのは $g(y)$ であったが，一般には y を x に置き換えて $g(x) = f^{-1}(x)$ と表記したものを逆関数とする。定義 3.3 の三角関数についても，その定義域を制限すれば，逆関数を考えることができる。いま，つぎのような三角関数を考えてみよう。

$$
\begin{aligned}
&f(x) = \sin x \quad \left(-\frac{\pi}{2} \leqq x \leqq \frac{\pi}{2}\right), \\
&f(x) = \cos x \quad (0 \leqq x \leqq \pi), \\
&f(x) = \tan x \quad \left(-\frac{\pi}{2} < x < \frac{\pi}{2}\right)
\end{aligned}
\tag{3.28}
$$

このとき，x と $f(x)$ はそれぞれ 1 対 1 で対応†しており，それぞれの値域はつぎの通りとなる。

$$
\begin{aligned}
&-1 \leqq \sin x \leqq 1, \\
&-1 \leqq \cos x \leqq 1, \\
&-\infty < \tan x < \infty
\end{aligned}
\tag{3.29}
$$

† 数学的には単射という。ある関数について，その逆関数を定義するためには，もとの関数が単射である必要がある。

そこで，上記三角関数の逆関数として次式を定義しよう。

定義 3.4　(逆三角関数)

$$
\begin{aligned}
f^{-1}(x) &= \arcsin x \quad (-1 \leqq x \leqq 1), \\
f^{-1}(x) &= \arccos x \quad (-1 \leqq x \leqq 1), \\
f^{-1}(x) &= \arctan x \quad (-\infty < x < \infty)
\end{aligned}
\tag{3.30}
$$

ここで，arcsin，arccos，arctan はそれぞれ，アークサイン，アークコサイン，アークタンジェントと読み，しばしば $\sin^{-1} x$，$\cos^{-1} x$，$\tan^{-1} x$ と表記される。これらをまとめて**逆三角関数**（inverse trigonometric functions）と呼ぶ。**図 3.9** に逆三角関数のグラフをそれぞれ示す。

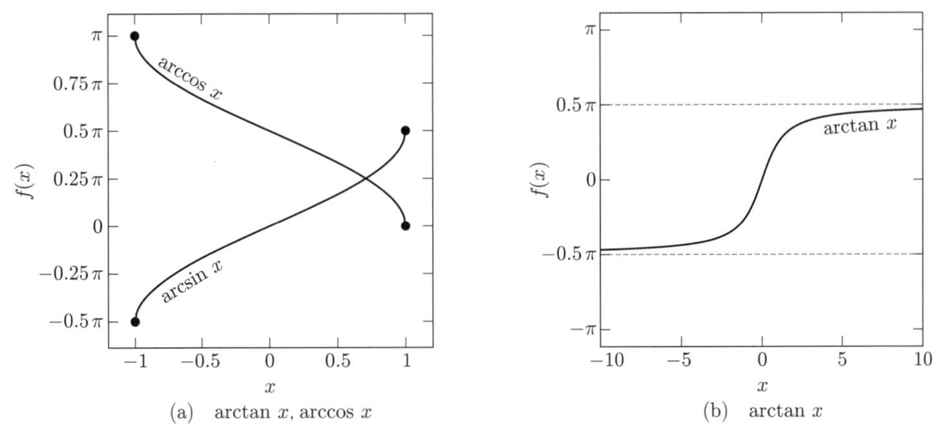

図 3.9　逆三角関数のグラフ

逆三角関数の中でも，arctan は幾何学的な観点から非常によく用いられる。なぜなら，arctan が直線の傾きからその角度を得る関数となっているためである。例えば，傾きが 1 である直線は角度が $\pi/4$ であるが，arctan を用いれば $\arctan 1 = \pi/4$ とでき，簡素に表現できる。

3.2.3　電気系学生が毎日目にする正弦波

$\sin x$ や $\cos x$ のような形状のグラフは自然界，とりわけ物理の世界では数多く見られる。身近な例としては，コンセントから流れる電流，音として耳に入る空気の振動（音波），水面で発生する波紋などが挙げられるだろう。これらは一般に，時刻 t に依存した関数となっており，総じて**正弦波**（sine wave）と呼ばれる。正弦波の一般形としては次式が用いられる。

定義 3.5　(正弦波の一般形)

$$
g(t) = A \sin(2\pi f t + \phi) + B \tag{3.31}
$$

ここで，物理的な背景を尊重して，変数は x ではなく，時刻を意味する変数 t としている点に注意しておく。皆さんが持つ「この式を見てもなにがなんだかさっぱりわからない。」という疑問は当然のものである。それぞれの記号が意味するところについてはこれから説明する。

さて，定義 3.5 は $\sin t$ に比べてどのような特徴を持っているのだろうか。A，f，ϕ（*phi*，ファイと読む），そして B は，$\sin t$ にどのような影響をもたらすのだろうか。いま一度**図 3.10** に示すグラフの力を借りて，これらの役割を紐解いてみよう。

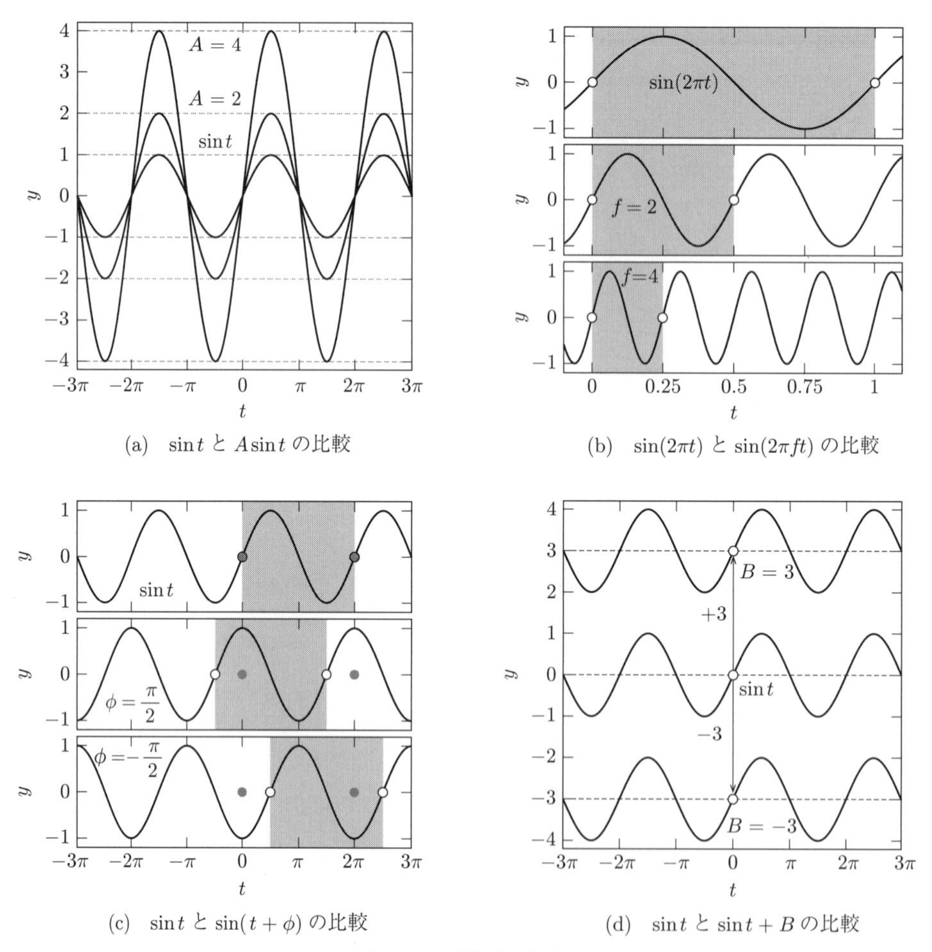

図 3.10 正弦波の比較

- A（**振幅**）はグラフの縦の大きさを伸縮させる（図 (a)）。
- f（**周波数**）はグラフの横の大きさを伸縮させる（図 (b)）。
- ϕ（**位相**）はグラフを横に平行移動させる（図 (c)）。
- B（**バイアス**）はグラフを縦に平行移動させる（図 (d)）。

3.2.4　正弦波の足し合わせ

いま，**図 3.11** の (a)，(b) に示すような周波数の等しい二つの正弦波について考えよう。すなわち，それぞれがたがいに異なる振幅，位相，バイアスを持つ正弦波を仮定する。

これら二つの正弦波を足し合わせてみると，興味深いことに，周波数以外はなに一つ一致しない二つの正弦波が，これまた周波数の等しい新たな正弦波（図 3.11 (c)）を生み出すことがわかる。

この関係は正弦波の一般的な性質であり，周波数が等しければどのような正弦波同士でも成り立つ。すなわち，次式のように，二つの周波数が等しい正弦波の和は一つ正弦波として記述できる。

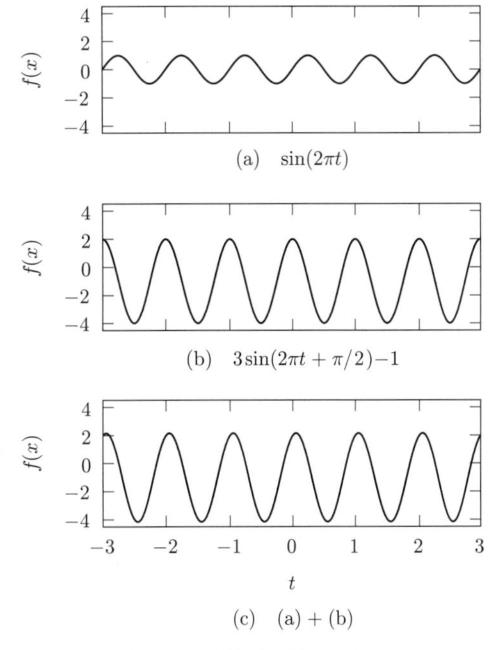

図 3.11　正弦波の足し合わせ

$$\underbrace{A_1 \sin(2\pi ft + \phi_1) + B_1}_{\text{正弦波 1}} + \underbrace{A_2 \sin(2\pi ft + \phi_2) + B_2}_{\text{正弦波 2}} = \underbrace{A_3 \sin(2\pi ft + \phi_3) + B_3}_{\text{正弦波 3}} \tag{3.32}$$

この関係を導くために有効な変換公式として，次式に示す**三角関数の合成**（R-α method）がある。

公式 3.14：三角関数の合成

$$y = a\sin x + b\cos x = R\sin(x+\alpha) \quad \left(\text{ただし，} R = \sqrt{a^2+b^2},\ \tan\alpha = \frac{b}{a}\right) \tag{3.33}$$

正弦波の足し合わせは，例えば送電技術において重要な役割を担っている。

3.3　実験で試す：交流 100 V の電圧波形

本章では，家庭用の交流が sin 波であることを繰り返し説明してきた。この章の終わりに実際に交流波形をオシロスコープで測定し，sin 波であることを確認する。

図 3.12 (a) は，交流波形を測定するための実験装置，図 (b) はその回路図である。コンセントにプラグを差し込んで電圧を取り出し，その両端をプローブに接続している。家庭に来ている交流 100 V 電源はともにアースされていないので，2 点間の電圧差を測定する差動プローブという特殊なプローブを使っている。プローブからの信号はオシロスコープに表示される。

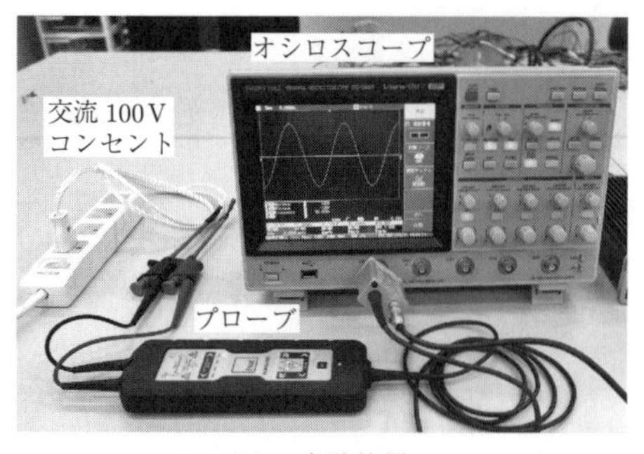

(a)　実験装置

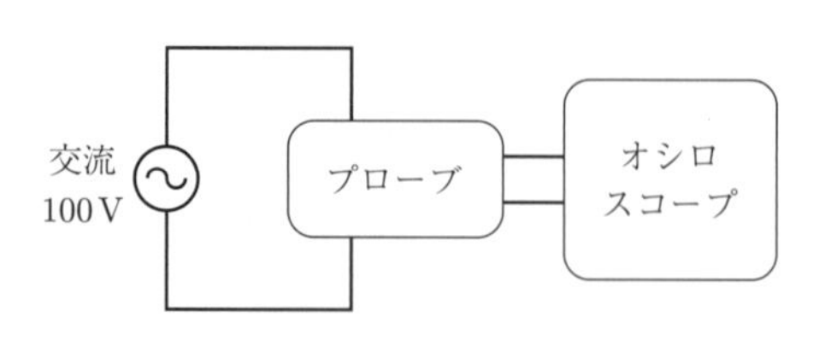

(b)　測定回路

図 **3.12**　交流 100 V の電圧測定

測定結果を図 **3.13** に示した。波形の中央の “0” が時間 “0” となるようにオシロスコープの時間を設定している。家庭用の交流が 100 V というのは実効値を示しており，直流 100 V に相当する電力を持っているということで，実際の振幅は $\sqrt{2} \times 100\,\mathrm{V} \doteqdot 141\,\mathrm{V}$ である。また，その周波数は関東地区では 50 Hz であり，周期は 20 ms となる。

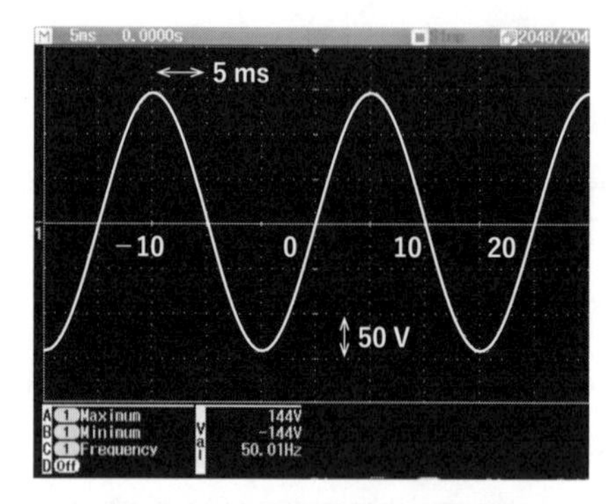

図 **3.13**　交流 100 V の電圧波形

オシロスコープの測定機能を使って周期，最大値を測定すると，50.01 Hz，±144 V となっている。時間 0 から電圧が増加し，周期半分の 10 ms で 0 V となり，その後はマイナス電圧となり再び周期 20 ms で 0 V となっている。また，sin 関数で最大値に相当する振幅は，141 V で実測の 144 V はこれにほぼ等しい。

交流の電圧波形 $v(t)$ が，$v(t) = \sqrt{2}\sin(2\pi ft) = \sqrt{2}\sin(100\pi t)$ で示されることがわかる。

——— 章　末　問　題 ———

【１】（三角比の基本）つぎの三角比をそれぞれ求めよ。

(1)　$\tan\dfrac{5}{4}\pi$　　(2)　$\sin\dfrac{2}{3}\pi$　　(3)　$\cos\dfrac{5}{6}\pi$

(4)　$\cos\left(-\dfrac{5}{6}\pi\right)$　　(5)　$\cos\dfrac{7}{6}\pi$　　(6)　$\sin\left(-\dfrac{1}{6}\pi\right)$

【2】（**加法定理の計算**）つぎの三角比を求めよ。

(1)　$\sin\dfrac{7}{12}\pi$　　(2)　$\cos\dfrac{7}{12}\pi$　　(3)　$\tan\dfrac{7}{12}\pi$

(4)　$\sin\dfrac{\pi}{12}$　　(5)　$\cos\dfrac{\pi}{12}$　　(6)　$\tan\dfrac{\pi}{12}$

【3】（**逆三角関数**）つぎの式を満たす θ をそれぞれ求めよ（ただし，$0 < \theta < 2\pi$ とする）。

(1)　$\theta = \sin^{-1}\left(\dfrac{1}{2}\right)$　　(2)　$\theta = \cos^{-1}\left(\dfrac{\sqrt{3}}{2}\right)$　　(3)　$\theta = \tan^{-1}\left(\sqrt{3}\right)$

【4】（**正弦波のグラフ**）$g(t) = A\sin(2\pi ft + \phi) + B$ について，つぎの条件を満たすグラフを描画せよ。

(1)　$A = 1, f = 2, \phi = 0, B = 1$　　(2)　$A = 2, f = 1, \phi = \dfrac{\pi}{4}, B = 0$

(3)　$A = 3, f = 2, \phi = -\dfrac{\pi}{6}, B = -1$　　(4)　$A = 1, f = 4, \phi = 2\pi, B = 0$

【5】（**正弦波の読み取り**）**図 3.14** のグラフの振幅 A，周波数 f，位相 ϕ，バイアス B をそれぞれ求めよ。

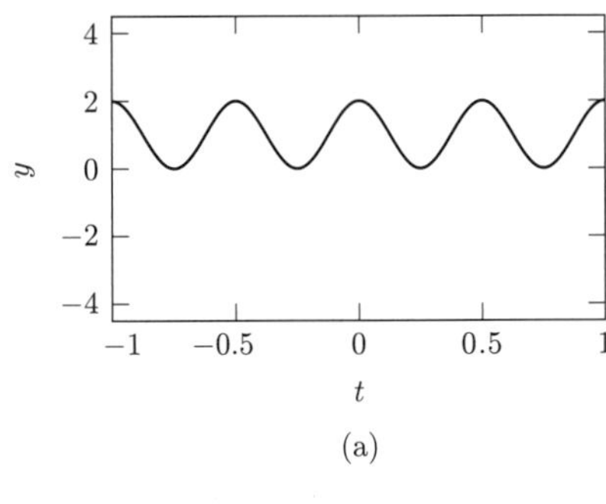

(a)

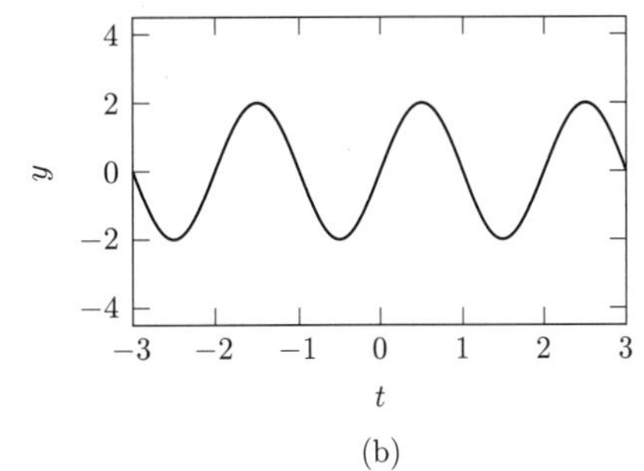

(b)

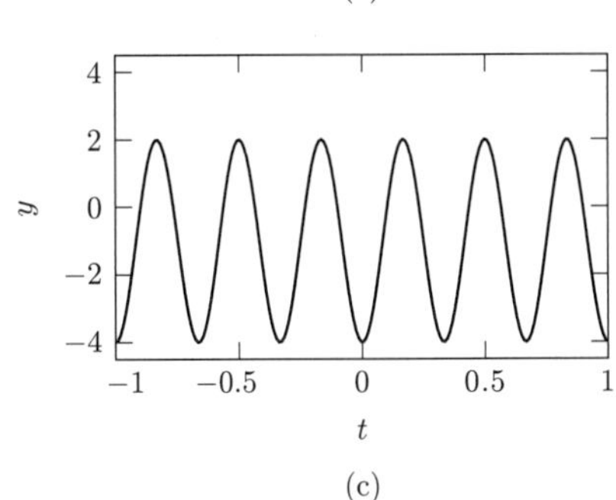

(c)

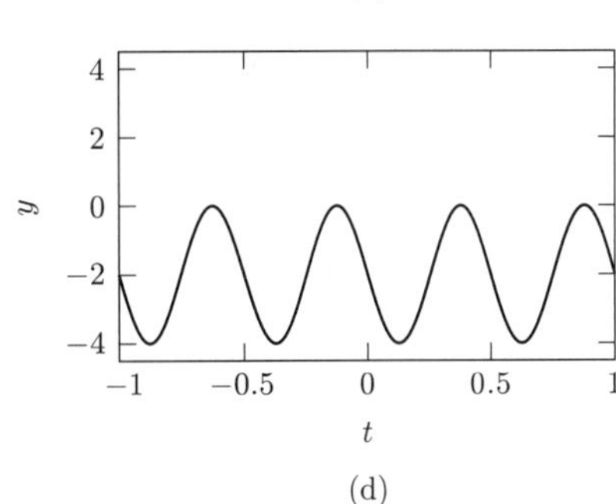

(d)

図 3.14　【5】の正弦波

【6】（**三角関数の合成**）つぎの二つの三角関数の和を $A\sin(2\pi ft + \phi) + B$ の形で表せ。ただし，$\tan 1.249 = 3$ を用いてもよい。

$\sin(2\pi x)$,　　$3\sin\left(2\pi x + \dfrac{\pi}{2}\right) - 1$

4 指数と対数およびその関数

同じ数を何度も掛けるのが指数関数で，掛ける数を a，掛ける回数を n とすれば a^n となる。例えば，2 を 4 回掛けるなら，2^4 である。ここで，a^n を a^m で割ると，$a^n/a^m = a^{n/m} = a^x$ となり，指数を自然数から有理数 x へと拡張できる。こうした指数の中でも，電気電子工学や物理などで最も多く使われるのが，ネイピア数 e を使った指数関数 e^x である。この指数関数は，微分しても積分しても e^x という特徴を持っているからだ。一方の対数関数は指数関数の逆関数で，ある数に対して指数を取り出す。対数関数の歴史について少しだけ振り返ってみよう。

時代は 16 世紀の終わり，ガリレオたちが望遠鏡を使って天体観察をはじめた。その動きは図 **4.1** に示すような楕円状のものとなり，これ解析するには膨大な計算が必要となった。特に，掛け算は足し算に比べ格段に面倒だった。そこで，スコットランドのネイピアは，掛け算を足し算にする研究に没頭した。対数では，二つの数 a, b の積の対数が，a, b それぞれに対数を足した値と等しくなる。これが，ネイピアが求めた方法であった。この研究をもとに近代数学は発展した。ネイピアの貢献に敬意を表し，指数関数の e はネイピア数と呼ばれている。本章の後半では，微分・積分・ひいては微分方程式の基盤となる知識，「指数関数・対数関数」について学ぶ。

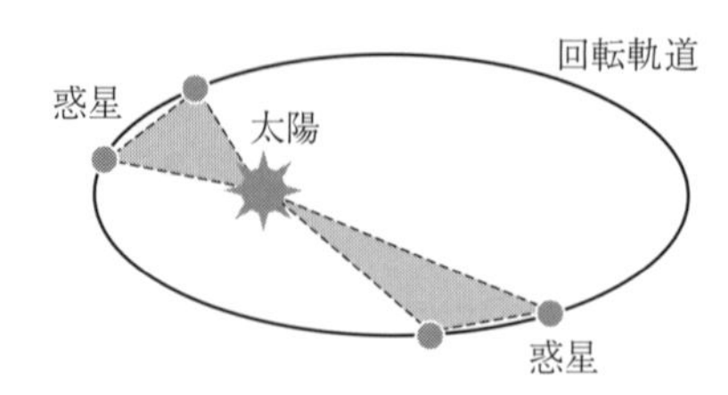

図 4.1　膨大な計算が必要となった楕円軌道

4.1 指数と対数

4.1.1 指数の基本事項

これまでに，2^2，10^3 のように同じ数を何度も掛け合わせる演算には触れてきたことかと思う。この「ある数 b を n 回掛け合わせる」という演算を**べき乗**（exponentiation）といい，b を**底**（base），n を**指数**（exponent or power）という。

$$\underbrace{b \times b \times \cdots \times b}_{n\text{ 個}} = b^n \quad (\leftarrow \text{指数}, \leftarrow \text{底}) \tag{4.1}$$

一般に，べき乗にはつぎの関係が成り立つ。

公式 4.1：指数の基本演算

$$b^{m+n} = b^m \cdot b^n \tag{4.2}$$

$$b^0 = 1 \tag{4.3}$$

$$b^{-n} = \frac{1}{b^n} \tag{4.4}$$

$$(b^m)^n = b^{mn} \tag{4.5}$$

$$(b \cdot c)^n = b^n \cdot c^n \tag{4.6}$$

式 (4.2) において，$b^m \cdot b^n$ は b を m 回掛けた b^m と b を n 回掛けた b^n とを掛け合わせている。結果，b を掛ける回数は $m+n$ 回になるので，式 (4.2) が成り立つ。式 (4.3) で 0 乗が 1 になるのにピンとこない方もいるかもしれない。例えば，つぎのように考えると理解できる。b^0 は b^{m-m} で $b^m \times b^{-m}$，すなわち，b^m/b^m である。したがって，$b^m/b^m = 1$ となるため，式 (4.3) が成り立つ。また，式 (4.5) では，b^m を $b^m \times b^m \times \cdots \times b^m$ と n 回掛ける。b^m では b を m 回掛けており，それを n 回掛けるので，b を掛ける回数は $m \times n$ となる。したがって，$(b^m)^n$ では b を $m \times n$ 回掛けることになり，$(b^m)^n = b^{mn}$ となる。

例題 4.1　つぎのべき乗を計算せよ。

(1)　$2^2 \cdot 2^2$　　(2)　2^0　　(3)　2^{-2}　　(4)　$(2^2)^2$　　(5)　$(2 \cdot 3)^2$

【解答】　公式 4.1 を用いれば，つぎの通り計算できる。

(1)　$2^2 \cdot 2^2 = 2^4 = 16$

(2)　$2^0 = 1$

(3)　$2^{-2} = \dfrac{1}{2^2} = \dfrac{1}{4}$

(4)　$(2^2)^2 = 2^{2 \cdot 2} = 2^4 = 16$

(5)　$(2 \cdot 3)^2 = 2^2 \cdot 3^2 = 36$　◆

なお，公式 4.1 において $b > 0$ である場合には，そのべき乗の結果も必ず正の数となる。

4.1.2　対数の基本事項

$x = b^n$ という方程式を考えよう。このとき，x および b から指数 n を導く演算はべき乗の逆演算であり，次式で表す。

$$n = \log_b x \tag{4.7}$$

右辺は **b を底とした x の対数**（logarithm base b of x）という。初学者とって対数はなかなか理解しづらいようだ。そんなときには，つぎのように考えるとわかりやすい。ある数 x が b の n 乗になっているとすると，この数の「底が b の対数」は n となる。底が変われば，同じ x でも対数の値が変わる。例えば，x が 16 の場合，$16 = 2^4 = 4^2$ なので，底が 2 の対数は $n = 4$，底が 4 の対数は $n = 2$ となる。

例題 4.2　2 を底とした 8 の対数 $\log_2 8$ を求めよ。

【解答】 $8 = 2^3$ を $x = b^n$ に当てはめ，$n = \log_b x$ とすれば

$$x = 8, b = 2, n = 3 \quad \Leftrightarrow \quad 3 = \log_2 8$$

したがって，求める値は

$$\log_2 8 = 3$$ ♦

$\log_b x$ における x は**真数**（antilogarithm）と呼ぶ†。一般的には，対数の底 b は 1 ではない正の数，真数 x は正の数とする。

対数についてはつぎの関係が成り立つ。指数の関係と対応付けて覚えよう。

公式 4.2：対数の基本演算

$$1 = b^0 \quad \Leftrightarrow \quad \log_b 1 = 0 \tag{4.8}$$

$$b^X \times b^Y = b^{X+Y} \quad \Leftrightarrow \quad \log_b(xy) = \log_b x + \log_b y \tag{4.9}$$

$$\underbrace{b^X \times b^X \times \cdots b^X}_{p\text{ 個}} = b^{pX} \quad \Leftrightarrow \quad \log_b(x^p) = p\log_b x \tag{4.10}$$

$$\frac{b^X}{b^Y} = b^{X-Y} \quad \Leftrightarrow \quad \log_b \frac{x}{y} = \log_b x - \log_b y \tag{4.11}$$

式 (4.9) では，$b^X = x$，$b^Y = y$ と置いている。指数の公式から対数の公式を導出するにはつぎのように変形すればよい。

$$b^X \times b^Y = b^{X+Y} \tag{4.12}$$

$$xy = b^{X+Y} \tag{4.13}$$

$$\log_b(xy) = \log_b\left(b^{X+Y}\right) \qquad \text{(両辺の対数をとっている)} \tag{4.14}$$

$$\log_b(xy) = X + Y \qquad (\log_2 2^3 = 3\text{ を思い出そう}) \tag{4.15}$$

$$\log_b(xy) = \log_b x + \log_b y \tag{4.16}$$

以降の式は，式 (4.9) を応用して考えればよい。

また，対数には「底の変換公式」と呼ばれるつぎの式が用意されている。

公式 4.3：底の変換公式

$$\log_b x = \frac{\log_k x}{\log_k b} \tag{4.17}$$

† 真数に相当する英訳は antilogarithm とされるが，一般には（国際標準的には）用いない。

例題 4.3　つぎの対数を計算せよ。

(1) $\log_{10} 1$　(2) $\log_3 81$　(3) $\log_2 \dfrac{1}{4}$　(4) $\log_2 8$　(5) $\log_{0.5} 2$

【解答】 公式 4.2, 4.3 を用いれば，つぎの通り計算できる。

(1) $\log_{10} 1 = 0$

(2) $\log_3 81 = \log_3 9 + \log_3 9 = 2 + 2 = 4$

(3) $\log_2 \dfrac{1}{4} = \log_2 1 - \log_2 4 = 0 - 2 = -2$

(4) $\log_2 8 = \log_2(2^3) = 3\log_2 2 = 3$

(5) $\log_{0.5} 2 = \dfrac{\log_2 2}{\log_2 0.5} = \dfrac{1}{\log_2(2^{-1})} = \dfrac{1}{-\log_2 2} = -1$ ◆

4.1.3 電気電子工学の現象を表すのに便利なネイピア数 e

指数や対数の研究が盛んに行われていた 16 世紀から 17 世紀にかけて，**ネイピア数**（Napier's constant）と呼ばれる定数が重要な役割を果たすことがわかってきた。ネイピア数 e はつぎのように定義される。

$$e = \lim_{n\to\infty}\left(1 + \frac{1}{n}\right)^n = 2.718281828459045\cdots \tag{4.18}$$

底を e とした対数は**自然対数**（natural logarithm）と呼ばれ，$\log_e x$ は $\ln x$ と省略して記述されることが多い。6 でも説明するが，ネイピア数を使った関数 e^x は微分しても e^x のままという特徴がある。逆に，積分した場合は，$e^x + C$ と積分定数が加わるだけである。この特徴は，電気電子工学の現象を記述するのにとても便利であり，多くの場面で使われる。とても重要な値である。ネイピア数が指数や対数におけるどのような場面で現れるのかは後述する。

例題 4.4　ネイピア数の定義式 (4.18) において，∞ への極限ではなく $n = 10, 100, 1\,000$ として値を計算せよ。

【解答】 $n = 10$ のとき

$$e = \left(1 + \frac{1}{10}\right)^{10} = 1.1^{10} = 2.59374 \quad (\text{電卓にて計算})$$

$n = 100$ のとき

$$e = \left(1 + \frac{1}{100}\right)^{100} = 1.01^{100} = 2.70481 \quad (\text{電卓にて計算})$$

$n = 1\,000$ のとき

$$e = \left(1 + \frac{1}{1\,000}\right)^{1\,000} = 1.001^{1\,000} = 2.71692 \quad (\text{電卓にて計算})$$

以上の計算から，n の値を大きくとればとるほど，$e = 2.71828\cdots$ に近づいていくことがわかる。 ♦

4.2 指数や対数を用いた関数

4.2.1 指　数　関　数

つぎの式で定義される関数を**指数関数**（exponential function）と呼ぶ。

定義 4.1 (指数関数)

$$f(x) = ab^x \tag{4.19}$$

なお，本書では，指数関数の定義域を実数全体とする†。

例えば，$f(x) = 0.5^x$，$f(x) = 2^x$，$f(x) = 4 \times 2^x$ のグラフは図 **4.2** のように描ける。図からも明らかな通り，$x = 0$ における $f(x)$ の値は，$f(0) = ab^0 = a \cdot 1 = a$ となる。特に，$a = 1$ の場合にはつねに $f(0) = 1$ であり，$f(x)$ のグラフは必ず点 $(0, 1)$ を通る。また，$f(x) = 0.5^x$ と $f(x) = 2^x$ が左右対称（y 軸に対して対称）となっている点にも注目しよう。二つの関数 $f(x)$ と $g(x)$ がたがいに y 軸に対して対称であるとき，$f(-x) = g(x)$ が満たされる。$f(x) = 0.5^x$ の x を $-x$ に置き換えれば，$f(x) = 0.5^{-x} = (0.5^{-1})^x = 2^x$ となり，この法則が満たされていることがわかる。ところで，底がネイピア数 e である指数関数はつぎのように表記されることがある。

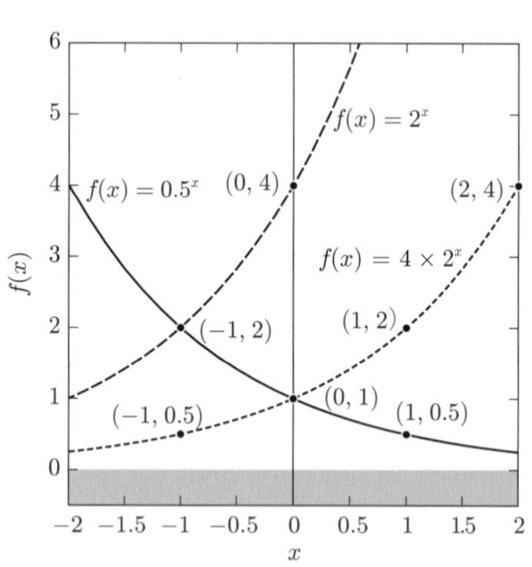

図 **4.2**　指数関数のグラフの例

定義 4.2 (底が e の指数関数)

$$f(x) = e^x = \exp(x) \tag{4.20}$$

指数が分数を含んでいたり長い式であったりする場合には底の右上に指数を乗せると表記が煩雑化してしまう。このため，$\exp(x)$ のような関数形の表記が有効となる。

4.2.2 理解しづらいが重要な対数関数

つぎの式で定義される関数を**対数関数**（logarithm or logarithm function）と呼ぶ。

† 複素数や行列を指数にとる演算も存在する。

定義 4.3 (対数関数)

$$f(x) = a \log_b x \tag{4.21}$$

対数の基本事項で説明した通り，底 b は 1 ではない正の数とし，真数も正の数とするため，x の定義域は $x > 0$ となる。このとき，$f(x)$ の値域は実数全体となる。また，公式 4.3 の「底の変換公式」を用いれば，$\log_b x = \ln x / \ln b$ と書き換えられる。したがって，定義 4.3 の a を $a \ln b$ に置き換えた次式を対数関数の一般式として用いることも多い。

定義 4.4 (自然対数による対数関数)

$$f(x) = a \ln x \tag{4.22}$$

例えば，$f(x) = \ln x$，$f(x) = 2\ln x$，$f(x) = 3\ln x$ のグラフは**図 4.3** のように描ける。グラフの特徴としては，どのような a, b を選んだとしても $f(1) = 0$ を満たすという点が挙げられる。すなわち対数関数の曲線は必ず点 $(1, 0)$ を通る。一方，$f(x) = a \ln x$ は，指数の基本的な演算から，$f(x) = \ln x^a$ へと変換できる。すなわち，a の値が大きければ大きいほど，$x > 1$ での $f(x)$ は大きくなり，$x < 1$ での $f(x)$ は小さくなる。いい換えれば，$f(x) = a \ln x$ のグラフは a の値が大きくなるほど，$x = 1$ 付近で反り立った形状をとる。

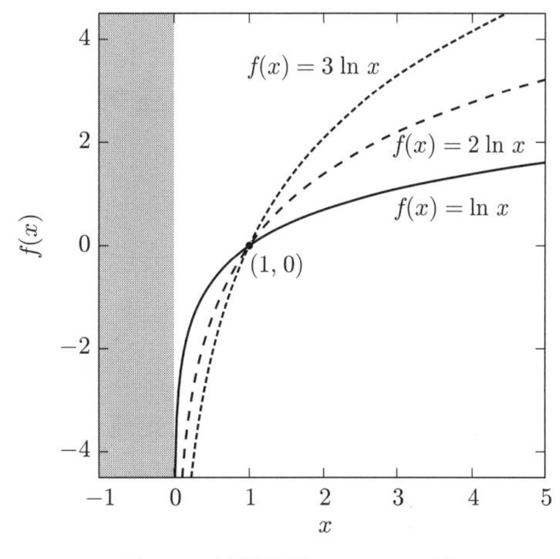

図 4.3 対数関数のグラフの例

4.2.3 ここで理解しておくと便利：対数関数から指数関数への変換

8，9 章で学ぶ微分方程式を解くには，底が e の対数関数を指数関数で表す操作が必要となる。対数関数の定義 4.4，指数関数の定義 4.2 が理解できていれば，容易に理解できるが，初学者には理解しづらいようなので，ここで少し説明を加える。

ある関数 $y = f(x)$ が次式を満たすとする。

$$\ln y = ax + b \tag{4.23}$$

ここで，a, b は定数である。このとき，式 (4.23) から関数 f を導くには，式 (4.7) に従って，つぎのように考える。

$$n = \log_b x \quad \Leftrightarrow \quad x = b^n$$

$$ax + b = \ln y = \log_e y \quad \Leftrightarrow \quad y = e^{ax+b}$$

さらに，指数の性質により，つぎのように書き換えられる。

$$y = e^{ax+b} = e^{ax} \cdot e^{b} = Ae^{ax} \quad \left(A = e^{b}\right) \tag{4.24}$$

式 (4.23) と式 (4.24) はまったくの等価であるが，それぞれ対数関数と指数関数で表されている点に違いがある。

例題 4.5 つぎの各式を満たす関数 y を求めよ。

(1) $\ln y = 2x$ (2) $e^{y} = 3x - 1$

【解答】 式 (4.7) に従って変換する。

(1) $\ln y = \log_e y = 2x \quad \Leftrightarrow \quad y = e^{2x}$

(2) $e^{y} = 3x - 1 \quad \Leftrightarrow \quad y = \log_e (3x-1) = \ln (3x-1)$ ◆

4.3 三角関数と似て非なる双曲線関数

指数関数の組合せによって構成される**双曲線関数**（hyperbolic function）を紹介しておく。三角関数ほど頻繁に見られるわけではないが，高周波電流が伝送線路を伝わるときの電圧分布や送電線のたわみなどで現れる。

4.3.1 双曲線関数の種類と定義

まずはじめに双曲線関数の定義を示す。

定義 4.5 (双曲線関数)

図 4.4 のグラフに示す関数を双曲線関数といい，次式で記述する。

$$\sinh x = \frac{e^{x} - e^{-x}}{2} \tag{4.25}$$

$$\cosh x = \frac{e^{x} + e^{-x}}{2} \tag{4.26}$$

$$\tanh x = \frac{e^{x} - e^{-x}}{e^{x} + e^{-x}} \tag{4.27}$$

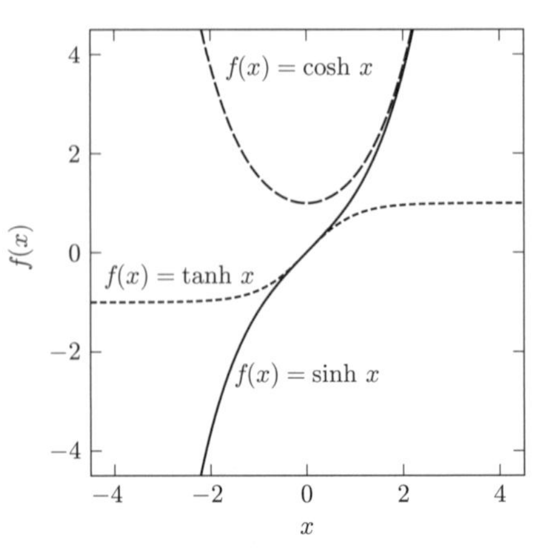

図 4.4 双曲線関数

上から順に，「hyperbolic sine, hyperbolic cosine, hyperbolic tangent」と読む。すべての関数において x の定義域は実数全体であり，値域はそれぞれ $-\infty < \sinh x < \infty$，$0 < \cosh x$，

$-1 < \tanh x < 1$ となる。

4.3.2　双曲線関数の公式

双曲線関数の代表的な公式はつぎの通りである。

公式 4.4：双曲線関数の公式

$$\cosh x + \sinh x = e^{x} \tag{4.28}$$

$$\cosh x - \sinh x = e^{-x} \tag{4.29}$$

$$\cosh^2 x - \sinh^2 x = 1 \tag{4.30}$$

特に，式 (4.30) は三角比の公式 3.3 の $\cos^2 x + \sin^2 x = 1$ に似た形をしている。双曲線関数の演算ではよく用いられる公式のため，ぜひ覚えておいてほしい。

例題 4.6　公式 4.4 の各式を証明せよ。

【解答】　定義 4.5 から

$$\cosh x = \frac{e^{x}}{2} + \frac{e^{-x}}{2}, \qquad \sinh x = \frac{e^{x}}{2} - \frac{e^{-x}}{2}$$

であり，両辺の和と差をとると

$$\cosh x + \sinh x = e^{x}, \qquad \cosh x - \sinh x = e^{-x}$$

を得る。

さらに，これら 2 式をたがいに掛け合わせれば

$$(\cosh x + \sinh x)(\cosh x - \sinh x) = e^{x} \times e^{-x}$$

$$\cosh x \cdot \cosh x - \sinh x \cdot \sinh x = e^{x-x} = e^{0} = 1$$

$$\cosh^2 x - \sinh^2 x = 1$$

となり，最後の式も成立する。　◆

4.3.3　双曲線関数の加法定理

三角関数と同様に，双曲線関数にも加法定理が存在する。

公式 4.5：双曲線関数の加法定理

$$\sinh(\alpha \pm \beta) = \sinh\alpha\cosh\beta \pm \cosh\alpha\sinh\beta \tag{4.31}$$

$$\cosh(\alpha \pm \beta) = \cosh\alpha\cosh\beta \pm \sinh\alpha\sinh\beta \tag{4.32}$$

$$\tanh(\alpha \pm \beta) = \frac{\tanh\alpha \pm \tanh\beta}{1 \pm \tanh\alpha\tanh\beta} \tag{4.33}$$

三角関数の加法定理（公式 3.9）と比べると，cosh と tanh の符号に違いがある点に注意しておこう。双曲線関数の定義は指数関数で記述されるため，加法定理は容易に導ける。例えば，sinh の加法定理はつぎの通り導出できる。

$$\sinh(\alpha+\beta) = \frac{e^{\alpha+\beta}-e^{-\alpha-\beta}}{2}$$

$$\begin{aligned}\sinh\alpha\cosh\beta+\cosh\alpha\sinh\beta &= \frac{e^{\alpha}-e^{-\alpha}}{2}\cdot\frac{e^{\beta}+e^{-\beta}}{2}+\frac{e^{\alpha}+e^{-\alpha}}{2}\cdot\frac{e^{\beta}-e^{-\beta}}{2}\\ &= \frac{e^{\alpha+\beta}+e^{\alpha-\beta}-e^{-\alpha+\beta}-e^{-\alpha-\beta}}{4}+\frac{e^{\alpha+\beta}-e^{\alpha-\beta}+e^{-\alpha+\beta}-e^{-\alpha-\beta}}{4}\\ &= \frac{2\left(e^{\alpha+\beta}-e^{-\alpha-\beta}\right)}{4} = \frac{e^{\alpha+\beta}-e^{-\alpha-\beta}}{2}\end{aligned}$$

解き方 4.1：双曲線関数の計算

Step 1：双曲線関数を指数関数に置き換える。

Step 2：指数の四則演算を行う。

Step 3：指数関数を双曲線関数に戻す。

公式 4.5 の導出は，解き方 4.1 の手順に沿っている。つぎの例題で解き方 4.1 を練習しよう。

例題 4.7　$\sinh 2x$ を $\sinh x$ と $\cosh x$ で表せ。また，導いた式が正しいことを示せ。

【解答】　加法定理から，つぎの通り導かれる。

$$\sinh 2x = \sinh(x+x) = \sinh x\cosh x+\cosh x\sinh x = 2\sinh x\cosh x$$

解き方 4.1 に沿ってこの式の正否を確かめよう。まずは Step 1, 2 を行う。

$$(\text{左辺}) = \sinh 2x = \frac{e^{2x}-e^{-2x}}{2}$$

$$(\text{右辺}) = 2\sinh x\cosh x = 2\cdot\frac{e^{x}-e^{-x}}{2}\cdot\frac{e^{x}+e^{-x}}{2} = 2\cdot\frac{e^{2x}-e^{-2x}}{4} = \frac{e^{2x}-e^{-2x}}{2}$$

なお，左辺はこれ以上簡単にならない。ここで得られた式ですでに左辺と右辺は等しいが，最後に Step 3 でつぎの通り変換する。

$$(\text{左辺}) = \frac{e^{2x}-e^{-2x}}{2} = \sinh 2x$$

$$(\text{右辺}) = \frac{e^{2x}-e^{-2x}}{2} = \sinh 2x$$

よって，得られた式は正しい。　◆

4.4 電気回路の指数関数

4.4.1 電気回路の動きを表す指数関数

電気回路にはしばしば指数関数が現れる。例えば**図 4.5** の RC 直列回路を考えてみよう。この回路では

(1) 下部のスイッチをオンにすれば

(2) 回路全体に電流が流れ

(3) 右部のキャパシタに電荷が貯まっていき

(4) 電荷が貯まりきったら電流が流れなくなる

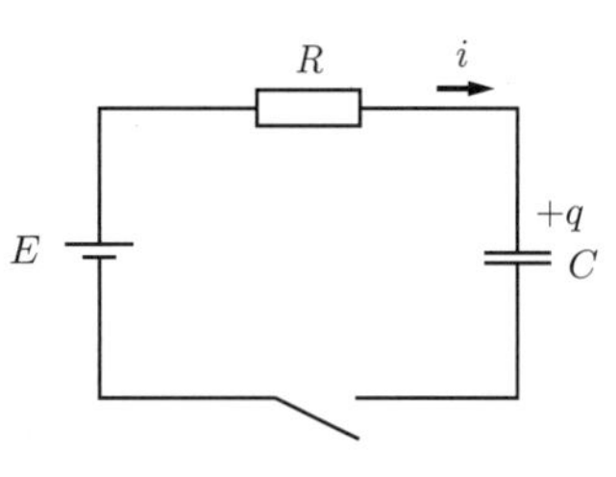

図 4.5 RC 直列回路

といった動作をする。すなわち，キャパシタに貯まる電荷量 q は時間の関数となっており，スイッチがオンになった時刻から未来の時間すべて，つまりは $t>0$ を定義域に持つ。では，q はどのような関数になるのだろうか。具体的な導出手順の説明は 8 章に預けて，結果を確認してみよう。

$$q(t)=CE\left\{1-\exp\left(-\frac{t}{RC}\right)\right\}, \qquad i(t)=\frac{E}{R}\exp\left(-\frac{t}{RC}\right) \tag{4.34}$$

例えば，つぎのように各値が与えられたとする。

$$E=5\,〔\mathrm{V}〕, \qquad R=1\,〔\mathrm{k\Omega}〕=1.0\times10^{3}\,〔\Omega〕, \qquad C=1\,〔\mathrm{\mu F}〕=1.0\times10^{-6}\,〔\mathrm{F}〕 \tag{4.35}$$

すると，電荷の関数は

$$q(t)=5\times10^{-6}\,\{1-\exp(-1\,000t)\} \tag{4.36}$$

となり，**図 4.6** (a) のようなグラフとなる。図 4.6 (a) のグラフは，先に述べた回路の動作 (3), (4) に記した「キャパシタに電荷が貯まる・貯まりきる」様子を示している。最初は 0 C であったキャパシタの電荷量が段々と増加していき，許容容量である 5 C に達するところで増加が落ち着く。

一方，電流の関数は

$$i(t)=5\times10^{-3}\cdot\exp(-1\,000t) \tag{4.37}$$

となり，図 (b) のようなグラフとなる。図 (b) のようなグラフは，回路の動作 (2), (4) で記した「回路全体に電流が流れはじめる・流れなくなる」様子を示している。スイッチをオンにした瞬間に 5 mA の電流が流れはじめるものの，段々とその値は小さくなり，最終的には流れなくなってしまう。

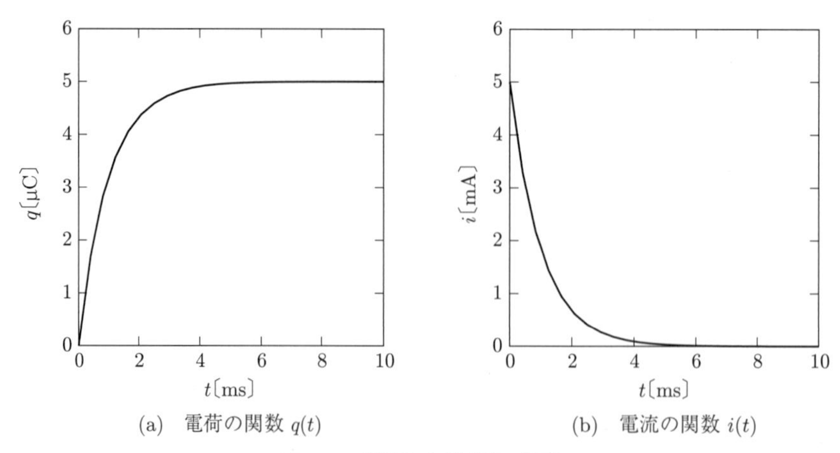

(a) 電荷の関数 $q(t)$　　(b) 電流の関数 $i(t)$

図 **4.6** 電荷および電流の関数

以上の手順で，電荷量 q や電流 i の時間変化の様子を確認でき，回路の動作 (1)〜(4) が数理的に裏付けられる。

4.4.2 時　定　数

図 4.6 では，横軸の単位が ms（ミリ秒）になっている。つまり，この回路に電流が流れるのはものの数ミリ秒間のみ，ということである。この時間を決定づけている要素はいったい何なのだろうか。じつは，この時間は指数関数の指数部分である $-t/RC$ に大きく影響を受けている。RC の値が大きくなればなるほど，指数関数の時間に対する感度が悪くなり，結果として長い時間に渡って電流が流れることになる。逆に，RC の値が小さければ，指数関数の時間に対する感度が良くなり，短い時間でキャパシタに電荷が貯まりきり，ただちに電流が流れなくなる。RC のように，指数関数の時間に対する感度を決定づける要素を**時定数**（time constant）と呼び，τ などの文字を使って表す。τ を用いて電流の関数を書き直せば

$$i(t) = \frac{E}{R}e^{-t/\tau} \tag{4.38}$$

となる。いま，$t = 0$ のときの電流の値は E/R であるが，これを I_0 と書き換えてみよう。

$$i(t) = I_0 e^{-t/\tau} \tag{4.39}$$

この式の意味を少し説明したい。すでに図 4.6 (b) でも確認した通り，この回路の電流はスイッチがオンになると同時に $i(0) = I_0$ から指数関数的に減衰していき，十分な時間が経てば $i(t) = 0$ に落ち着く。その途中過程である $t = \tau$ においては，$i(\tau) = I_0 \cdot (1/e) = I_0 \cdot 0.367879 \cdots$ となり，この値は τ の値にはよらず

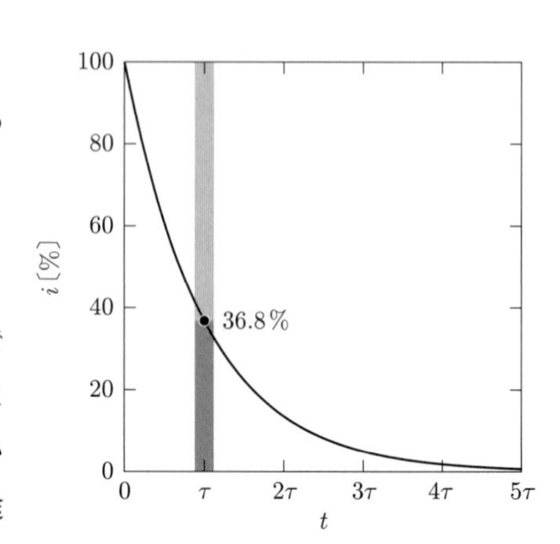

図 **4.7** 電流の減衰割合と時定数（$100\% = I_0$）

電流の初期値 I_0 によってのみ確定する。いい換えれば，電流 $i(t)$ が初期値 I_0 の 36.8% ほどのところにくる時刻 t が時定数となる（図 **4.7**）。

電気電子工学において，時定数は非常に重要な概念である。電子回路，電力工学，電気自動車まで，あらゆる分野で用いられ，その時間も非常に短いナノやマイクロのオーダから，数時間のオーダまで及んでいる。ぜひ，覚えておいてほしい。

4.5　実験で試す：時定数を調べる実験

前節でキャパシタと抵抗の直列回路の時定数 τ は，キャパシタの容量 C と抵抗値 R の積になることを学んだ。これを実際の回路で確認してみる。図 **4.8** (a) は測定に用いた実験装置の写真，図 (b) は RC 直列回路の拡大写真，図 (c) がその回路図である。

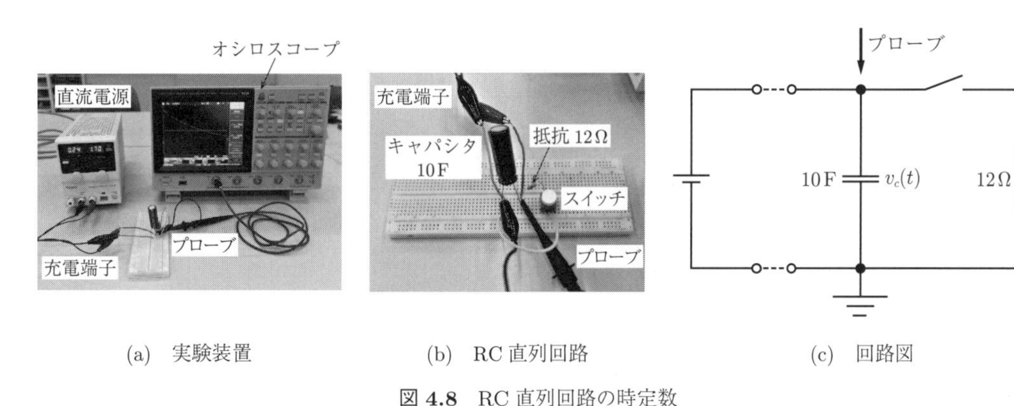

(a)　実験装置　　(b)　RC 直列回路　　(c)　回路図

図 **4.8**　RC 直列回路の時定数

図 (a) で RC 直列回路のキャパシタの両端には充電端子を通して，直流電源が接続されており，キャパシタを充電する。このキャパシタの両端にはオシロスコープが接続されており，キャパシタの両端電圧 $v_C(t)$ を測定している。図 (b), (c) で，キャパシタの容量 C は 10 F で，抵抗 R は 12 Ω である。直流電源からの充電が終わると充電端子を外し，スイッチを押すと RC 直列回路が構成される。図 (c) では電源から切り離すことを点線で示している。これにより，図 4.5 の回路で，電源 E がなく，R と C が直列接続された回路となる。

キャパシタを 2.5 V に充電し，スイッチを入れて RC 直列回路を動作させた。図 **4.9** はこの時のキャパシタ C の電圧波形である。キャパシタの電圧は，前節で説明したように指数関数的に減少している。キャパシタ電圧が，$e^{-1} = 1/e = 0.368$ 倍（小数点以下 3 桁で四捨五入）となる

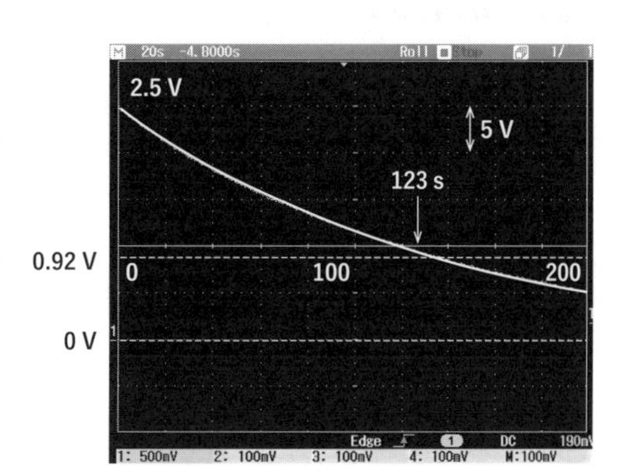

図 **4.9**　RC 直列回路における
キャパシタ電圧の変化

のは，$2.5\,\mathrm{V} \times 0.368 = 0.920\,\mathrm{V}$ である。図4.9で電圧が $0.920\,\mathrm{V}$ となり，時定数に相当する時間を読むと123秒となっている。

RC直列回路で，$C = 10$〔F〕，$R = 12$〔Ω〕である。時定数 τ は，$\tau = RC = 12$〔Ω〕$\times 10$〔F〕$=$ 120〔s〕となる。実験結果では123秒となっており，ほぼ一致している。実験結果が3秒長くなっているのは，キャパシタ C と抵抗 R の誤差，スイッチの抵抗が加わっているためと考えられる。この実験から，R と C の直列回路では時定数が R と C の積 RC となり，時定数だけ経過するとキャパシタ電圧は $e^{-1} = 1/e = 0.368$ 倍となることがわかる。

章　末　問　題

【1】（指数の基本）つぎのべき乗を計算せよ。

(1)　$2^6 \times 2^{-5}$　(2)　$2^3 \times 5^3$　(3)　$(2^2)^3$　(4)　2^{2^3}

【2】（対数の基本）つぎの値を対数や四則演算子を用いずに表せ。

(1)　$\log_2 8 + \log_2 4$　(2)　$\log_3 162 - \log_3 2$　(3)　$\dfrac{1}{3}\log_{0.5} 64$

(4)　$\log_5 500 - 2\log_5 2 + \log_4 32 + \log_4 8$

【3】（指数関数）つぎの指数関数のグラフを描画せよ。

(1)　$f(x) = 3^x$　(2)　$f(x) = 3^{-2x}$

【4】（対数関数）つぎの対数関数の定義域を示し，グラフを描画せよ。

(1)　$f(x) = \log_3 x$　(2)　$f(x) = \log_3(-2x)$

【5】（双曲線関数）つぎの値をそれぞれ求めよ。ただし，$e = 2.72$ として実数で答えよ。

(1)　$\sinh(1)$　(2)　$\cosh(1)$　(3)　$\tanh(1)$

【6】（双曲線関数の公式）つぎの各問いに答えよ。

(1)　$\sinh^2(x)$ を指数関数で表せ。

(2)　$\cosh^2(x)$ を指数関数で表せ。

(3)　$\cosh^2(x) - \sinh^2(x)$ が x の値によらず一定となることを示せ。

5 複　素　数

キャパシタやインダクタに交流波形の電圧波形を入力すると，これらの素子には電圧波形を微分・積分した電流が流れる。こうした微分・積分計算を掛け算，割り算に変え，簡単に計算できるようにする画期的方法が，実数と虚数 i を組み合わせた複素数である。**図 5.1** に示すように複素数は，実数をもうひと回り拡張した数である。こう説明すると複素数という慣れない数にとまどうかもしれないが，電気電子工学では複素数を文字式と同じように扱い，虚数（単位）i の二乗が -1 となる計算方法を習得すればよい。

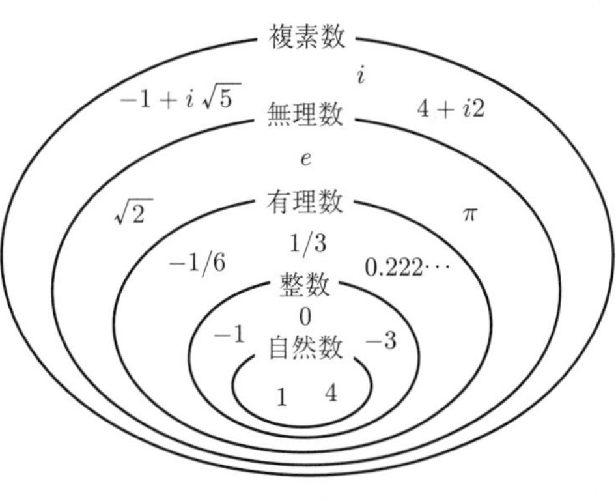

図 5.1　数の拡張

複素数で重要なのが表示方法で，直交座標，三角関数，極座標，指数関数という四つの表示方法がある。これらをたがいに変換する計算と，それぞれの表記表示での計算方法について本章で習得する。また，複素数の指数関数表示と三角関表示との関係を示すオイラーの公式にも触れる。上述したように複素数を使うことで交流回路の計算が容易となる。このため，13 章で説明するベクトルと複素数を組み合わせた**フェーザ**（phasor）という方法で交流回路の計算ができる。これは，位相を意味する英語 phase とベクトルの英語表記 vector を組み合わせた表記といわれており，本章の最後で取り上げる。

5.1　複素数の定義と計算

5.1.1　複素数の定義

複素数（complex number）Z は，定義 5.1 のように実部と虚部からなる数である。

定義 5.1　(複素数)

$$Z = a + bi \text{（数学）} \quad \Leftrightarrow \quad Z = a + jb \text{（電気電子工学）} \tag{5.1}$$

ここで，a, b は実数であり，$j(=\sqrt{-1})$ は**虚数単位**（imaginary unit）と呼ばれる。

実数と虚数で構成されるのが複素数で，電気電子工学（電気回路の計算）では電流 i と区別するため，虚数単位を j として用いる。また，電気における複素数では，虚数単位 j は，数字の前に表記する（bj ではなく jb とする）。

定義 5.2 （**実部と虚部**）　複素数 $Z = a + jb$ について，a を Z の**実部**（real part），b を**虚部**（imaginary part）という。以下のように実部を $\mathrm{Re}(Z)$，虚部を $\mathrm{Im}(Z)$ で表す。

$$\mathrm{Re}(Z) = a, \qquad \mathrm{Im}(Z) = b$$

5.1.2　直交座標表示

複素数は，実部を横軸，虚部を縦軸にとって平面上で表現し，この平面を**複素平面**（complex plane）と呼び，複素数 $Z = a + jb$ を座標 (a, b) で表す（**図 5.2**）。直交した実軸と虚軸を基準として表記することから**直交座標**（cartesian coordinate）表示と呼ばれる。

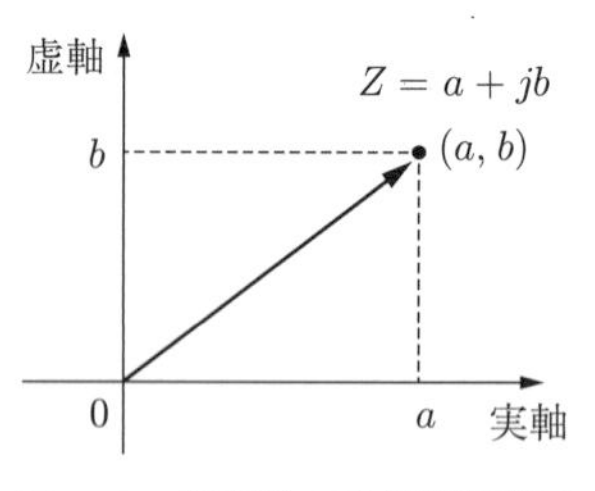

図 5.2　複素数の直交座標表示

5.1.3　複素数の計算

〔1〕 加 減 乗 除　　複素数の足し算，引き算，掛け算，割り算では，以下の解き方 5.1 に従って計算を行う。

解き方 5.1：複素数の加減乗除

複素数の加減乗除は，つぎの 3 点に従って行う。

① 複素数の計算は，j を一つの文字として計算する。

② j^2 が現れたら，$j^2 = -1$ とする。

③ 通常の複素数では，数字・j の順に書くが，電気数学では $Z = a + jb$ の jb のように j・数字の順に書く。

解き方 5.1 を使うと，$Z_1 = a_1 + jb_1$，$Z_2 = a_2 + jb_2$ の計算は以下のようになる。

$$\begin{aligned} Z_1 + Z_2 &= (a_1 + jb_1) + (a_2 + jb_2) \\ &= (a_1 + a_2) + j(b_1 + b_2) \end{aligned}$$

① j を文字として扱い，数字の a_1，a_2 と文字式の b_1，b_2 を別々に加える

② j・数字の順に書く

$$\begin{aligned} Z_1 Z_2 &= (a_1 + jb_1)(a_2 + jb_2) \\ &= a_1 a_2 + ja_1 b_2 + ja_2 b_1 + j^2 b_1 b_2 \end{aligned}$$

① j を文字として扱い，数字の a_1，a_2 と文字式の b_1，b_2 を別々に加える

$$= a_1 a_2 - b_1 b_2 + j(a_1 b_2 + a_2 b_1)$$

② $j^2 = -1$ とする

③ j・数字の順に書く

〔**2**〕 **とても重要：共役複素数** 複素数の計算でよく使われる共役複素数について説明する。

定義 5.3 (**共役複素数**) **図 5.3** のように複素数 $Z = a + jb$ の虚部の符号を変えたものを Z の**共役複素数** (complex conjugate number) と呼ぶ。また，Z の共役複素数であることを示すため，Z 右上に $*$ を付けて式 (5.2) のように書く。

$$Z = a \pm jb$$

共役複素数

$$Z^* = a \mp jb \tag{5.2}$$

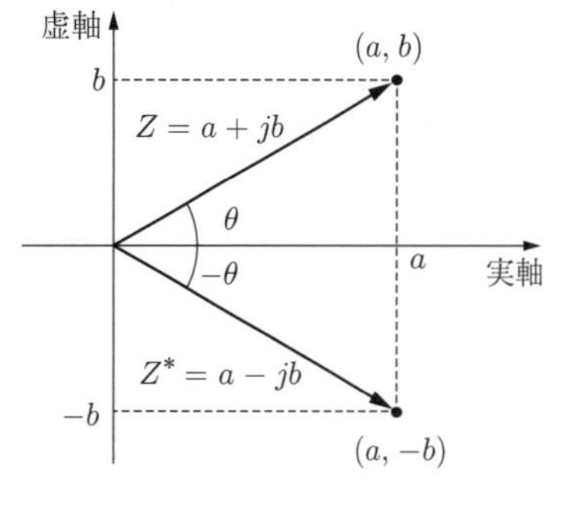

図 5.3 共役複素数

共役複素数は，平面上では図 5.3 に示すように θ が $-\theta$ となり，実軸に対して対称な点である。共役複素数の性質を用いた計算手順が解き方 5.2 であり，特に②は頻繁に用いる。

解き方 5.2：共役複素数による実数化

① Z と Z^* を足し算，掛け算することで実数にできる。

② 分母に虚数がある場合，分母・分子に分母の共役複素数を掛けて分母を実数化し，実部と虚部に分ける。この計算は**分母の実数化** (realization of denominator) と呼ばれている。

解き方 5.2 を使って複素数を実数にする方法について説明する。$Z = a + jb$ の共役複素数を Z^* とすると，①，②はつぎのようになる。

① 足し算で虚部をなくす。

$$Z + Z^* = a + jb + a - jb = 2a$$

掛け算で虚部をなくす。

$$\begin{aligned} Z \cdot Z^* &= (a + jb) \cdot (a - jb) = a^2 - jab + jab - j^2 b^2 \\ &= a^2 - j^2 b^2 = a^2 - (-1) b^2 = a^2 + b^2 \end{aligned}$$

② 分母・分子に分母の共役複素数 $a - jb$ を掛けて分母を実数化する（a，b，c は実数)。

$$\frac{c}{a + jb} = \frac{c \cdot (a - jb)}{(a + jb)(a - jb)} = \frac{ac - jbc}{a^2 + b^2} = \frac{ac - jbc}{a^2 + b^2} = \underbrace{\frac{ac}{a^2 + b^2}}_{\text{実部}} - j \underbrace{\frac{bc}{a^2 + b^2}}_{\text{虚部}}$$

例題 5.1　$Z_1 = 4 + j3$, $Z_2 = 2 - j5$ である。以下の (1)〜(3) を求めよ。

(1)　$Z_1 + Z_2$　　(2)　$Z_1 Z_2$　　(3)　$\dfrac{Z_1}{Z_2}$

【解答】

(1)　$Z_1 + Z_2 = 4 + j3 + 2 - j5 = 4 + 2 + j(3 - 5) = 6 - 2j$　　（解き方 5.1 ①，③）

(2)　$Z_1 Z_2 = (4 + j3)(2 - j5) = 8 - j20 + j6 - j^2 15$　　（解き方 5.1 ①〜③）

$$= 8 + 15 + j(-20 + 6) = 23 - j14$$

(3)　$\dfrac{Z_1}{Z_2} = \dfrac{(4 + j3)}{(2 - j5)} = \dfrac{(4 + j3)(2 + j5)}{(2 - j5)(2 + j5)} = \dfrac{8 + j20 + j6 + j^2 15}{2^2 - j10 + j10 - j^2 5^2}$　　（解き方 5.2 ②）

$$= \frac{8 + (-1) \cdot 15 + j26}{4 - (-1) \cdot 25} = -\frac{7}{29} + j\frac{26}{29}$$

♦

5.2　極座標表示と三角関数表示

直交座標で表示された複素数は実部と虚部に分かれており，直観的に理解しやすく，足し算と引き算の計算は簡単にできた。しかし，掛け算，割り算では式を展開したり，分子分母に共役複素数を掛けて実部と虚部に分けたりと，計算が複雑となる。複素数の表示方法には，**図 5.4** に示すように，原点と座標との距離（長さ）r と角度 θ で表示する**極座標表示**（polar form）と，r，θ と虚数を使った指数関数により表示する**指数関数表示**（exponential form）がある。

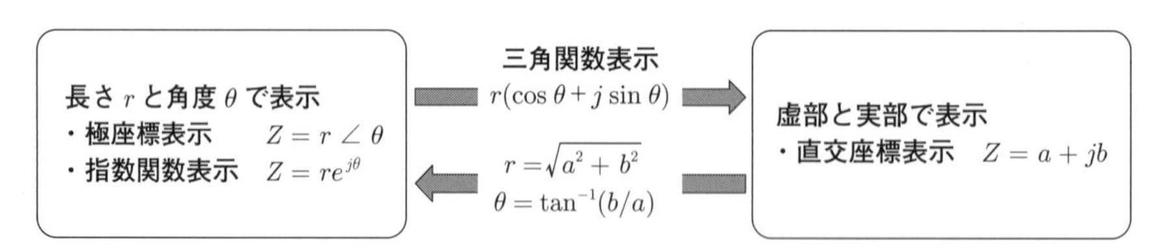

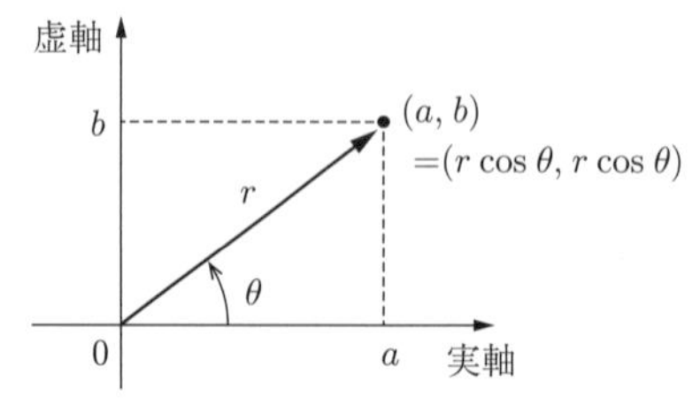

図 5.4　複素数の表示方法

これら二つの表示方法を用いると，複素数の掛け算，割り算が容易に計算できる。直交座標表示から極座標表示あるいは指数関数表示に変換するには，座標値から複素数の長さ r と θ を求めればよい。逆に，極座標表示および指数関数表示から直交座標表示への変換は**三角関数表**

示（trigonometric function form）を介して変換する。この節では極座標表示と三角関数表示を，5.3 節では指数関数表示について説明する。

5.2.1 極座標表示

複素数を $Z = a + jb$ を図 5.4 のように，原点からの距離 r，実軸からの角度 θ で表すのが極座標表示である。

定義 5.4 (極座標表示) 極座標表示で，複素数 Z は式 (5.3) となる。

$$Z = a + jb \iff Z = r\angle\theta \tag{5.3}$$

原点からの距離 r，実軸からの角度 θ

直交座標から極座標への変換は，解き方 5.3 の関係式を用いる。

解き方 5.3：直交座標表示から極座標表示への変換

直交座標表示 $Z = a + jb$ から極座標表示 $Z = r\angle\theta$ への変換は，① 式 (5.4) により r を求め，② 式 (5.5) により θ を求める。

$$r = \sqrt{a^2 + b^2} \tag{5.4}$$

$$\theta = \tan^{-1}\frac{b}{a} \tag{5.5}$$

例題 5.2 直交座標表示された複素数 $Z = 3 + j3\sqrt{3}$ を極座標表示に変換せよ。ただし，$0 \leqq \theta \leqq 90°$ とする。

【解答】 解き方 5.3 を用い，r と θ が，以下のように求まる。

$$r = \sqrt{a^2 + b^2} = \sqrt{3^2 + (3\sqrt{3})^2} = \sqrt{9 + 27} = \sqrt{36} = 6$$

$$\theta = \tan^1\frac{b}{a} = \tan^{-1}\frac{3\sqrt{3}}{3} = \tan^{-1}\sqrt{3} = 60°$$

したがって，$Z = 6\angle 60°$ ◆

5.2.2 極座標表示と直交座標表示をつなぐ三角関数表示

直交座標表示と極座標表示をつなぐ，仲介的な役割を果たすのが三角関数表示である。

公式 5.1：三角関数表示

図 5.4 のように直交座標表示の (a, b) は，極座標表示の r と θ を使うと，式 (5.6) で表すことができる。これが，複数数の三角関数表示である。極座標表示された複素数は，式 (5.6) により，直

交座標に変換できる。

$$Z = a + jb = r(\cos\theta + j\sin\theta) \tag{5.6}$$

解き方 5.4：極座標表示から直交座標表示

極座標表示 $Z = r\angle\theta$ から直交座標表示 $Z = a + jb$ と変換するときの a と b は式 (5.7) より求める。

$$a = r\cos\theta, \qquad b = r\sin\theta \tag{5.7}$$

例題 5.3　極座標表示された複素数 $Z = 3\angle 30^\circ$ を直交座標表示に変換せよ。

【解答】　$r = 3$，$\theta = 30^\circ$ であることから，式 (5.7) より直交座標表示での a と b は以下のように求まる。

$$a = r\cos\theta = 3\cos 30^\circ = 3 \times \frac{\sqrt{3}}{2} = \frac{3\sqrt{3}}{2}$$
$$b = r\sin\theta = 3\sin 30^\circ = 3 \times \frac{1}{2} = \frac{3}{2}$$

よって

$$Z = \frac{3\sqrt{3}}{2} + j\frac{3}{2}$$

◆

5.2.3　極座標表示の計算

極座標表示の計算の際，足し算と引き算では，それぞれの複素数を直交座標表示に変換して行う。一方，掛け算および割り算は極座標表示のまま計算できる。掛け算では複素数の長さを掛けて角度を加え，割り算では長さで割って角度を引く。これらを解き方 5.5 にまとめた。

解き方 5.5：極座標表示の計算

複素数 $Z_1 = r_1\angle\theta_1$，$Z_2 = r_2\angle\theta_2$ の計算は，以下の手順で行う。

① 加法，減法：直交座標表示に変換し，解き方 5.1 で計算する。

② 掛け算：式 (5.8) を使い，長さを掛けて角度を加える。

$$Z_1 Z_2 = r_1 r_2 \angle(\theta_1 + \theta_2) \tag{5.8}$$

③ 割り算：式 (5.9) を使い，長さで割って角度を引く。

$$\frac{Z_1}{Z_2} = \frac{r_1}{r_2}(\theta_1 - \theta_2) \tag{5.9}$$

例題 5.4 $Z_1 = 6\angle 60°$，$Z_2 = 3\angle 30°$ とし，つぎの (1)～(3) を計算せよ。

(1) $Z_1 + Z_2$ (2) $Z_1 \cdot Z_2$ (3) $\dfrac{Z_1}{Z_2}$

【解答】

(1) 極座標表示の足し算は，直交座標表示に変換して行う。解き方 5.1（例題 5.2，例題 5.3）より，$Z_1 = 3 + j3\sqrt{3}$，$Z_2 = 3\sqrt{3}/2 + j3/2$ である。したがって

$$Z_1 + Z_2 = 3 + j3\sqrt{3} + \frac{3\sqrt{3}}{2} + j\frac{3}{2} = 3 + \frac{3\sqrt{3}}{2} + j\left(3\sqrt{3} + \frac{3}{2}\right)$$
$$= \frac{6 + 3\sqrt{3}}{2} + j\left(\frac{6\sqrt{3} + 3}{2}\right)$$

(2) 極座標表示の掛け算は，解き方 5.5 の②より，以下のようになる。

$$Z_1 Z_2 = r_1 r_2 \angle(\theta_1 + \theta_2) = 6 \times 3\angle(6° + 30°) = 18\angle 90°$$

(3) 極座標表示の割り算は，解き方 5.5 の③より，以下のようになる。

$$\frac{Z_1}{Z_2} = \frac{r_1}{r_2}(\theta_1 - \theta_2) = \frac{6}{3}(60° - 30°) = 2\angle 30°$$

ここで，(2) の結果を直交座標表示で計算すると，以下のようになり，極座標表示と一致することがわかる。

$$Z_1 Z_2 = (3 + j3\sqrt{3}) \cdot \left(\frac{3\sqrt{3}}{2} + j\frac{3}{2}\right) = \frac{9}{2}(1 + j\sqrt{3}) \cdot (\sqrt{3} + j)$$
$$= \frac{9}{2}(\sqrt{3} + j + j3 + j^2\sqrt{3}) = \frac{9}{2}(\sqrt{3} + j4 + (-1)\sqrt{3}) = \frac{9}{2} \times j4 = j18$$

一方，極座標表示より求めた $Z_1 Z_2$ は $18\angle 90°$ で，これを直交座標表示に直すと

$$a = 18\cos 90° = 18 \times 0 = 0, \qquad b = 18\sin 90° = 18 \times 1 = 18$$
$$Z_1 Z_2 = 0 + j18 = j18$$

となり，直交座標表示，極座標表示で計算した値は一致する。 ♦

5.3 指数関数表示

5.3.1 極座標表示と指数関数表示

指数関数に虚数を導入すると，定義 5.5 に示すように極座標の大きさ r と角度 θ を使って複素数を表すことができる。

定義 5.5 （指数関数表示） 式 (5.10) のように，極座標表示の r を指数関数の係数，$j\theta$ を指数関数の指数とする複素数表示のことを**指数関数表示**（exponential form）という。

$$Z = r\angle\theta \iff Z = re^{j\theta} \tag{5.10}$$

（極座標表示）　（指数関数表示）

5.3.2 指数関数表示の計算

指数関数表示の計算は，極座標表示の計算とほぼ同じである。加法と減法では，それぞれの複素数を直交座標表示に変換して行う。掛け算では複素数の長さを掛けて角度を加え，割り算では長さで割って角度を引く。これらを解き方 5.6 にまとめた。

解き方 5.6：指数関数表示の計算

複素数 $Z_1 = r_1e^{j\theta_1}$，$Z_2 = r_2e^{j\theta_2}$ の計算は以下の手順で行う。

① 加法，減法：直交座標表示に変換し，解き方 5.1 で計算する。

② 掛け算：式 (5.11) を使い，長さを掛けて角度を加える。

$$Z_1Z_2 = r_1r_2e^{j(\theta_1+\theta_2)} \tag{5.11}$$

③ 割り算：式 (5.12) を使い，長さで割って角度を引く。

$$\frac{Z_1}{Z_2} = \frac{r_1}{r_2}e^{j(\theta_1-\theta_2)} \tag{5.12}$$

例題 5.5　$Z_1 = 6e^{j(\pi/3)}$，$Z_2 = 2e^{j(\pi/6)}$ とし，つぎの (1)〜(3) を計算せよ。

(1)　$Z_1 + Z_2$　　(2)　$Z_1 \cdot Z_2$　　(3)　$\dfrac{Z_1}{Z_2}$

【解答】

(1)　指数関数標表示の足し算は，直交座標表示に変換し，解き方 5.1 を用いて行う。

$$\begin{aligned}
Z_1 + Z_2 &= 6e^{j(\pi/3)} + 2e^{j(\pi/6)} = 6\left(\cos\frac{\pi}{3} + j\sin\frac{\pi}{3}\right) + 3\left(\cos\frac{\pi}{6} + j\sin\frac{\pi}{6}\right)\\
&= 6\left(\frac{1}{2} + j\frac{\sqrt{3}}{2}\right) + 2\left(\frac{\sqrt{3}}{2} + j\frac{1}{2}\right) = 3 + j3\sqrt{3} + \sqrt{3} + j\\
&= 3 + \sqrt{3} + j(3\sqrt{3} + 1)
\end{aligned}$$

(2)　指数関数表示の掛け算は，解き方 5.6 の②より，以下のようになる。

$$Z_1Z_2 = r_1r_2e^{j(\theta_1+\theta_2)} = 6 \times 2e^{j(\pi/3+\pi/6)} = 12e^{j(\pi/2)}$$

(3)　指数関数表示の割り算は，解き方 5.6 の③より，以下のようになる。

$$\frac{Z_1}{Z_2} = \frac{r_1}{r_2}e^{j(\theta_1-\theta_2)} = \frac{6}{2}e^{j(\pi/3-\pi/6)} = 3e^{j(\pi/6)}$$

◆

5.3.3 指数関数表示と三角関数表示

図 5.4 に示したように，直交座標表示，極座標表示，三角関数表示，指数関数表示は，同じ複素数を式 (5.13) のように異なる表示形式で表している。この中で，特に指数関数表示と三角関数表示に注目したオイラーの公式とド・モアブルの定理について紹介する。

$$Z = a + jb = r\angle\theta = r(\cos\theta + j\sin\theta) = re^{j\theta} \tag{5.13}$$

〔**1**〕 **オイラーの公式**　式 (5.13) で指数関数表示と三角関数表示に着目した式 (5.14) は，オイラーの公式と呼ばれ，両者を関係づける重要な式である。

公式 5.2：オイラーの公式

式 (5.14) の指数関数表示と三角関数表示との関係は，**オイラーの公式**（Euler's formula）と呼ばれている。

$$re^{i\theta} = r(\cos\theta + j\sin\theta)(= Z) \tag{5.14}$$

〔**2**〕 **ド・モアブルの定理**　オイラーの公式 (5.14) は，複素数を使った指数関数と三角関数との関係を示している。両辺を n 乗すると式 (5.15) となる。

$$(re^{i\theta})^n = \{r(\cos\theta + j\sin\theta)\}^n \tag{5.15}$$

式 (5.15) の左辺に 4 章の公式 4.1 を適用し，オイラーの公式を改めて適用すると式 (5.16) となる。

$$(re^{i\theta})^n = r^n e^{in\theta} = r^n(\cos n\theta + j\sin n\theta) \tag{5.16}$$

$(e^{i\theta})^n$ は指数関数なので $e^{in\theta}$ となり，式 (5.14) のオイラーの公式で θ に $n\theta$ を代入し，$\cos n\theta + j\sin n\theta$ が得られる。式 (5.15) と (5.16) が等しいことから，式 (5.17) が得られる。

定理 5.1　（**ド・モアブルの定理**）　式 (5.15) と式 (5.16) から導かれる式 (5.17) は**ド・モアブルの定理**（De Moivre's theorem）と呼ばれている。

$$\{r(\cos\theta + j\sin\theta)\}^n = r^n(\cos n\theta + j\sin n\theta) \tag{5.17}$$

この定理を使うと，$(\cos\theta + j\sin\theta)$ の n 乗が $(\cos n\theta + j\sin n\theta)$ という単純な形に変形できる。

以上，極座標表示，三角関数表示，指数関数表示について説明してきた。ここで，改めて図 5.4 の直交座標 (a, b) と極座標 r，θ との関係を見て，それぞれの表示方法と相互の変換方法について確認してほしい。

5.4　フ　ェ　ー　ザ

5.4.1　交流のフェーザと複素数表記

〔1〕 交流をベクトルで表す　　3章の3.2.1項で，三角関数のグラフについて学んだ。このとき，sinのグラフは**図5.5**(a)に示されるように，半径1の単位円のy座標に対応していた。さらに，定義3.5から正弦波は一般的には$g(t) = A\sin(2\pi ft + \phi) + B$で表わされた。ここで，正弦波の一つである交流はプラスとマイナスが交互に繰り返され，図(b)に示されるように直流成分Bは0となり，$g(t) = A\sin(2\pi ft + \phi)$となる。

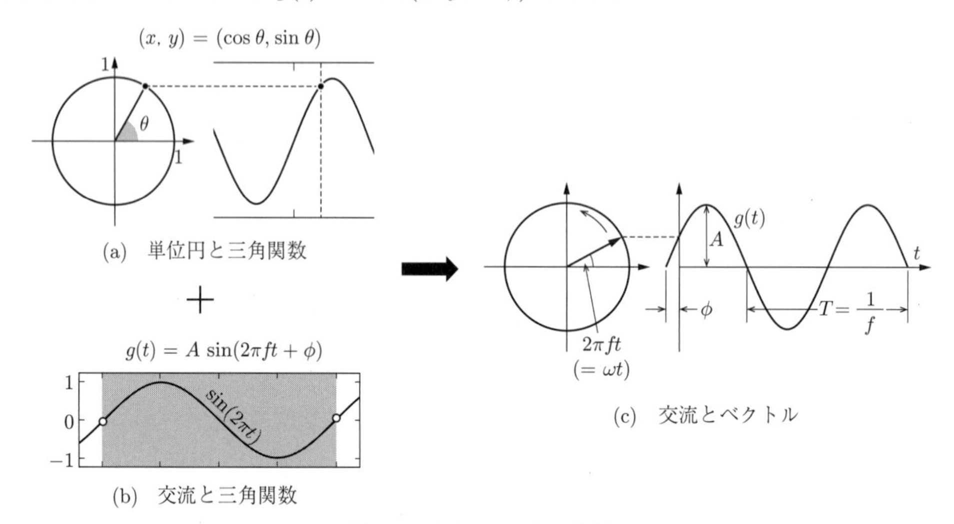

図5.5　交流のベクトル表記

単位円(a)と三角関数(b)から，交流は図5.5(c)に示すように長さAの矢印（ベクトル：詳しくは13章）に対応させることができる。すなわち，速度$2\pi f$で回転するベクトルAのy座標が，時間tにおける交流の値となる。ここで，$2\pi f(= \omega)$は角速度と呼ばれ，単位時間の角度変化である。

〔2〕 交流をフェーザで表す　　**図5.6**は交流をベクトル，さらにはフェーザで示す流れを

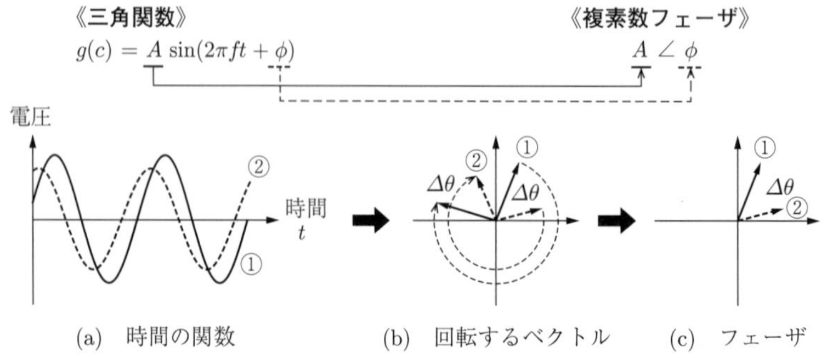

図5.6　交流のフェーザ表記

示している。ここまでの議論で，図 5.5 (a) あるいは図 5.6 (a) の時間変化する交流は，図 5.6 (b) の回転するベクトルで記述できることがわかった。このベクトルは角速度 ω で回転しているが，交流は西日本では 60 Hz，東日本では 50 Hz というように周波数は一定である。また，それ以外の周波数を扱うときも回路内での周波数は同じになるので，同じ角速度で回転していると認識しておけばよい。

そうすると，交流を表すのには，図 5.6 (c) のように止まっている長さ（振幅）A のベクトルを使って表せばよい。このとき，交流①をどの角度に表記するかは，回路動作がはじまるとき（スイッチを入れたとき）の交流位相を考慮すればよい。図 5.6 (a) で交流①はスイッチが入った $t = 0$ では，角度 $0°$ より進んだ位相であり，図 (c) ①のように角度 $0°$ より進んだ角度で示される。一方，交流②の位相は交流①より遅れているので，図 (c) ②のように角度が遅れていると表せる。

こうしておけば，図 5.5 のように二つの交流が同じ回路に加えられていても，大きさと位相の違いを考慮したベクトルで記載することで，二つの交流の特性を表すことができる。このように，位相と振幅で交流を表すことから，位相を意味する英語 phase とベクトルの英語表記 vector を組み合わせて**フェーザ**（phasor）と呼ばれている。

5.4.2 フェーザと複素数

〔**1**〕 **フェーザ表記**　フェーザは，大きさと位相で示されるので，5.2.1 項で説明した複素数の極座標表示と同じとなり，複素数の極座標表示を使って表される。ただし，フェーザでは，複素数での極座標表示「原点からの距離」が「振幅」となり，「実軸からの角度」が「位相」となって，以下のように定義される。

定義 5.6（**フェーザ表記**）　フェーザ Z は極座標表示を使って式 (5.18) で示される。

$$Z = r\angle\theta \quad (\text{振幅 } r,\ \text{位相 } \theta) \tag{5.18}$$

〔**2**〕 **フェーザの計算**　フェーザの計算は，解き方 5.7 に示すように解き方 5.5 で示した極座標表示の計算と同じである。

解き方 5.7：フェーザの計算

フェーザ $Z_1 = r_1\angle\theta_1$，$Z_2 = r_2\angle\theta_2$ の計算は，以下に手順で行う。

① 加法，減法：直交座標表示に変換し，解き方 5.1 で計算する。

② 掛け算：式 (5.19) を使い，長さを掛けて角度を加える。

$$Z_1 Z_2 = r_1 r_2 \angle(\theta_1 + \theta_2) \tag{5.19}$$

③ 割り算：式 (5.20) を使い，長さを割って角度を引く。

$$\frac{Z_1}{Z_2} = \frac{r_1}{r_2}(\theta_1 - \theta_2) \tag{5.20}$$

〔3〕 電気回路の複素数とフェーザ表示†　電気回路の交流回路では，インダクタ L の電圧が電流の微分となり，キャパシタ C の電圧が電流の積分となる。これを虚数 j を使って表すと，インダクタ L のインピーダンスが $j\omega L$，キャパシタ C のインピーダンスが $1/j\omega\mathrm{C}$ となる。同様にフェーザを使って表すと，インダクタ L のインピーダンスが $\omega L\angle 90°$，キャパシタ C のインピーダンスが $1/\omega C\angle -90°$ となる。複素数表示で j を掛けるのは，フェーザ表示では位相を $90°$ 進めることに対応し，複素数表示で $1/j$ を掛けるのは，フェーザ表示では位相を $90°$ 遅らせることに対応する。

交流電圧を印加して電流を流したとき，抵抗 R では電圧と電流が同位相になるのに対し，インダクタ，キャパシタでは電流と電圧の位相がずれる。**図 5.7** (a) はインダクタの電圧と電流のフェーザ表示である。インダクタでは電圧は電流に対して $90°$ 進み，キャパシタでは図 (b) のように電圧は電流に対して $90°$ 遅れる。インダクタ，キャパシタの電圧と電流の関係をフェーザ，複素数で書くと式 (5.21)，式 (5.22) となる。

$$V = \omega LI\angle 90° \quad (\text{フェーザ}) = j\omega LI \quad (\text{複素数}) \tag{5.21}$$

$$V = \frac{1}{\omega C}\angle -90° \quad (\text{フェーザ}) = \frac{1}{j\omega C} \quad (\text{複素数}) \tag{5.22}$$

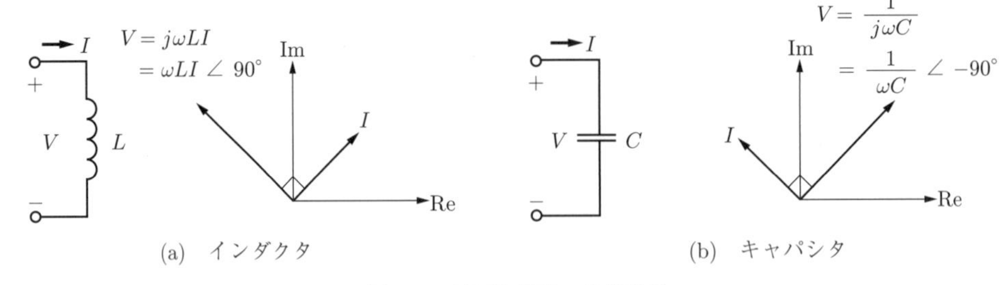

図 5.7　電圧と電流の位相関係

フェーザ表示では位相角が示されるため進相，遅相がわかりやすいが，例題 5.6 に示すように，合成抵抗などの計算には虚数 j のほうが便利である。なお，電気数学では微分・積分を複素数，フェーザや 10，11 章で説明するラプラス変換を使って計算する。こうした手法による表記方法を 10 章の表 10.3 にまとめているので，その表も参考にしてほしい。

例題 5.6　**図 5.8** の回路の合計インピーダンスを求めよ。

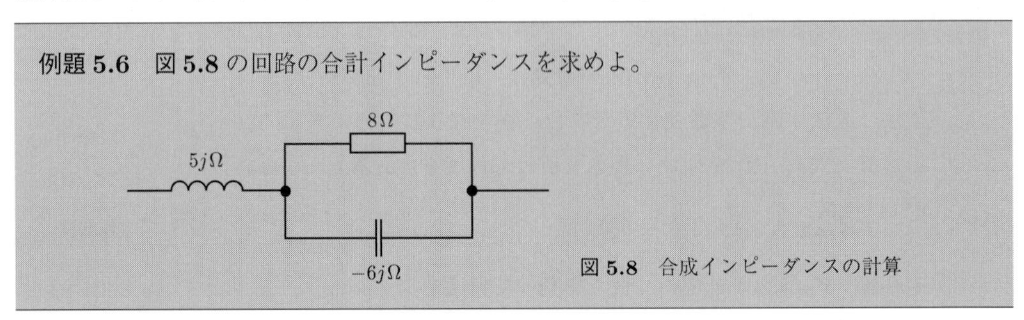

図 5.8　合成インピーダンスの計算

† この項目は，電気回路で交流回路を学ばないと理解できない内容が含まれている。理解できない場合は，交流回路を学んだ後に学習してもらえばよい。

【解答】　$j5$ のインダクタに，$8\,\Omega$ の抵抗と $-j6$ のキャパシタの並列接続が直列に接続されている。まず，$8\,\Omega$ と $-j6$ の並列接続の合計インピーダンスを求める。二つの抵抗 R_1，R_2 が並列接続されている回路の合成抵抗は，$1/R_1$ と $1/R_2$ を加え，その逆数を求めればよい。したがって，式 (5.23) となる。

$$\frac{1}{(1/R_1)+(1/R_2)}=\frac{1}{(R_1+R_2)/R_1R_2}=\frac{R_1R_2}{R_1+R_2} \tag{5.23}$$

式 (5.23) の R_1 に $8\,\Omega$，R_2 に $-6j$ を代入した合成抵抗とインダクタの $5j$ 直列に接続されているので，図 5.8 の全抵抗は，解き方 5.1，5.2（共役複素数による実数化）を使って，式 (5.24) となる。

$$\begin{aligned}j5+\frac{8\times(-j6)}{8-j6}&=j5+\frac{-j48\times(8+j6)}{(8-j6)(8+j6)}=j5+\frac{-j384-288j^2}{8^2-(j6)^2}\\&=j5+\frac{-j384-288j^2}{100}=j5-j3.84+2.88=2.88+1.16j2.88\end{aligned} \tag{5.24}$$

複素数でなく，フェーザで表すと，図 5.8 の回路は式 (5.25) となる。

$$5\angle 90^\circ+\frac{8\times(6\angle-90^\circ)}{8-6\angle-90^\circ} \tag{5.25}$$

フェーザ表示の方が進相，遅相がわかりやすい。しかしながら複素数で表すと，j を文字式と同じように扱え，分母の有理化などができるため，計算しやすい。　◆

5.5　実験で試す：二つの交流のフェーザによる合成

この章の最後に，二つの交流をフェーザで合成した波形と実験で試した結果が一致することを確認する。**図 5.9** (a) は実験装置で，図 (b) は測定回路である。図 (a) の発振器は，Ch1 と Ch2 から位相が異なる独立した波形を発生することができる。この二つのチャンネルからの正弦波を図 (b) の回路図に示すようにオシロスコープで観測し，その合成波形を Ch1 + Ch2 の演算機能で求めた。Ch1 と Ch2 の振幅は 1 V，周波数は 2 kHz に設定した。

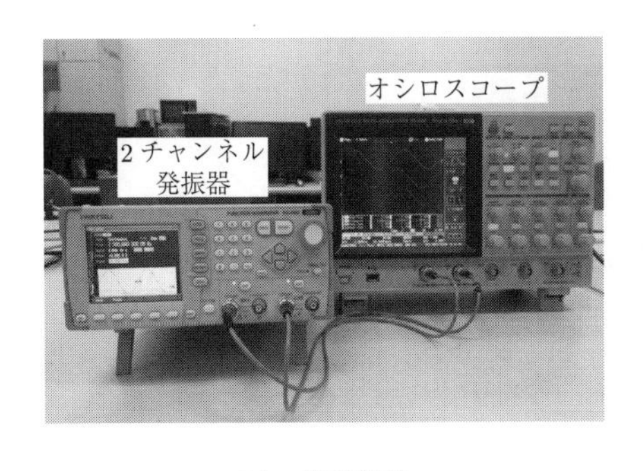

(a)　実験装置

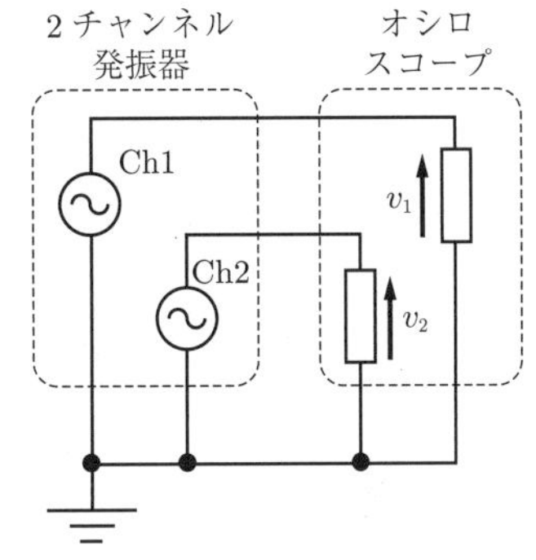

(b)　測定回路図

図 5.9　フェーザの実験

図 5.10 は位相差 0° で，二つの波形を合成した結果である。この場合は，位相差が 0° で同相なので，位相は同じままで振幅は $1+1=2$ V となる。図 5.10 (b) のフェーザでは同位相の二つのベクトルが足されて 2 V，位相は同じとなる。これに対応する実験結果が図 5.10 (a) で，Ch1，Ch2 の波形をオシロスコースの演算機能で加えた結果が Ch1 + Ch2 となっている。Ch1，Ch2 の位相は時間 0 s で 0° となっており，これらを加えた Ch1 + Ch2 も同位相の 0° となっている。また，発振器の振幅は 1 V に設定されており，Ch1 と Ch2 のプラスのピークとマイナスのピーク間の大きさ（Peak-Peak 以下 Pk-Pk）は，それぞれ，2.06 V，2.09 V と測定されている。Ch1 + Ch2 の Pk-Pk の測定値は 4.13 V で，ほぼ Ch1 と Ch2 を合計した値となっている。

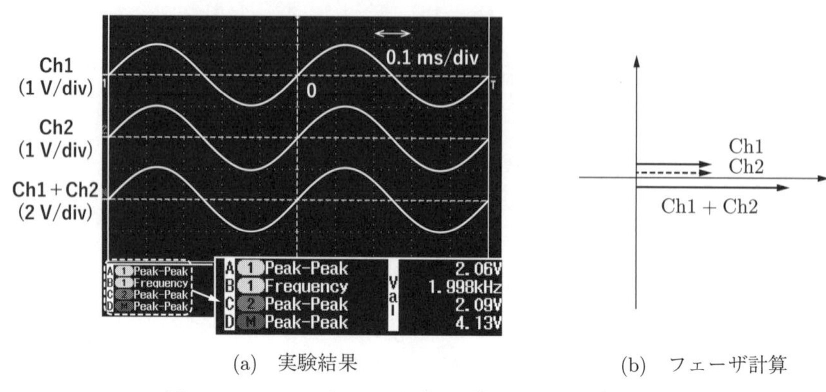

(a)　実験結果　　　　(b)　フェーザ計算

図 **5.10**　フェーザによる波形の計算と実験結果（同位相）

つぎに，Ch1 の位相を 0° とし，Ch2 の位相を 90° 進みとした（オシロスコープは左側が時間的に早い）。これをフェーザで表して**図 5.11** (b) のように 0° と 90° のベクトルを加えると，振幅は $\sqrt{2}$ 倍となり，位相は 45° 進みとなる。フェーザと複素数を使って計算すると，解き方 5.5 ① から極座標表示の足し算は直交座標に変換して計算するので，以下のように式 (5.26) となる。足し算の結果をフェーザ表示に戻すため，解き方 5.3 を使って，振幅 r と角度 θ を式 (5.27)，式 (5.28) より求める。式 (5.29) は，図 5.11 (b) に示すような大きさ $\sqrt{2}$，角度 $-45°$ のフェーザである。

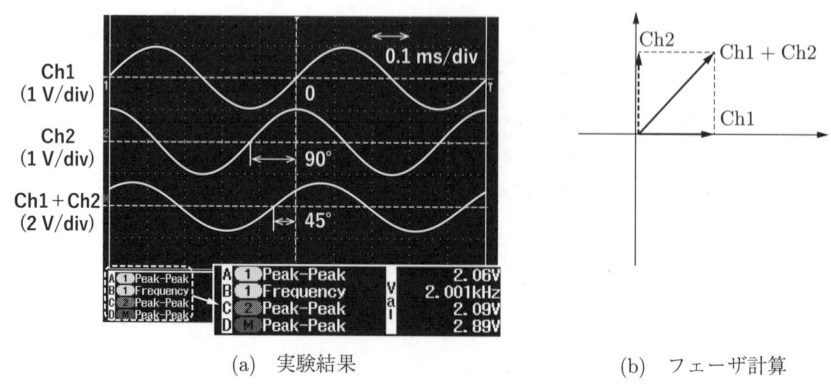

(a)　実験結果　　　　(b)　フェーザ計算

図 **5.11**　フェーザによる波形の計算と実験結果（位相差 90°）

$$1\angle 0^\circ + 1\angle -90^\circ = 1 + (-j) = 1 - j \tag{5.26}$$

$$r = \sqrt{1^2 + (-1)^2} = \sqrt{2} \tag{5.27}$$

$$\theta = \tan^{-1}\frac{-1}{1} = -\frac{\pi}{4} = -45^\circ \tag{5.28}$$

$$1\angle 0^\circ + 1\angle -90^\circ = \sqrt{2}\angle -45^\circ \tag{5.29}$$

これに対する実験結果が，図 5.11 (a) である。Ch2 の正弦波は，Ch1 に対して 90° 遅れるように設定してある。Ch1 と Ch2 をオシロスコープの演算機能で加えた結果が Ch1 + Ch2 である。Ch1 に 90° 遅れた Ch2 を加えることで位相が 45° 遅れた正弦波となっている。また，Ch1 と Ch2 の P-P は，それぞれ，2.06 V，2.09 V となっている。これに対して，Ch1 + Ch2 の合計波形では P-P は 2.89 V となっており，Ch1 と Ch2 の約 $\sqrt{2}$ となっている。実験結果は，フェーザで計算した式 (5.25) と一致しており，フェーザ表記により交流波形の合成や，インダクタ，キャパシタ回路の電圧，電流を計算で求められることがわかる。

章　末　問　題

【1】（**複素数の計算**）以下の式を計算せよ。

(1)　$3(2+j3)+j2(1-j)$　　(2)　$(2+j3)(5-j2)$　　(3)　$|1+j|^2$　　(4)　$\dfrac{5+j2}{7-j3}$

【2】（**複素数の三角関数表示**）以下の複素数を $\cos\theta + j\sin\theta$ の形で表せ。ただし，$0 \leqq \theta \leqq 2\pi$ とする。

(1)　$\dfrac{1}{2}+j\dfrac{\sqrt{3}}{2}$　　(2)　$-\dfrac{1}{\sqrt{2}}+j\dfrac{1}{\sqrt{2}}$　　(3)　$-j$

【3】（**複素数の極座標表示，指数関数表示**）以下の複素数を極座標と指数関数で表示せよ。ただし，$0 \leqq \theta \leqq 2\pi$ とする。

(1)　$1+j$　　(2)　$\dfrac{\sqrt{3}}{2}+j\dfrac{1}{2}$　　(3)　$\dfrac{1}{\sqrt{2}}-j\dfrac{1}{\sqrt{2}}$

【4】（**複素数の指数関数表示，直交座標表示**）以下の複素数を直交座標で表示せよ。

(1)　$2e^{j(\pi/2)}e^{j(\pi/3)}$　　(2)　$\left(e^{j(\pi/8)}\right)^2$　　(3)　$\dfrac{6e^{j(4\pi/3)}}{3e^{j(\pi/6)}}$

【5】（**ド・モアブルの定理**）

(1)　$(r(\cos\theta + j\sin\theta))^2$ を計算せよ。

(2)　三角関数の加法定理を用い，(1) の結果を $\cos 2\theta$，$\sin 2\theta$，r で表せ。

(3)　$n = 2$ でド・モアブルの定理が成り立つことを示せ。

6 微分・偏微分

高校のときに，微分は「傾き」とか「その点での変化量」を表すといった説明を受けた。$y = f(x)$ の関数で，微分はある点 x での y の変化量を示している。ある 2 点 $(x_1, f(x_1))$ と $(x_2, f(x_2))$ での変化量は，$(f(x_2) - f(x_1))/(x_2 - x_1)$ で求まる。ここまでは，すぐに理解できる。微分がとてもよく考えられているのは，極限の考え方を使って，例えば x_1 という 1 点での変化量が求められることだ。

このような特徴を持つ微分を，電気電子工学では，ほとんどの場合，「時間 t における物理量の変化量」として利用する。例えば，キャパシタに時間変化している電流が流れているとき，ある時間 t_1 での電荷の変化量は，**図 6.1** に示すような電荷の関数 $q(t)$ を微分することで求まる。4.4 節で説明したキャパシタと抵抗の直列回路で時間 t_1 での電荷 q の変化量は，電荷の関数 $q(t)$ を t について微分して，得られた式に t_1 を代入するだけで簡単に計算できてしまう。とても便利な手法である。電気電子工学では多くの場合，時間に対する変化量として使うことから，8 章の微分方程式以降は，$y = f(t)$ の形で記述している。この章では，これまでの慣れてきた数学的記法を優先し，t の代わりに x を用いて，$y = f(x)$ の形の関数で微分を学ぶ。

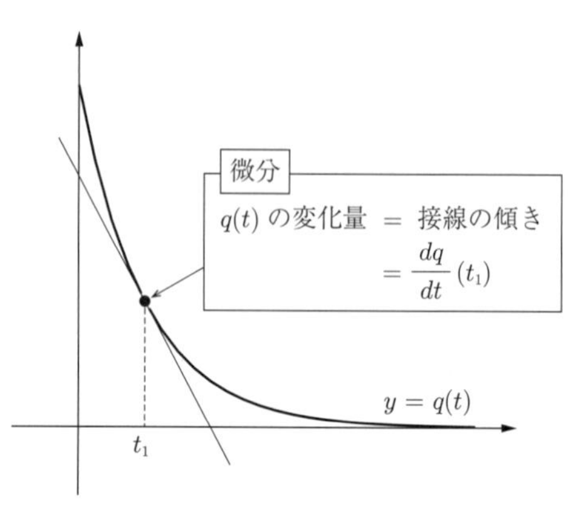

図 6.1　時間変化する $q(t)$ と t_1 における変化量

また，電気電子工学では，二つ以上の変数で値が決まる関数（多変数関数）も扱う。例えば，プラスの電荷 Q が置かれた空間での電圧や電界は，その位置を決める x, y, z の 3 変数で決まる。こうした多変数関数では各変数の方向に勾配を定義でき，偏微分と呼ばれる。この章の後半では偏微分について学ぶ。

6.1　変化量を数学的に記述する微分

6.1.1　微分の定義

微分（differentiation）とは，ある変数についての**導関数**（derivative (function)）を求める演算を意味する†。導関数は極限によってつぎの通り定義される。

定義 6.1　(関数 $f(x)$ の x についての導関数 df/dx)

$$\frac{df}{dx}(x) = \lim_{\Delta x \to 0} \frac{f(x + \Delta x) - f(x)}{\Delta x} \tag{6.1}$$

この定義について少し説明を加えよう。図 **6.2** で x における微分を求めることを考える。x

† 日本では導関数それ自体のことを微分と呼ぶことも多い。

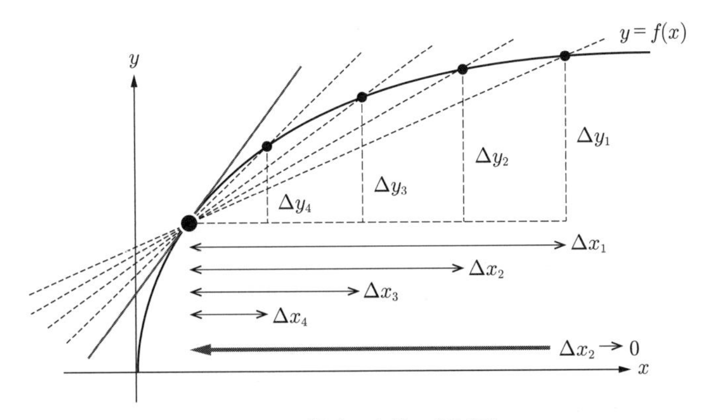

図 6.2　微分の定義の概要図

から Δx 離れた点 $x + \Delta x$ での関数の値は $f(x + \Delta x)$ となるので，x と $x + \Delta x$ 間での変化の割合は

$$\frac{f(x+\Delta x) - f(x)}{\Delta x} \tag{6.2}$$

となる。Δx を Δx_1，$\Delta x_2 \cdots$ と小さくし，段々と x に近づけてみよう。すると，先程の変化の割合の式は点 x における $y = f(x)$ の接線の傾きに限りなく近づくことがわかる。

Δx は「デルタエックス」と読み，x の微小変量を表している。高校で学ぶ微分のように h を用いてもよい。

$$\frac{df}{dx}(x) = \lim_{\Delta x \to 0} \frac{f(x+\Delta x) - f(x)}{\Delta x} = \lim_{h \to 0} \frac{f(x+h) - f(x)}{h} \tag{6.3}$$

なお，df/dx の後ろについた (x) は $f(x)$ の (x) がそのまま来ているというだけということではなく，「df/dx が x の関数である」という意味を持つ（特に関数であることを強調しなくてもよい場合には省いてもよい）。

導関数は流儀によってさまざまな表記法がある。**表 6.1** に一覧を示すので，どのような表記法でも迷わないように覚えておこう。なお，本章では状況に応じてライプニッツの表記法とラグランジュの表記法を併用する。

表 6.1　導関数の表記法一覧

名　称	表　記	読み方
ライプニッツ（Leibniz）の表記法	$\dfrac{df}{dx}(x)$	ディーエフ ディーエックス
ラグランジュ（Lagrange）の表記法	$f'(x)$	エフプライム エックス
オイラー（Euler）の表記法	$Df(x)$	ディーエフ エックス
ニュートン（Newton）の表記法	$\dot{f}$	エフドット

注）2009 年 11 月より ISO/IEC 80000 という国際規格において，df/dx の d を斜体ではなく立体（$\mathrm{d}f/\mathrm{d}x$）で表記することが推奨されているが，いまだ広くは浸透していない。

解き方 6.1：関数 $f(x)$ の x についての導関数の導出

Step 1：定義式の $f(x)$，$f(x+\Delta x)$ を関数に合わせて展開する。
Step 2：極限（lim）の中身をできるだけ簡単にする。
Step 3：$\Delta x \to 0$ で極限の中身がどのような値へ向かっているかを調べる。

例題 6.1　関数 $f(x) = x^2$ の導関数をそれぞれ求めよ。

【解答】　まずは定義 6.1 に関数を代入して

$$f'(x) = \lim_{\Delta x \to 0} \frac{f(x+\Delta x) - f(x)}{\Delta x} = \underbrace{\lim_{\Delta x \to 0} \frac{(x+\Delta x)^2 - x^2}{\Delta x}}_{\text{Step 1}}$$

$$= \underbrace{\lim_{\Delta x \to 0} \frac{x^2 + 2x\Delta x + (\Delta x)^2 - x^2}{\Delta x} = \lim_{\Delta x \to 0} \frac{2x\Delta x + (\Delta x)^2}{\Delta x} = \lim_{\Delta x \to 0} [2x + \Delta x]}_{\text{Step 2}}$$

Step 3：$\Delta x \to 0$ とすると

$$f'(x) = \lim_{\Delta x \to 0} [2x + \Delta x] = 2x$$ ◆

微分は**線形変換**（linear transformation）と呼ばれる種類の演算であるため，つぎのような法則が成り立つ。

公式 6.1：微分の線形性

$f(x)$ と $g(x)$ を関数，a を定数とすると

$$[af(x)]' = af'(x) \tag{6.4}$$

$$[f(x) + g(x)]' = f'(x) + g'(x) \tag{6.5}$$

$$[f(x) - g(x)]' = f'(x) - g'(x) \tag{6.6}$$

例題 6.2　関数 $f(x) = 3x^2 + \sin x$ を微分せよ。ただし，$(\sin x)' = \cos x$ を用いてもよい。

【解答】　例題 6.1 および本例題文から，つぎの導関数は導かれている。

$$\left(x^2\right)' = 2x$$

$$(\sin x)' = \cos x$$

したがって，微分の線形性から

$$\left(3x^2\right)' = 3\left(x^2\right)' = 3 \cdot 2x = 6x$$

であり，さらに

$$\left(3x^2+\sin x\right)'=\left(3x^2\right)'+(\sin x)'=6x+\cos x$$

となる。ゆえに

$$f'(x)=6x+\cos x \qquad \blacklozenge$$

6.1.2　初等関数の導関数

例題 6.1 で確認した通り，導関数の導出を定義通りに行ったのでは非常に手間が掛かってしまう。そこで，多くの人は基本的な関数についての導関数を丸暗記しているのだ。本項では，そのような代表的な導関数を紹介していく。

公式 6.2：n 次関数 x^n の導関数

$$f(x)=x^n \quad \Rightarrow \quad f'(x)=nx^{n-1} \tag{6.7}$$

例題 6.3　つぎの関数をそれぞれ微分せよ。

(1)　$f(x)=x^{10}$　　(2)　$f(x)=x^{1/2}$　　(3)　$f(x)=x^{-3}$

【解答】 (1) 公式 6.2 の $n=10$ として

$$f'(x)=10x^{10-1}=10x^9$$

(2) 公式 6.2 の $n=1/2$ として

$$f'(x)=\frac{1}{2}x^{(1/2)-1}=\frac{1}{2}x^{-1/2}=\frac{1}{2x^{1/2}}=\frac{1}{2\sqrt{x}}$$

(3) 公式 6.2 の $n=-3$ として

$$f'(x)=-3x^{-3-1}=-3x^{-4}=-\frac{3}{x^4} \qquad \blacklozenge$$

公式 6.3：三角関数の導関数

$$f(x)=\sin x \quad \Rightarrow \quad f'(x)=\cos x \tag{6.8}$$

$$f(x)=\cos x \quad \Rightarrow \quad f'(x)=-\sin x \quad \text{（符号に注意）} \tag{6.9}$$

$$f(x)=\tan x \quad \Rightarrow \quad f'(x)=\frac{1}{\cos^2 x} \tag{6.10}$$

三角関数の導関数は，最終的には覚えておくのがよい。覚えやすくするため，忘れたときに思い出せるように少しだけ導関数の説明をする。まずは，$\sin x$ について，3 章の図 3.8 のグラフを見ると，$x=0$ で関数の値がマイナスからプラスに大きく変化している。この付近では，$y=x$，すなわち，$\sin x$ の値が x の値とほぼ同じとなっており，その変化量（導関数の値）は 1

である。一方，$x = \pi/2$ 付近では，変化が止まっており，変化量は 0 である。$x = 0$ で値が 1，$x = \pi/2$ で値が 0 となるような関数は $\cos x$ であり，式 (6.8) の通り，$\sin x$ を微分すれば $\cos x$ となることが推測できる。同様に，$\cos x$ のグラフでは，$x = 0$ で変化量が 0 となり，$x = \pi/2$ で 1 となっている。したがって，式 (6.9) の通り，$\cos x$ を微分すれば $-\sin x$ となることが推測できる。

公式 6.4：指数関数の導関数

$$f(x) = a^x \quad \Rightarrow \quad f'(x) = \ln a \cdot a^x \tag{6.11}$$

$$f(x) = e^x \quad \Rightarrow \quad f'(x) = e^x \tag{6.12}$$

電気電子工学で扱う指数関数は e を使う場合がほとんどである。しかも，式 (6.12) に示す通り，関数 e^x は微分しても e^x のままである。式 (6.12) は非常に重要な性質であるため，絶対に忘れないでほしい。

公式 6.5：対数関数の導関数

$$f(x) = \log_a x \quad \Rightarrow \quad f'(x) = \frac{1}{\ln a \cdot x} \tag{6.13}$$

$$f(x) = \ln x \quad \Rightarrow \quad f'(x) = \frac{1}{x} \tag{6.14}$$

公式 6.5 で興味深いのは，もともとは対数関数であったものが，微分という演算を通して有理関数へと変換されている点である。**有理関数**（rational function）とは，任意の多項式 $P(x)$ と $Q(x)$ によって $P(x)/Q(x)$ と表記される関数であり，$1/x$ の場合，$P(x) = 1$，$Q(x) = x$ である。対数関数と有理関数が微分という演算を通してつながっていることに違和感を覚えるかもしれないが，実際の導出は例題 6.8 で行うので，まずは式 (6.14) を覚えよう。

公式 6.3〜6.5 はもちろん導関数の定義から導出可能であるが，あまりにも頻出のパターンであるため，ほとんどの場合は導出過程を省いて記述する。皆さんもぜひ，基本的なパターンとして暗記しておいてほしい。

6.2　これをマスターすれば大丈夫：微分で重要な五つの公式

微分の世界には公式 6.1〜6.5 のほかにも数多くの公式が存在する。本節ではそれらの中でもひときわ重要ないくつかを紹介する。**表 6.2** に示す五つの公式を網羅できれば，初等関数については自分で微分できるようになる。ここで，**初等関数**（elementary function）とは，n 次関数や三角関数，指数関数，対数関数などの基本的な関数の組合せによって記述される関数を意味する†。これまで難解だった微分も，五つの公式として表にまとめて理解し，例題にトライす

† 初等関数ではないものの例として，ガンマ関数，楕円関数，ベッセル関数などが挙げられる。

表 6.2　微分の公式

公式の名称	式
公式 6.6：　合成関数の微分	$\dfrac{dy}{dx} = \dfrac{dy}{du}\dfrac{du}{dx}$
公式 6.7：　積 $y = f(x) \cdot g(x)$ の微分	$\dfrac{dy}{dx} = \dfrac{df}{dx} \cdot g + f \cdot \dfrac{dg}{dx}$
公式 6.8：　商 $y = \dfrac{f(x)}{g(x)}$ の微分	$\dfrac{dy}{dx} = \dfrac{f'g - fg'}{g^2}$
公式 6.9：　媒介変数関数の微分	$\dfrac{dy}{dx}(t) = \dfrac{dy/dt}{dx/dt}$
公式 6.10：逆関数 $g(x) = f^{-1}(x)$ の微分	$\dfrac{dg}{dx}(x) = \dfrac{1}{(df/dx)(g(x))}$

れば，苦手意識が薄れるだろう。

この中で特に重要なのは，公式 6.6〜6.8 の合成関数，積，商の微分で，これらを組み合わせて用いられることも多い。まずは，一つひとつの公式を理解し，例題や章末問題を解きながら，しっかり理解してほしい。これまでに，苦手としていた微分が，難なく解けるようになる。以下，合成関数の微分から，順に紹介する。

公式 6.6：合成関数の微分

$y = f(u)$，$u = g(x)$ とするとき

$$\frac{dy}{dx} = \frac{dy}{du}\frac{du}{dx} \tag{6.15}$$

厳密な話を置いておけば，右辺の du を約分することで左辺が得られているように見えるし，実際そのように考えても支障はない。

解き方 6.2：合成関数の微分の手順

Step 1：x の関数 u を決める。

Step 2：dy/du と du/dx を求める。

Step 3：公式 6.6 に計算結果を代入する。

Step 4：u を x の式へ戻す。

例題 6.4　関数 $y = \cos(2x^2 + 3)$ を x について微分せよ。

【解答】　**Step 1**：適切な x の関数 u を決める。選択のコツとしては，y，u ともに基本的な関数（n 次関数，三角関数，指数関数，対数関数など）となるように u を置けばよい。

例えば，$u = 2x^2 + 3$ と置けば

$$y = \cos(u)$$

$$u = 2x^2 + 3$$

となり，y，u ともに基本的な関数の形となる。

Step 2：dy/du および du/dx を求める。dy/du は y を u に関して微分することで得られる導関数であるので，公式 6.3 から

$$\frac{dy}{du} = \frac{d}{du}\left[\cos(u)\right] = -\sin(u)$$

である。一方，du/dx は u を x に関して微分して得られる導関数であるので

$$\frac{du}{dx} = \frac{d}{dx}\left(2x^2 + 3\right) = 2 \cdot 2x + 0 = 4x$$

となる。

Step 3：求めた導関数を公式 6.6 に当てはめれば

$$\frac{dy}{dx} = \frac{dy}{du}\frac{du}{dx} = -\sin(u) \cdot (4x) = -4x\sin(u)$$

を得る。

Step 4：われわれが勝手に定義した u はもともとの問題文には含まれない変数のため，これをもとの x を用いた式に戻す。

$$\frac{dy}{dx} = -4x\sin(u) = -4x\sin\left(2x^2 + 3\right)$$ ♦

合成関数の微分では，どの変数に関して微分をするのかが明確に異なる。このため，表 6.1 に示した変数を明確に指定しているライプニッツの表記法がわかりやすい。逆に，例えばラグランジュの表記法などで書けば「$y' = y' \cdot u'$」のように書くことになり，さっぱり意味がわからなくなる。

公式 6.7：積の微分

x の関数 $f(x)$，$g(x)$ について，積 $y = f(x) \cdot g(x)$ の導関数は次式で導かれる。

$$\frac{dy}{dx}(x) = \frac{df}{dx}(x) \cdot g(x) + f(x) \cdot \frac{dg}{dx}(x) \tag{6.16}$$

解き方 6.3：積の微分の手順

Step 1：$f(x)$ と $g(x)$ を決める。

Step 2：df/dx と dg/dx を求める。

Step 3：公式 6.7 に計算結果を代入する。

例題 6.5　関数 $y = 5x\sin x$ の導関数を求めよ。

【解答】 **Step 1**：例えば，つぎのように選んでみる。

$$f(x) = 5x$$
$$g(x) = \sin x$$

ここでの選択のコツもやはり $f(x)$ や $g(x)$ が基本的な関数となるように選べればよい。

Step 2：それぞれの関数を x について微分する。

$$\frac{df}{dx}(x) = \frac{d}{dx}(5x) = 5$$
$$\frac{dg}{dx}(x) = \frac{d}{dx}(\sin x) = \cos x$$

Step 3：定義した $f(x), g(x)$ と算出した導関数を公式 6.7 へ代入する。

$$\begin{aligned}\frac{dy}{dx}(x) &= \frac{df}{dx}(x) \cdot g(x) + f(x) \cdot \frac{dg}{dx}(x) = 5 \cdot \sin x + 5x \cdot \cos x \\ &= 5\sin x + 5x\cos x\end{aligned}$$

♦

公式 6.8：商の微分

x の関数 $f(x)$，$g(x)$ について，商 $y = f(x)/g(x)$ の導関数は次式で導かれる。

$$\frac{dy}{dx}(x) = \frac{f'(x)g(x) - f(x)g'(x)}{[g(x)]^2} \tag{6.17}$$

積の微分も商の微分も片方の関数を微分してもう一方の関数に掛けているため，形が似ている。積の微分については別々に微分して加えればよいため，どちらの関数から微分するかは気にしなくてもよい。しかし，商の微分は引き算となるので，その順番が重要となる。分子の導関数と分母の関数の積から，分母の導関数と分子の関数の積を引くので，間違えないようにしよう。

解き方 6.4：商の微分の手順

Step 1：分子を $f(x)$，分母を $g(x)$ とする。

Step 2：df/dx と dg/dx を求める。

Step 3：公式 6.8 に計算結果を代入する。

例題 6.6　関数 $y = \sin(3x)/(x+1)$ の導関数を求めよ。

【解答】 **Step 1**：与式の分母分子から

$$f(x) = \sin(3x)$$
$$g(x) = x + 1$$

Step 2：それぞれの関数を x について微分する。

$$f'(x) = 3\cos(3x)$$ （合成関数の微分）

$$g'(x) = 1$$

Step 3：定義した $f(x), g(x)$ と算出した導関数を公式 6.8 へ代入する。

$$\frac{dy}{dx}(x) = \frac{f'(x)g(x) - f(x)g'(x)}{[g(x)]^2} = \frac{3\cos(3x)(x+1) - \sin(3x)\cdot 1}{(x+1)^2}$$
$$= \frac{3\cos(3x)(x+1) - \sin(3x)}{(x+1)^2}$$ ♦

媒介変数関数（parametric function）の導関数を parametric derivative と呼び，次式で計算する。

公式 6.9：媒介変数関数の微分

$x = x(t)$，$y = y(t)$ が与えられたとき

$$\frac{dy}{dx}(t) = \frac{dy/dt}{dx/dt} \tag{6.18}$$

解き方 6.5：媒介変数関数の微分の手順

Step 1：dx/dt と dy/dt を求める。

Step 2：公式 6.9 に計算結果を代入する。

例題 6.7　$x = t^2$，$y = t^3$ のとき，dy/dx を求めよ。

【解答】 **Step 1**：与式の x，y を t について微分する。

$$\frac{dx}{dt} = 2t$$
$$\frac{dy}{dt} = 3t^2$$

Step 2：算出した導関数を公式 6.9 に代入する。

$$\frac{dy}{dx}(t) = \frac{dy/dt}{dx/dt} = \frac{2t}{3t^2} = \frac{2}{3t}$$ ♦

公式 6.10：逆関数の微分

$y = f(x)$ の逆関数を $g = f^{-1}(x)$ とするとき

$$\frac{dg}{dx}(x) = \frac{1}{\dfrac{df}{dx}(g(x))} \tag{6.19}$$

解き方 6.6：逆関数の微分の手順

Step 1：df/dx を求める。

Step 2：与えられた $y = f(x)$ を x について解く。

Step 3：導いた関数を $x = g(y)$ とし，$g(x)$ を求める。

Step 4：公式 6.10 に計算結果を代入する。

例題 6.8 関数 $y = e^x$ の逆関数について，その導関数を求めよ。

【解答】 **Step 1**：与式から $f(x) = e^x$ とし，$f(x)$ を x について微分する。

$$\frac{df}{dx}(x) = e^x$$

Step 2：与式を x について解く。

$$y = e^x$$

$$\ln y = \ln e^x = x \ln e = x \quad \text{（両辺に底が } e \text{ の対数をとる）}$$

$$x = \ln y$$

Step 3：Step 2 の結果から，逆関数 g は次式となる。

$$g(y) = \ln y$$

したがって

$$g(x) = \ln x$$

Step 4：上記の手順で得られた式を公式 6.10 へ代入する。

$$\frac{dg}{dx}(x) = \frac{1}{\dfrac{df}{dx}(g(x))} = \frac{1}{e^{g(x)}} = \frac{1}{e^{\ln x}} = \frac{1}{x}$$

◆

6.3 電気回路の微分

電気回路においては，キャパシタの素子特性を数式で記述する際に導関数が現れる。例えば，**図 6.3** の回路に流れる電流を考えてみよう。電源電圧は $v(t) = 10\sin(t)$〔V〕，キャパシタの容量は $C = 100$〔μF〕とする。回路を流れる電流 i はキャパシタの両端に掛かる電圧 v_C によって次式で記述できる。

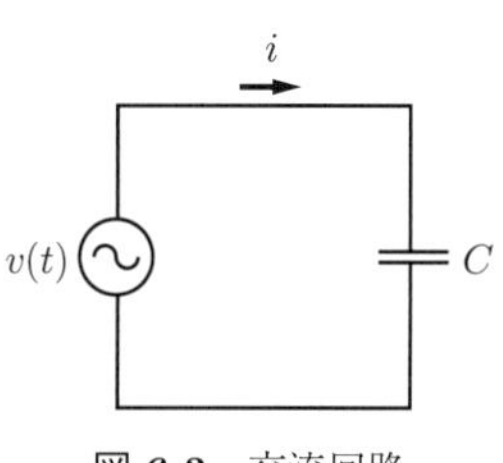

図 6.3 交流回路

$$i = C\frac{dv_C}{dt} = 100 \times 10^{-6} \cdot \frac{dv_C}{dt} \tag{6.20}$$

一方で，キルヒホッフの電圧則から，次式が成り立つ。

$$v_C = v(t) = 10\sin(t) \tag{6.21}$$

そこで，$v(t)$ の導関数を求めてみれば，次式となる。

$$\frac{dv}{dt}(t) = 10\cos(t) \tag{6.22}$$

この導関数を最初の式へ代入すれば，回路を流れる電流 i が求まる。

$$\begin{aligned} i &= 100 \times 10^{-6} \cdot \frac{dv_C}{dt} = 100 \times 10^{-6} \cdot 10\cos(t) \\ &= 10^{-3}\cos(t)\,\mathrm{A} = \cos(t)\,〔\mathrm{mA}〕 \end{aligned} \tag{6.23}$$

すなわち，この回路には振幅 1 mA の交流電流が流れていることがわかる。

6.4　多変数関数の微分を表す偏微分

6.4.1　山の登山ルートと偏微分

ここでは偏微分について扱う。理解しやすくするため，**図 6.4** にあるような山に登ることを考えてみよう。山を 1/4 だけ切り出して 1 方向を x 軸，それと直角の方向を y 軸に割り当て，高さを z 軸で示す。この山は，x 軸方向（$y=0$）から登る登山道 A と距離は短いが，勾配が急，すなわち直登しなければならない。これに対し，y 軸方向（$x=0$）から登る登山道 B の勾配は緩やかだが登る距離が長くなることがわかる。

この例から，つぎのことがわかる。① 高さ z は，x と y の座標によって決まる。② y の値を 0 に固定して高さと x との勾配関係を定義できる。③ x の値を 0 に固定して y と高さとの勾配関係を定義できる。① は，高さ（z）が x と y という二つの変数で決まることを示しており，こうした関数は多変数関数と呼ばれている。すなわち，$z=f(x,y)$ と表され，図 6.4 点線の $x=a$，$y=b$ の高さは $f(a,b)$ となる。つぎに，② y を固定して x と z との勾配関係，すなわち傾きを定義するのが x の偏微分である。同様に，③ x を固定して y と z との勾配関係を定義するのが y の偏微分である。

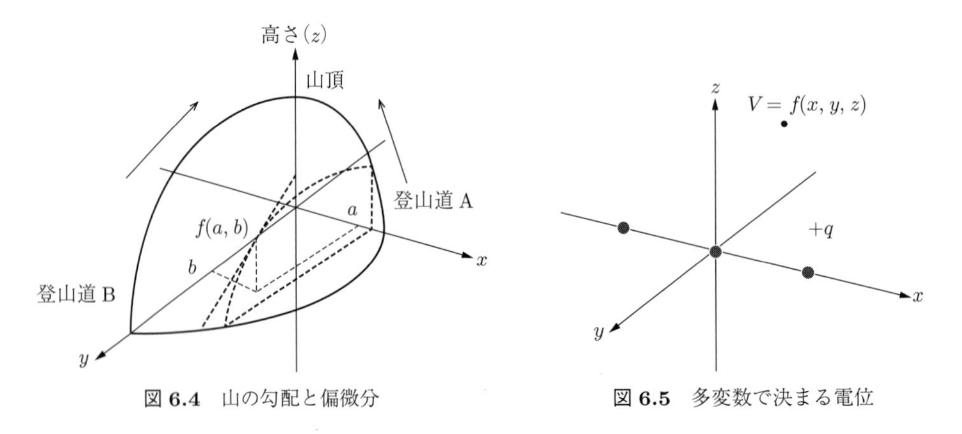

図 6.4　山の勾配と偏微分　　**図 6.5**　多変数で決まる電位

この山の例では x, y, z とも空間の値を示しており，z という高さが x と y という空間の二つの変数値で決まっている。一般的には，z の値は空間の値である必要はなく，変数も二つである必要はない。例えば，**図 6.5** は，x 軸に沿って $+q$ の電荷が 3 個置かれた状態を示している。この電荷によって作られる電位は，位置を決める x, y, z という変数によって決まる。先に示した山の勾配のように，空間での x 方向，y 方向，z 方向の電位の勾配（電界）を偏微分を使って定義できる。ここまでは，偏微分を理解するため，定性的な議論をしてきたが，以降，数学的定量的に議論していこう。偏微分は，電気電子工学で重要な電磁気学を理解するのにとても重要な科目である。

6.4.2　多変数関数と偏微分

〔1〕 多変数関数　$f(x, y) = x^2 + 4xy + y^3$ のように，二つ以上の独立した変数によって定義される関数を**多変数関数**（multivariable function）という。いま，ある値 u が関数 f によって決まるとすると，次式の通り記述できる。

$$u = f(x, y) \tag{6.24}$$

変数が，$x_1, x_2, \cdots, x_n, \cdots$ と 3 個以上になっても，同様に，つぎの通り記述できる。

$$u = f(x_1, x_2, \cdots, x_n, \cdots) \tag{6.25}$$

〔2〕 偏微分の定義　$u = f(x, y) = x^2 + 4xy + y^3$ について，y を定数と考えて，x で f を微分してみよう。すると，次式の通りの演算となる。

$$\frac{du}{dx} = 2x + 4y \tag{6.26}$$

同様に，x を定数と考えて，y で f を微分してみると，次式の通りの演算となる。

$$\frac{du}{dy} = 4x + 3y \tag{6.27}$$

このように，多変数関数における一つの変数に着目し，ほかの変数を定数とみなして微分することを**偏微分**（partial differentiation）という。単変数関数の微分（偏微分に対して**常微分**（ordinal differentiation）という）と区別するため，微分記号の d を ∂（パーシャルディー，ラウンドディーと読む）に置き換えて記述する。したがって，式 (6.26) はつぎの通り書き直される。

$$\frac{\partial u}{\partial x} = 2x + 4y \tag{6.28}$$

ここで，図 6.4 の点 (a, b) で y に関する偏微分を考えると，それは点線で示された平面で，y 方向の傾きを求めていることになる。

ここまでの説明では，一方の変数を定数と考え，微分と説明してきた。もう少し，数学的に定義すると以下の通り記述できる。

定義 6.2 (**偏導関数**)　$u = f(x, y)$ で，u を x に関して微分する演算を偏微分するといい，得られる導関数を**偏導関数**（partial derivative）という。

$$\frac{\partial u}{\partial x} = \frac{\partial}{\partial x} f(x, y) = f_x(x, y) = \lim_{h \to 0} \frac{f(x+h, y) - f(x, y)}{h} \tag{6.29}$$

定義 6.3 (**高階の偏導関数**)　$u = f(x, y)$ の偏導関数をさらに偏微分したものを 2 階の偏導関数と呼び，次式で表す。ここで $f_{xy}(x, y)$ は x から先に微分することを示す。

$$f_{xy}(x, y) = \frac{\partial}{\partial y} f_x(x, y) = \frac{\partial^2}{\partial y \partial x} f(x, y) = \frac{\partial^2 u}{\partial y \partial x} \tag{6.30}$$

$$f_{xx}(x, y) = \frac{\partial}{\partial x} f_x(x, y) = \frac{\partial^2}{\partial x^2} f(x, y) = \frac{\partial^2 u}{\partial x^2} \tag{6.31}$$

$$f_{yy}(x, y) = \frac{\partial}{\partial y} f_y(x, y) = \frac{\partial^2}{\partial y^2} f(x, y) = \frac{\partial^2 u}{\partial y^2} \tag{6.32}$$

6.5　偏微分に関する定理・公式

偏微分では，基本的に偏微分されない文字を定数と考えて微分すればよい。したがって，公式 (6.6)〜(6.8) から，つぎの公式を導くことができる。

公式 6.11：合成関数の偏微分

関数 $f(g(x, y))$ について，$u = g(x, y)$ と置く。

$$\frac{\partial}{\partial x} f(g(x, y)) = \frac{\partial f}{\partial u}(u) \frac{\partial g}{\partial x}(x, y) \tag{6.33}$$

公式 6.12：積の偏微分

$$\frac{\partial}{\partial x} [f(x, y) \cdot g(x, y)] = f_x(x, y) \cdot g(x, y) + f(x, y) \cdot g_x(x, y) \tag{6.34}$$

公式 6.13：商の偏微分

$$\frac{\partial}{\partial x} \left[\frac{f(x, y)}{g(x, y)} \right] = \frac{f_x(x, y) \cdot g(x, y) - f(x, y) \cdot g_x(x, y)}{[g(x, y)]^2} \tag{6.35}$$

解き方 6.7：偏微分・高階の偏微分の手順

Step 1：偏微分する変数以外は定数と考え，6.3 節までで説明した常微分と同様に微分する。

Step 2：合成関数の偏微分では，微分する変数を含む関数を u と置いて u で偏微分し，u を偏微分する変数で微分して，掛け合わせる。

Step 3：高階の導関数は Step 1，2 を用いて偏微分を繰り返す。このとき，左側の変数から偏微分することに注意する。例えば，$f_{xy}(x,y)$ の表記では，x で先に偏微分し，その後 y で偏微分する。

例題 6.9　以下の関数 $f(x,y)$ で，x および y についての偏導関数 $f_x(x,y), f_y(x,y)$ をそれぞれ求めよ。

(1)　$f(x,y) = -x^2 + y^2$　　(2)　$f(x,y) = 3e^{-2y}\sin^3 x$

(3)　$f(x,y) = xe^{-xy}$　　(4)　$f(x,y) = \dfrac{2x}{y}$

【解答】　x の偏微分では y を定数とみなし，y の偏微分では x を定数とみなして微分すればよい。

(1)　$f_x(x,y) = \dfrac{\partial f}{\partial x} = -2x + 0 = -2x$，　$f_y(x,y) = \dfrac{\partial f}{\partial y} = 0 + 2y = 2y$（解き方 6.7（Step 1））

(2)　$\sin^3 x$ はそのままでは偏微分できないので，$u = \sin x$ と置き，公式 6.11 と解き方 6.7（Step 2）を用いる。y についての偏微分では，$\sin^3 x$ を定数とみなし，e^{-2y} を微分すればよい。

$$f_x(x,y) = \frac{\partial f}{\partial x} = \frac{\partial}{\partial u}\left(3e^{-2y}u^3\right)\frac{\partial}{\partial x}(\sin x) = 3e^{-2y}\cdot 3u^2 \cdot \cos x = 9e^{-2y}\sin^2 x\cos x$$

$$f_y(x,y) = \frac{\partial f}{\partial y} = 3\cdot(-2)e^{-2y}\cdot\sin^3 x = -6e^{-2y}\sin^3 x$$

(3)　x の偏微分は，$F(x,y) = x$，$G(x,y) = e^{-xy}$（もとの f と区別のため大文字）と置き，公式 6.12 を用いる。

$$\begin{aligned} f_x(x,y) &= \frac{\partial f}{\partial x} = \frac{\partial}{\partial x}\left[F(x,y)\cdot G(x,y)\right] = F_x(x,y)\cdot G(x,y) + F(x,y)\cdot G_x(x,y) \\ &= 1\cdot e^{-xy} + x\cdot\left(-ye^{-xy}\right) = (1-xy)e^{-xy} \end{aligned}$$

y についての偏微分は，x を定数とみなすと，単純な指数関数の微分となる。

$$f_y(x,y) = \frac{\partial f}{\partial y} = -x^2e^{-xy}$$

(4)　x についての偏微分では，y を定数とみなすため，$2x$ を x で微分すればよい。y の偏微分では，$1/y$ を微分するので，公式 6.13 を用いる。

$$f_x(x,y) = \frac{\partial f}{\partial x} = \frac{2}{y},\qquad f_y(x,y) = \frac{\partial f}{\partial y} = \frac{0\cdot y - 2x\cdot 1}{y^2} = -\frac{2x}{y^2}$$

◆

例題 6.10　$f(x,y)=e^{2x}\cos 3y$ の導関数 f_x, f_y および 2 階導関数 $f_{xy}, f_{yx}, f_{xx}, f_{yy}$ をそれぞれ求めよ。

【解答】

$$f_x = \frac{\partial f}{\partial x} = 2e^{2x}\cos 3y$$

$$f_y = \frac{\partial f}{\partial y} = e^{2x}(-3\sin 3y) = -3e^{2x}\sin 3y$$

$$f_{xy} = \frac{\partial}{\partial y}f_x = \frac{\partial}{\partial y}\left(2e^{2x}\cos 3y\right) = 2e^{2x}\left(-3\sin 3y\right) = -6e^{2x}\sin 3y$$

$$f_{yx} = \frac{\partial}{\partial x}f_y = \frac{\partial}{\partial x}\left(-3e^{2x}\sin 3y\right) = -3\left(2e^{2x}\right)\sin 3y = -6e^{2x}\sin 3y$$

$$f_{xx} = \frac{\partial}{\partial x}f_x = \frac{\partial}{\partial x}\left(2e^{2x}\cos 3y\right) = 2\left(2e^{2x}\right)\cos 3y = 4e^{3x}\cos 3y$$

$$f_{yy} = \frac{\partial}{\partial y}f_y = \frac{\partial}{\partial y}\left(-3e^{2x}\sin 3y\right) = -3e^{2x}\left(3\cos 3y\right) = -9e^{2x}\cos 3y$$

◆

6.6　全体の傾き量を表す全微分

関数 $u=f(x,y)$ において，x と y がそれぞれ，$\Delta x, \Delta y$ 変化したときの u の変化量 Δu は，次式で示される。

$$\Delta u = \frac{\partial u}{\partial x}\Delta x + \frac{\partial u}{\partial y}\Delta y \tag{6.36}$$

偏導関数 $\partial u/\partial x$ が x の変化に対する傾きで，$\partial u/\partial y$ が y の変化に対する傾きであることから，それぞれに変化量 $\Delta x, \Delta y$ を掛けて足し合わせれば，u 全体の変化量となる。式 (6.36) において極限をとることで，**全微分**（total derivative）がつぎのように定義できる。

定義 6.4　（**全微分**）　$u=f(x,y)$ に対し，次式を u の全微分という。

$$du = \frac{\partial u}{\partial x}dx + \frac{\partial u}{\partial y}dy \tag{6.37}$$

全微分について理解する例として，$u=Ax^2y^3$ という関数を考える。定義 6.4 により，全微分は以下の式となる。

$$du = 2Axy^3\,dx + 3Ax^2y^2\,dy \tag{6.38}$$

ここで，u に対する変化率 du/u を求めると，次式となる。

$$\frac{du}{u} = \frac{2Axy^3\,dx + 3Ax^2y^2\,dy}{Ax^2y^3} = 2\,\frac{dx}{x} + 3\,\frac{dy}{y} \tag{6.39}$$

これにより，x の変化率の 2 倍，y の変化率の 3 倍が u の変化率に影響することがわかる。

6.7　実験で試す：インダクタ電流波形の微分

6.7.1　インダクタ電流波形の微分と電圧波形

微分で記述される電気回路の動作を実験で確かめる。自己インダクタンスが L のインダクタでは，インダクタに流れる電流 i の変化が磁束の変化となり，誘起電圧 $v(t)$ の関係は以下となる。

$$v(t) = L\frac{di}{dt} \tag{6.40}$$

以下電圧と電流の関係について，式 (6.40) で微分計算した結果と，実験結果を比較する。電流波形が，$t = 0$ で $i = 0$ となる最も単純な正弦波は 3 章の定義 3.5 から次式で表される。

$$i(t) = A\sin(2\pi ft) \tag{6.41}$$

ここで，A は電流の振幅，f は周波数である。式 (6.41) を式 (6.40) に代入し，次式が得られる。

$$v(t) = L\frac{di}{dt} = \frac{d}{dt}A\sin(2\pi ft) = L\cdot A\cdot 2\pi fA\cos(2\pi ft) \tag{6.42}$$

後述の実験条件では，自己インダクタンス L を 1.3 mH（$= 1.3\times 10^{-3}$ H）とし，±50 mA，周波数 5 kHz の正弦波電流を流す。この条件を式 (6.41) に代入すると，電流は次式となる。

$$\begin{aligned} i(t) &= A\sin(2\pi f) = 50\times 10^{-3}\sin(2\times\pi\times 5\,000t) \\ &= 50\times 10^{-3}\sin(10\,000\pi t) \end{aligned} \tag{6.43}$$

式 (6.40)，式 (6.42) から，インダクタに発生する電圧 $v(t)$ は式 (6.44) となる。

$$\begin{aligned} v(t) &= \frac{di}{dt} = 1.3\times 10^{-3}\frac{d}{dt}\left[50\times 10^{-3}\sin(10\,000\pi t)\right] \\ &= 1.3\times 10^{-3}\times 50\times 10^{-3}\times 10\,000\pi\cos(10\,000\pi t) \\ &= 204.2\times 10^{-2}\cos(10\,000\pi t) = 2.04\cos(2\pi\times 5\,000t) \\ &= 2.04\sin\left(2\pi\times 5\,000t + \frac{\pi}{2}\right) \qquad \text{（公式 3.6）} \end{aligned} \tag{6.44}$$

以上の計算結果から，電流は振幅が 50 mA で周波数が 5 000 Hz の sin 波形，電圧は振幅が 2.04 V で周波数 5 000 Hz で時間変化する cos 波形となる。

6.7.2　実験でインダクタの電流波形と電圧波形を求める

インダクタに電流を流したときの電圧が，式 (6.44) となることを実験により確かめる。具体的には，インダクタに正弦波の電流を流し，電圧と電流波形の関係を測定する。図 **6.6** (a) に示

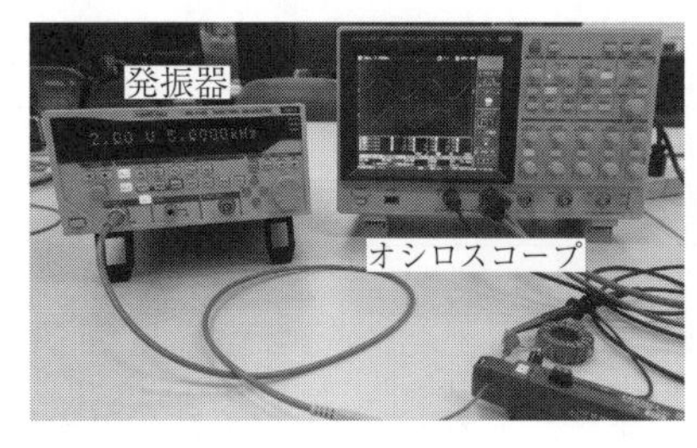

(a)　実験装置

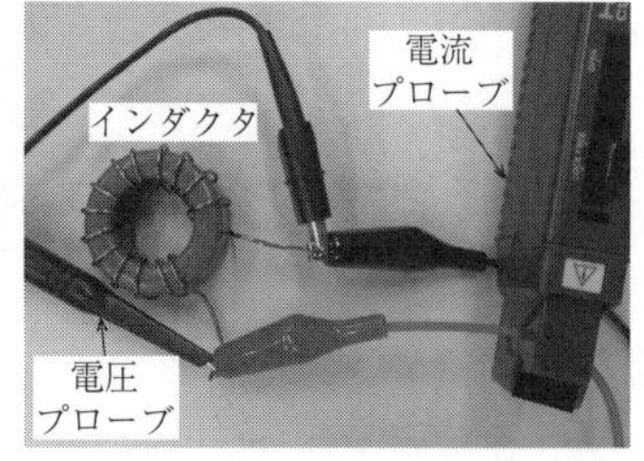

(b)　インダクタとプローブ

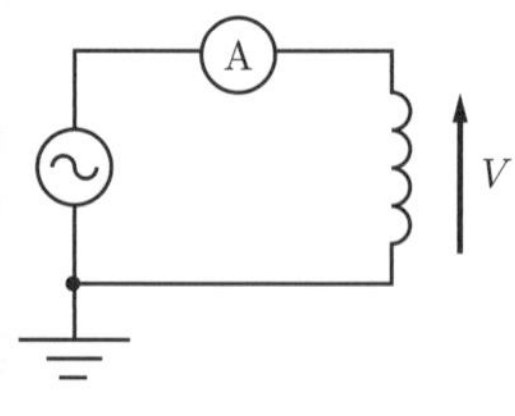

(c)　測定回路図

図 6.6　インダクタの微分

ように，正弦波電流を流すための発振器，自己インダクタンス 1.3 mH のインダクタ，オシロスコープを用意し，インダクタに発生する電圧波形を測定した。電流は振幅が 50 mV，周波数が 5 000 Hz の正弦波とした。図 (b) に示すようにインダクタに流れる電流を電流プローブ，インダクタの端子電圧を電圧プローブで測定した。図 (b) に対応する回路図が図 (c) である。

図 6.7 はオシロスコープで測定した結果で，上段が電流波形，下段が電圧波形である。電流はプラスとマイナスのピーク間の大きさ（Pk-Pk）が 100 mA で振幅は 50.0 mA，周波数 4.952 kHz である。電圧は Pk-Pk が 4.08 V で振幅は 2.04 V で，時間 0 での値は最大値の 2.04 V をとっており，時間変化を示す三角関数は cos である。したがって，6.7.1 項の計算で得られた「電流は振幅が 50 mA で周波数が 5 000 Hz の sin 波形，電圧は振幅が 2.04 V で周波数 5 000 Hz で時間変化する cos 波形となる」と一致している。

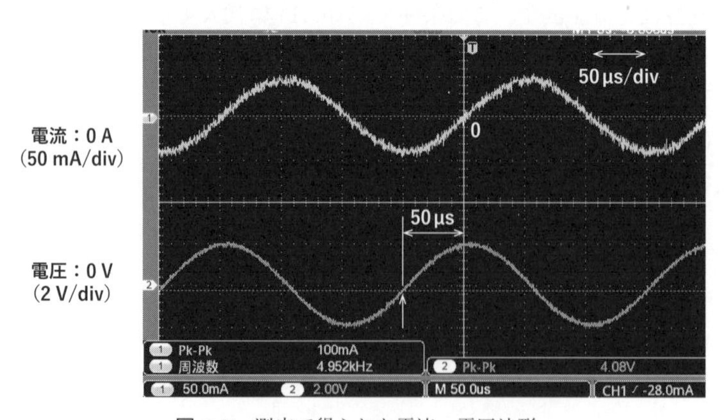

図 6.7　測定で得られた電流・電圧波形

また，オシロスコープでは横軸が時間で，左から右へと時間が流れている。図中の点線で示された電圧波形がマイナスからプラスに変わる時間は，電流波形がマイナスからプラスに変わる時間 0 に対して，約 50 μs 左側にある。周波数 5 000 Hz に対応する周期は 200 μs であるため，50 μs は波長全体の 1/4，すなわち 90° の位相に相当し，電圧の位相が電流に比べて 90° 進んでいることを示している。5 章の図 5.7 のフェーザ図で述べた「インダクタの電圧は電流より 90° 進む」ことと一致している。

——— 章　末　問　題 ———

【１】（微分の基本，積・商の微分）つぎの関数を x について微分せよ。

(1)　$3x^3-2x^2+6x+3$　(2)　$\sqrt{x+2}$　(3)　$(3x-1)\sin x$　(4)　$\dfrac{x}{x+1}$

【２】（合成関数の微分）つぎの関数を x について微分せよ。

(1)　$\sin^4 x$　(2)　$\sqrt{\sin x}$　(3)　$\sin x\cos x$　(4)　e^{-x^2}　(5)　$e^{\sin x}$

(6)　$\sqrt{1+e^{x^2}}$

【３】（媒介変数関数の微分）x および y が媒介変数 t によってつぎの通り表されるとき，dy/dx をそれぞれ求めよ。

(1)　$y=b\sin t,\quad x=a\cos t$　(2)　$y=t^4-2t^2,\quad x=\dfrac{1}{2}t^2-t$

【４】（逆関数の微分）$y=\arccos x \quad (0<y<\pi)$ を微分せよ。

【５】（偏微分の基本）以下の関数 f の偏導関数 f_x, f_y をそれぞれ求めよ。

(1)　$f(x,y)=2x^2-4xy^2+3y^2$　(2)　$f(x,y)=y\sqrt{x^2+3xy}$

(3)　$f(x,y)=e^{2x}\cos 2y$　(4)　$f(x,y)=\dfrac{2xy}{x^2+y^2}$

【６】（2 階の偏導関数）以下の関数 f の偏導関数 f_x, f_y および二階偏導関数 $f_{xy}, f_{yx}, f_{xx}, f_{yy}$ をそれぞれ求めよ。

(1)　$f(x,y)=3x^2y-y^3$　(2)　$f(x,y)=e^x\cos 3y$

コラム：ニュートン vs ライプニッツ

イギリスのニュートンとフランスのライプニッツは，同じ時期に微分の研究をしていた。どちらが先に微分を考えたか論争となり，ニュートンは英国数学会を動かして勝利した。万有引力を発見した偉大なニュートンではあるが，周囲を巻き込んで成果をアピールするなど，われわれと同じような人間であることが伺える。ライプニッツは，どちらが先かの論争には負けたが，現在では微分・積分を含めライプニッツの記法が広く使われており，役立つ記法を後世に残したことではライプニッツが勝利した。われわれが電気電子工学の現象を微分・積分を使って理解して製品開発が行えるのは，この二人の偉大な功績によるものである。深く深く感謝したい。

7 積分

高校のときに，積分は「微分された関数に対し，もと（微分される前）の関数を求めるのが積分」のように習ったと思う。電気数学でもその基本的な考えは同じであり，その重要な応用として，8 章で述べる微分方程式を解くツールとしての活用がある。積分のもう一つの数学的な機能は，関数の合計値を求めることである。

この機能を使って電気電子工学では，時間変化する関数 $f(t)$ の一定時間内の合計を求める用途で用いられる。例えば，**図 7.1** のような時間変化する電圧 $v(t)$ を考えるとき，積分を使って一定時間 T 内での $v(t)$ の合計を求めることができる。さらに，積分で得られた $v(t)$ の合計を一定時間 T で割るとその平均値が求まる。この方法は，キャパシタに蓄えられる電荷量の計算や交流や時間変化する電力の平均を求めるときに使われる。

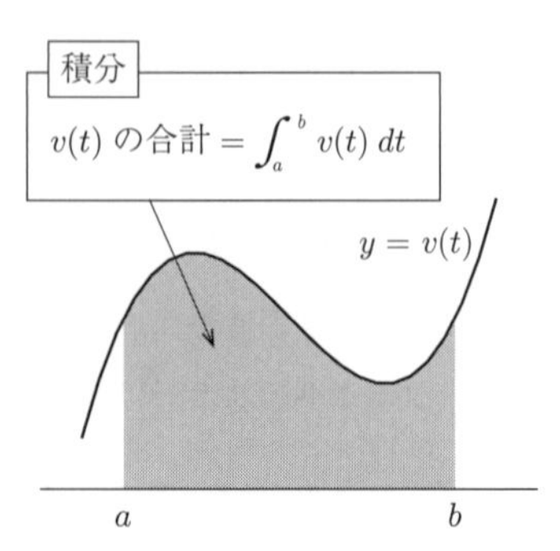

図 7.1　時間変化する $v(t)$ と積分

本章では，積分された関数をもとの関数に戻すという不定積分と，時間変化する $f(t)$ の合計を求めるための定積分を学ぶ。少しだけ，積分についてエピソードを話そう。時間変化する関数 $f(t)$ の合計は，不定積分とは別の方法で求める研究が進んでいた。定積分から得られる値と，別の方法で研究されていた合計を求める方法が一致することがわかったのは後になってからだった。こんな逸話で少しは積分に興味が湧いただろうか？

7.1　不定積分

積分（integration）の元来の意味は章のはじめに述べた通りであるが，実際の演算は微分の逆演算であり，導関数 $f'(x)$ からもとの関数 $f(x)$ を求める演算である。積分の結果得られるものは積分区間（どこからどこまでを積み上げるのか）が与えられているか否かで大きく異なる。

7.1.1　不定積分の定義

積分区間が与えられていない場合，積分の結果はとある関数となり，これを**不定積分**（indefinite integral）と呼ぶ。一般に不定積分は，**積分定数**（constant of integration）と呼ばれる未定定数を含む。

定義 7.1　(不定積分)

$$\int f(x)\,dx = F(x) + C \qquad (\text{ただし，}C\text{ は積分定数}) \tag{7.1}$$

実際の計算では，導関数が $f(x)$ となるような関数を $F(x)$ としてよい。この $F(x)$ に定数項が含まれる場合には，積分定数とまとめて表記するのが一般的である。

以上の定義，性質からもわかる通り，微分をするために積分の知識は必要ないが，積分をするためには必ず微分の知識が必要となる。

例題 7.1　$f(x) = 2x$ の不定積分を求めよ。

【解答】　前章で学んだ通り，x^2 の導関数は $2x$ である。したがって，定義 7.1 の $F(x)$ は x^2 としてよい。すなわち

$$\int 2x\,dx = x^2 + C$$ ♦

6.1.2 項で初等関数の導関数を紹介したが，その情報から逆算すれば，おおよその初等関数の不定積分も求められる。以下，すべての公式において C を積分定数とする。

公式 7.1：n 次関数の不定積分

$$\int x^n\,dx = \frac{1}{n+1}x^{n+1} + C \quad (n \neq -1) \tag{7.2}$$

$$\int \frac{1}{x}\,dx = \ln x + C \tag{7.3}$$

$n = -1$ のとき以外は式 (7.2) となる。$n = -1$ の場合は式 (7.3) となる。式 (7.2) と式 (7.3) はそれぞれ，微分の公式 6.2 と 6.5 に対応している。

例題 7.2　関数 $f(x) = x^5$ の不定積分を求めよ。

【解答】

$$\int f(x)\,dx = \int x^5\,dx = \frac{1}{5+1}x^{5+1} + C = \frac{1}{6}x^6 + C$$ ♦

公式 7.2：三角関数の不定積分

$$\int \sin x\,dx = -\cos x + C \quad \text{（符号に注意）} \tag{7.4}$$

$$\int \cos x\,dx = \sin x + C \tag{7.5}$$

$$\int \frac{1}{\cos^2 x}\,dx = \tan x + C \tag{7.6}$$

微分では，$\cos x$ の導関数が $-\sin x$ となるが，積分では式 (7.5) のように $\sin x$ が $-\cos x$ へと変換される。

公式 7.3：指数関数の不定積分

$$\int a^x \, dx = \frac{a^x}{\ln a} + C \tag{7.7}$$

$$\int e^x \, dx = e^x + C \tag{7.8}$$

7.1.2 基本的な公式

微分と同様，積分も線形変換の一種であるため，つぎの法則が成り立つ。

公式 7.4：積分の線形性

$f(x)$ と $g(x)$ を関数，a を定数とすると

$$\int af(x) \, dx = a \int f(x) \, dx \tag{7.9}$$

$$\int [f(x) + g(x)] \, dx = \int f(x) \, dx + \int g(x) \, dx \tag{7.10}$$

$$\int [f(x) - g(x)] \, dx = \int f(x) \, dx - \int g(x) \, dx \tag{7.11}$$

7.2 これが重要：積分を求める三つの公式

初等的な関数の積分については，微分同様に丸暗記で対応できるが，合成関数や積の積分については特別な方法が必要となる。そこで，6 章で説明した「微分を求める五つの公式」に対応する「積分の三つの公式」を紹介しよう。以降で順に説明していくが，**表 7.1** に一覧にしてみた。「なんだ，これだけか」と思うと，やる気が湧いてくるだろう。しかも，「三角関数の積分」については，三角関数の加法定理を使って，三角関数の次数を下げる公式である。もはや，加法定理の公式，と呼んだほうがよいのかもしれない。そうすると，新たに覚える公式としては二つだけであり，これなら攻略できそうではないか。

表 7.1　積分公式のまとめ

公式の名称	式
7.2.1：部分積分	$\int \left[f(x) \cdot g'(x)\right] dx = f(x) \cdot g(x) - \int \left[f'(x) \cdot g(x)\right] dx$
7.2.2：置換積分	$\int f(u) \frac{du}{dx} \, dx = \int f(u) \, du$
7.2.3：三角関数の積分	三角関数の加法定理を用いて三角比の次数を下げる

7.2.1　部　分　積　分

積の積分を考えるときには**部分積分**（integration by parts）と呼ばれる手法が有効である。

公式 7.5：部分積分

x の関数 $f(x)$，$g(x)$ について

$$\int \left[f(x) \cdot g'(x)\right] dx = f(x) \cdot g(x) - \int \left[f'(x) \cdot g(x)\right] dx \tag{7.12}$$

部分積分の公式は，積の微分の両辺を積分することで導出可能である。

解き方 7.1：部分積分の手順

Step 1：$f(x)$ と $g'(x)$ を決める。

Step 2：$f'(x)$ と $g(x)$ を求める（$g(x)$ の積分定数は 0 としてよい）。

Step 3：公式 7.5 に計算結果を代入する。

例題 7.3　つぎの不定積分を求めよ。

$$\int x \sin x dx$$

【解答】 **Step 1**：例えば，つぎのように選んでみる。

$$f(x) = x$$
$$g'(x) = \sin x$$

ここでの選択のコツは，$f'(x) \cdot g(x)$ が積分できる関数になるように選べればよい。特に，$f'(x) = 1$ となるような選び方ができれば計算はうまくいきやすい。

Step 2：決定した関数を x について微分，積分する。

$$f'(x) = \frac{dx}{dx} = 1$$
$$g(x) = \int \sin x\, dx = -\cos x + C = -\cos x$$

Step 3：各関数を公式 7.5 に当てはめる。

$$\begin{aligned}\int x \sin x dx &= f(x) \cdot g(x) - \int \left[f'(x) \cdot g(x)\right] dx \\ &= x \cdot (-\cos x) - \int \left[1 \cdot (-\cos x)\right] dx \\ &= -x \cos x + \int \cos x\, dx \\ &= -x \cos x + \sin x + C\end{aligned}$$

◆

この積分は，12.6.1 項の「のこぎり波」と呼ばれる波形のフーリエ級数展開で使われるので，ぜひ，解き方を覚えておいてほしい。同様に，章末問題【3】(2) の $x\cos x$ の積分も「のこぎり波」のフーリエ級数展開で用いられるので，解き方を修得してほしい。

7.2.2 置 換 積 分

合成関数の積分には，**置換積分**（integration by substitution）と呼ばれる手法が有効である。

公式 7.6：置換積分

$$\int f(u)\frac{du}{dx}\,dx = \int f(u)\,du \tag{7.13}$$

解き方 7.2：置換積分の手順

Step 1：x の関数 u を決める。

Step 2：du/dx を求め，$dx = A\,du$ の形へ整える。

Step 3：$x \to u$，$dx \to du$ の変換を行ったうえで積分を求める。

Step 4：$u \to x$ の変換を行う。

例題 7.4　つぎの不定積分を求めよ。

$$\int \left[-(4-2x)^3\right] dx$$

【解答】 **Step 1**：例えば，つぎのように選んでみる。

$$u = 4 - 2x$$

ここでの選び方のコツは，u が微分できて，かつなにかしらの関数に代入されている（この問題の場合，$4-2x$ は x^3 に代入されている）ものを選べればよい。

Step 2：定義した u を x について微分する。

$$\frac{du}{dx} = (4-2x)' = -2 \qquad \Rightarrow dx = -\frac{1}{2}\,du$$

Step 3：$u = 4-2x$，$dx = (-1/2)\,du$ を用いて与式を変換する。

$$\int \left[-(4-2x)^3\right] dx = \int \left[-u^3\right]\left(-\frac{1}{2}\right) du = \frac{1}{2}\int u^3\,du = \frac{1}{2}\cdot\frac{u^4}{4} + C = \frac{u^4}{8} + C$$

Step 4：$u = 4-2x$ をもとに戻す。

$$\int \left[-(4-2x)^3\right] dx = \frac{u^4}{8} + C = \frac{(4-2x)^4}{8} + C$$

◆

7.2.3　三角関数の積分

三角関数については，状況に応じていくつかの手法が考えられるが，いずれのやり方でも共通しているのが，「次数を下げる」という目的である。例えば，加法定理から導いた半角の三角比（公式 3.11）を用いれば，$\sin^2\theta$ を $\cos 2\theta$ の式へと変換でき，合成関数の積分として扱える。あるいは，積和の公式（公式 3.13）を用いれば，$\sin\alpha\cos\beta$ のような三角比の積を sin の和で表現でき，初等的な三角関数の積分として扱える。

例題 7.5　つぎの積分を求めよ。

$$\int \cos^2 x dx$$

【解答】　半角の三角比（公式 3.11）から

$$\cos^2 x = \frac{1+\cos 2x}{2}$$

したがって，求める不定積分は

$$\begin{aligned}\int \cos^2 x\,dx &= \int \frac{1+\cos 2x}{2}\,dx = \frac{1}{2}\int (1+\cos 2x)\,dx \\ &= \frac{1}{2}\left(x+\frac{1}{2}\sin 2x\right)+C \quad \text{（合成関数の積分：置換積分を利用）} \\ &= \frac{x}{2}+\frac{\sin 2x}{4}+C\end{aligned}$$

♦

7.3　定積分と面積（時間合計値）

7.3.1　定積分の定義と公式

積分区間が与えられている場合，積分の結果はとある値となり，これを**定積分**（definite integral）と呼ぶ。$x=a$ から $x=b$ までの積分区間が与えられたとき，定積分はつぎの通り表記・定義される。

定義 7.2　（定積分）

$$\int_a^b f(x)\,dx = F(b)-F(a) \tag{7.14}$$

ここで，$F(x)$ とは，不定積分で考えた $F(x)$ とまったく同じである。すなわち，実際の計算では公式 7.1〜7.3 の右辺の関数がそのまま用いられる。なお，a は**下限**（lower limit），b は**上限**（upper limit）と呼ぶ。

例題 7.6　つぎの定積分を求めよ。

$$\int_1^3 x^2\,dx$$

【解答】　公式 7.1 より

$$F(x) = \frac{1}{2+1}x^{2+1} = \frac{x^3}{3}$$

したがって

$$\int_1^3 x^2\,dx = F(3) - F(1) = \frac{3^3}{3} - \frac{1^3}{3} = \frac{27-1}{3} = \frac{26}{3}$$ ◆

定積分に特有の公式として，次式が成立する。

公式 7.7：定積分の性質

$$\int_a^b f(x)\,dx = -\int_b^a f(x)\,dx \tag{7.15}$$

$$\int_a^b f(x)\,dx + \int_b^c f(x)\,dx = \int_a^c f(x)\,dx \tag{7.16}$$

$$\int_a^a f(x)\,dx = 0 \tag{7.17}$$

式 (7.15) は定義 7.2 で上限と下限を入れ替えることから，マイナスの符号が付くことで理解できる。式 (7.16) は積分区間 $[a, c]$ を $[a, b]$ と $[b, c]$ の二つの区間に分けることができることを示している。この性質は 12 章のフーリエ級数でよく使われる。式 (7.17) は上限と下限が同じで積分区間がないため 0 となる。

7.3.2　定積分と面積

定積分と面積（時間合計値）との関係について説明する。**図 7.2** で，x とともに変化する関数 $y = f(x)$ があり，$y = f(x)$ と x 軸，そして $x = a$ および $x = b$ で囲まれる領域の面積を求める。この面積を求める際には，面積を $y = f(x)$ 上の点に接する長方形に分割し，それらを足し合わせ，分割区間をできるだけ小さくすればよい。

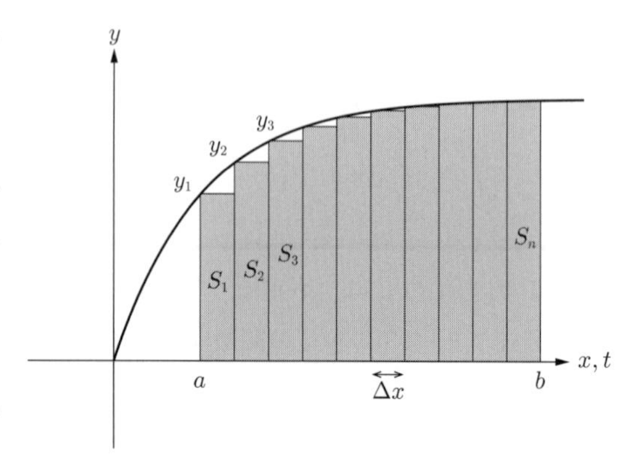

図 7.2　$y = f(x)$ の面積，$y = f(t)$ の時間合計

具体的には，求める面積の区間 $[a, b]$ で x を幅 Δx で分割し，それぞれの $f(x)$ の値を

y_1, y_2, y_3, $\ldots, y_n$ とする。$y = f(x)$ の面積は，それぞれの長方形の面積を合計した以下の式で近似できる。

$$S = S_1 + S_2 + S_3 + \cdots = y_1 \Delta x + y_2 \Delta x + y_3 \Delta x + \cdots = \sum_{i=1}^{n} y_i \Delta x \tag{7.18}$$

ここで，Δx をしだいに小さくし，$\Delta x \to 0$ とすると，その値は，以下の式のように $y = f(x)$ を区間 $[a, b]$ で積分した値に等しくなる。

$$\int_a^b y\, dx = \lim_{\Delta x \to 0} \sum_{i=1}^{n} y_i \Delta x \tag{7.19}$$

このとき，a を定積分の下限，b を上限と呼ぶ。以上の通り，定積分により $y = f(x)$ で構成される面積が求まるのである。

7.3.3 定積分と時間合計・平均

図 7.2 で，関数が時間の関数 $y = f(t)$ の場合（横軸が t の場合）を考える。以下の式で時間 t_{S} と t_{E} の定積分を求めると，$y = f(t)$ の下側の面積，すなわち，時間 t_{S} から t_{E} の時間合計 Y_{T} が求まる。

$$Y_{\mathrm{T}} = \int_{t_{\mathrm{S}}}^{t_{\mathrm{E}}} y\, dx \tag{7.20}$$

さらに，以下の式のように，Y_{T} を t_{S} と t_{E} の時間差で割れば，Y_{T} の時間平均 $Y_{T_{\mathrm{avg}}}$ が求まる。

$$Y_{T_{\mathrm{avg}}} = \frac{1}{t_{\mathrm{E}} - t_{\mathrm{S}}} \int_{t_{\mathrm{S}}}^{t_{\mathrm{E}}} y\, dx \tag{7.21}$$

7.3.2 項で考えた面積を x の区間 $[a, b]$ で割ってもあまり意味を見出だせないのに対し，時間区間 $[t_{\mathrm{S}}, t_{\mathrm{E}}]$ で割った場合には時間平均が求まるという大きなご利益がある。

時間合計，時間平均は，電気電子工学ではとても便利な数学的手法である。**図 7.3** は，3 章で説明した交流の電圧波形で $y = v(t)$ としている。この電圧波形で，時間 t_{S} から t_{E} までの合計は，式 (7.20) に示した Y_{T} の積分で求まり，同時間の平均電圧は式 (7.21) に示した $Y_{\mathrm{T_{avg}}}$ の積分から求まる。なお，波形は 0 を基準とした t 軸対称の周期関数であるため，Y_{T} の値は一定の範囲内に留まり，$t_{\mathrm{E}} - t_{\mathrm{S}}$ が大きくなるほど $Y_{\mathrm{T_{avg}}}$ が小さくなる。

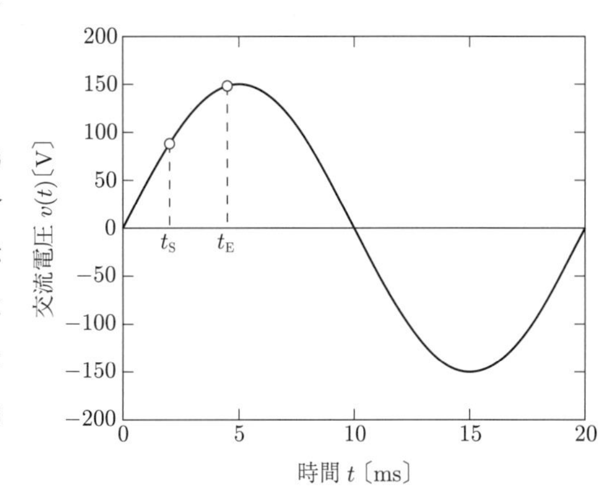

図 7.3 交流電圧と時間合計，時間平均

例題 7.7　関数 $f(x) = x^2 - 4\cos(\pi x) + 1$ について，$f(x)$，$x = 1$，$x = 2$ および x 軸で囲われた領域の面積 S を求めよ。

【解答】　与えられた関数の不定積分は

$$\int f(x)\,dx = \int \left[x^2 - 4\cos(\pi x) + 1\right] = \frac{1}{3}x^3 - \frac{4}{\pi}\sin(\pi x) + x + C$$

である。したがって，求める面積は $f(x)$ の $x = 1$ から $x = 2$ までの定積分であるため

$$\begin{aligned}
S &= \int_1^2 f(x)\,dx = F(2) - F(1)\\
&= \left[\frac{1}{3}\cdot 2^3 - \frac{4}{\pi}\sin(\pi\cdot 2) + 2\right]\\
&\quad - \left[\frac{1}{3}\cdot 1^3 - \frac{4}{\pi}\sin(\pi\cdot 1) + 1\right]\\
&= \left(\frac{8}{3} - 0 + 2\right) - \left(\frac{1}{3} - 0 + 1\right) = \frac{10}{3}
\end{aligned}$$

なお，求めた面積を図示すると**図 7.4** の通り。　◆

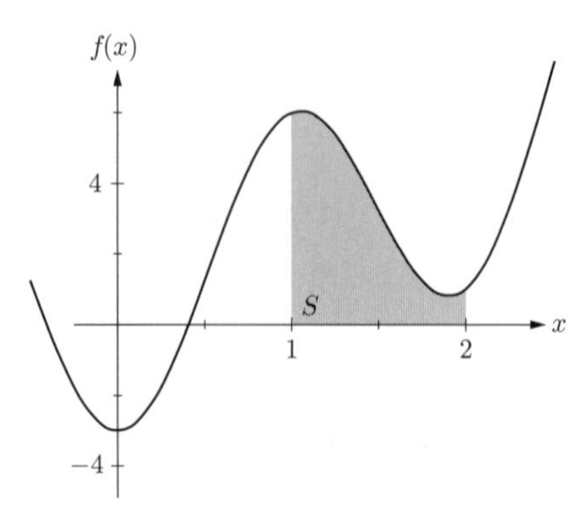

図 7.4　求めた面積 S

7.4　電気回路の積分

積分は微分と同様に，キャパシタやインダクタを含む**図 7.5** のような交流回路でしばしば現れる。他方で，交流回路における**電力**（electric power）を考える際にも，積分が重要な役割を果たす。例えば，つぎの回路において負荷 R で消費される電力を考えてみよう。電源電圧は $v(t) = 10\sin(t)$〔V〕，抵抗は $R = 10$〔Ω〕とする。

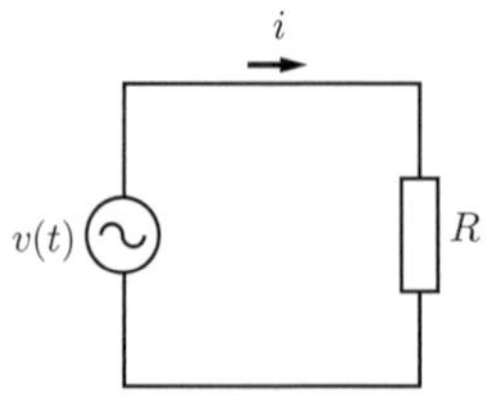

図 7.5　交流回路

回路に流れる電流 i は，オームの法則からただちに次式となる。

$$i(t) = \frac{v(t)}{R} = \frac{10\sin(t)}{10} = \sin(t)\,〔\mathrm{A}〕 \tag{7.22}$$

したがって，電力の定義式 $P = V \cdot I$ に電圧，電流をそれぞれ当てはめれば

$$\begin{aligned}
p(t) &= v(t)\cdot i(t)\\
&= 10\sin(t)\cdot\sin(t) = 10\sin^2(t)\\
&= 10\cdot\frac{1-\cos(2t)}{2}\\
&= 5\left[1-\cos(2t)\right]〔\mathrm{W}〕
\end{aligned} \tag{7.23}$$

ここで得られた $p(t)$ のグラフは，**図 7.6** の実線部分である。

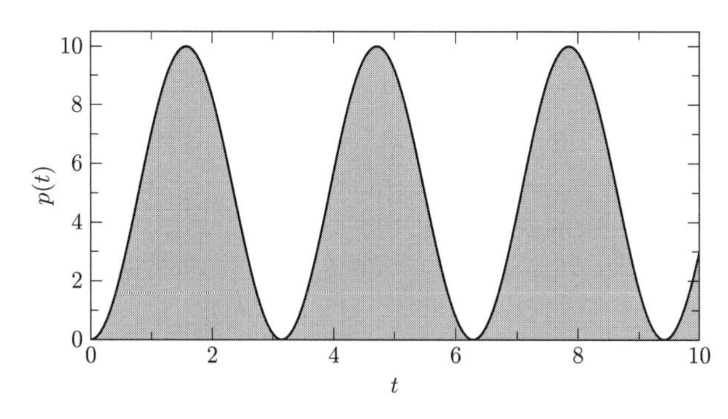

図 7.6　電力 $p(t)$ のグラフ

では，この関数の「電力」としての意味を見ていこう。$p(t)$ は「時刻 t において瞬間的に消費されている電力」を意味している。例えば $t=\pi$ のとき，$p(\pi)=5[1-\cos(2\pi)]=0$ から，抵抗 R で消費されている電力は 0 W となる。一方，$t=\pi/2$ のとき，$p(\pi/2)=5[1-\cos(\pi)]=10$ から，消費電力は 10 W となる。このように，交流回路における消費電力は，時刻の変化とともに刻一刻と変化するのである。したがって，「一定の時間が経過したときに抵抗がどれほどのエネルギーを消費したのか」を測るためには，瞬間的に消費された電力を「積み上げて」計算する必要がある。どのように計算すればよいだろうか？ そう，この問題の解決のために「積分」を用いる。

瞬間的に消費された電力 $p(t)$ を「積み上げる」積分は，次式で記述する。

$$\int p(t)\,dt=\int [5-\cos(2t)]\,dt=5t-\frac{\sin(2t)}{2}+C \tag{7.24}$$

ここに「一定の時間 T が経過したとき」という条件を加えるには，定積分を用いる。求める定積分を $W(T)$ とすれば

$$W(T)=\int_0^T p(t)\,dt=F(T)-F(0) \tag{7.25}$$

式 (7.24) から，$F(t)=5t-\sin(2t)/2$ であるので

$$W(T)=F(T)-F(0)=5T-\frac{\sin(2T)}{2}-0=5T-\frac{\sin(2T)}{2} \tag{7.26}$$

を得る。例えば，「図 7.5 の回路で電圧を掛けはじめてから 10 秒が経過した。この間に抵抗 R で消費されたエネルギーはいくらか」と問われれば，$W(10)=5\cdot 10-\sin(20)/2=49.54$ からただちに「49.54 J です」と答えられる。積分は「エネルギーの定量化」という大変重要な役割を果たす[†]。

一方で，$W(10)$ は図 7.6 中の塗りつぶし領域の面積と一致することを言及しておかなければならない。これは積分の特徴でもあるが，瞬間的に消費された電力を「積み上げて」計算する，という演算の自然な結論ともいえる。

† ここで計算した W は物理の世界では**仕事**（work）と呼ばれる量である。

最後に，**平均電力**（average power）について紹介しておく。電力 $p(t)$ が周期 L の関数で与えられるとき，単位時間当たりに消費されるエネルギー，すなわち平均電力は次式で定義される。

$$P_{\mathrm{avg}} = \frac{1}{L}\int_0^L p(t)\,dt = \frac{W(L)}{L} \tag{7.27}$$

図 7.5 の回路の場合，$p(t) = 5t - \sin(2t)/2$ であり，$p(t)$ は周期 π の関数であるため，$L = \pi$ として

$$P_{\mathrm{avg}} = \frac{W(\pi)}{\pi} = \frac{5\cdot\pi - \sin(2\pi)/2}{\pi} = \frac{5\cdot\pi}{\pi} = 5\,〔\mathrm{W}〕 \tag{7.28}$$

すなわち，この回路では時刻が 1 秒進むごとに平均 5 J のエネルギーが消費されている，ということになる。実際，10 秒経過したときに消費されるエネルギーは 49.54 J であったが，平均電力から計算して得られる 10〔s〕× 5〔W〕= 50〔J〕にかなり近い値となっている。

7.5　実験で試す：キャパシタ電流波形の積分

7.5.1　キャパシタ電流波形の積分と電圧波形

積分によって記述される電気回路の動作を実験で確かめる。キャパシタの端子電圧 v は，電流 i を静電容量 C で割り，積分した値となる。すなわち，次式によって表される。

$$v(t) = \frac{1}{C}\int i(t)\,dt \tag{7.29}$$

この関係を数学的な計算と実験結果で比較する。電流波形が $t = 0$ で $i = 0$ となる最も単純な正弦波であるとすると，$i(t)$ は次式で表される。

$$i(t) = A\sin(2\pi ft) \tag{7.30}$$

ここで，A は電流の振幅，f は周波数である。式 (7.30) を式 (7.29) に代入すると，次式を得る。

$$v(t) = \frac{1}{C}\int i(t)\,dt = \frac{1}{C}\int A\sin(2\pi ft)\,dt = \frac{A}{C}\frac{1}{2\pi f}\left[-\cos(2\pi ft)\right] + C_1 \tag{7.31}$$

ここで，C_1 は積分定数である。キャパシタでは式 (7.29) に従って同じ量のプラス電荷とマイナス電荷の方充電が繰り返され，周期関数以外の直流的な電荷は 0 となる。したがって，$C_1 = 0$〔V〕となり，$v(t)$ は次式となる。

$$v(t) = -\frac{A}{2\pi fC}\cos(2\pi ft) \tag{7.32}$$

実験と同じ条件にするため，静電容量が 2.2 μF（$= 2.2 \times 10^{-6}$ F）のセラミックコンデンサに振幅 $A = 50$〔mA〕，周波数 $f = 5$〔kHz〕の制限は電流を流すものとする。これらの値を式 (7.30) に代入すると，電流 $i(t)$ は次式となる。

$$i(t) = A\sin(2\pi ft) = 50\times10^{-3}\sin(2\times\pi\times5\,000t) = 50\times10^{-3}\sin(10\,000\pi t) \tag{7.33}$$

電圧 $v(t)$ は式 (7.32) から次式となる。

$$\begin{aligned} v(t) &= -\frac{A}{2\pi fC}\cos(2\pi ft) = -\frac{50\times10^{-3}}{2\pi\times5\,000\times2.2\times10^{-6}}\cos(10\,000\pi t) \\ &= -\frac{50\times10^{-3}}{2\pi\times5\times2.2\times10^{-3}}\cos(10\,000\pi t) = -\frac{10}{4.4\pi}\cos(10\,000\pi t) \\ &= 0.724\sin\left(2\pi\times5\,000t-\frac{\pi}{2}\right) \qquad (\text{公式 3.4 と 3.5}) \end{aligned} \tag{7.34}$$

式 (7.34) から，電圧波形は振幅が 0.724 V で，周波数が 5 000 Hz で時間変化し，電流波形が sin なら $-\cos$ 波形となる。

7.5.2 実験でキャパシタの電流波形と電圧波形を求める

キャパシタに電流を流したときの電圧は，式 (7.31) のように電流の積分波形を静電容量 C で割った波形となる。これを実験により確かめる。具体的には，キャパシタに正弦波の電流を流し，電圧が電流の積分に $1/C$ を掛けた波形になっているかを調べる。**図 7.7** (a) に示すように，正弦波電流を流すための発振器，静電容量 2.2 μF のキャパシタ（セラミックコンデンサ），オシロスコープを用意し，インダクタに発生する電圧波形を測定した。電流は式 (7.33) に従い，振幅が 50 mV，周波数が 5 000 Hz，位相が 0 の正弦波とした。図 (b) に示すように，キャパシタに流れる電流を電流プローブで，端子電圧を電圧プローブで測定した。図 (b) に対応する回路図が図 (c) である。

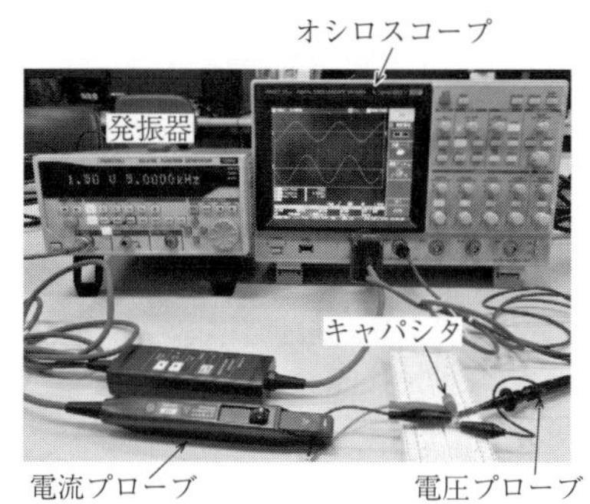

(a) 実験装置

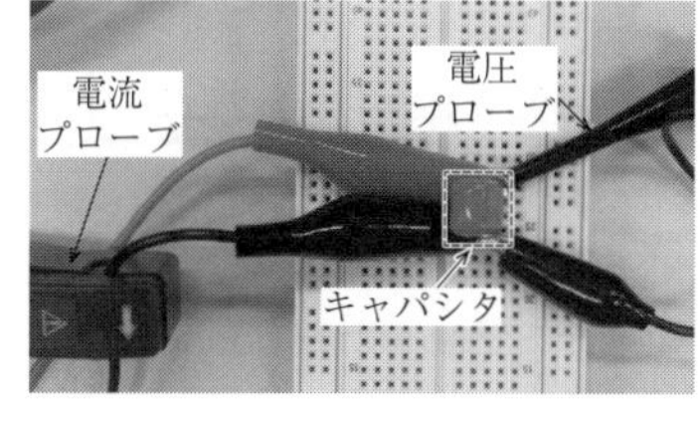

(b) キャパシタとプローブ

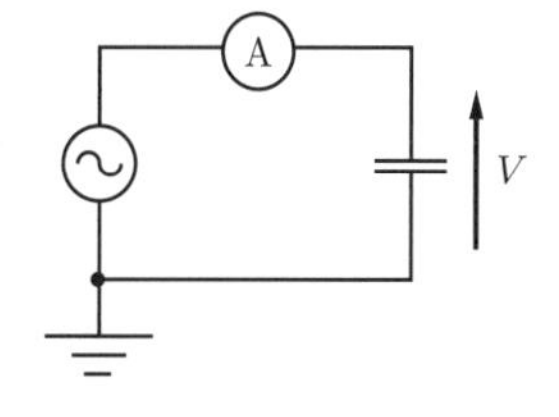

(c) 測定回路図

図 7.7 キャパシタ積分波形の回路実験

図 7.8 はオシロスコープで測定した結果で，上段が電流波形，下段が電圧波形である。電流はプラスとマイナスのピーク幅の大きさが 100 mA で振幅は 50 mA，周波数が 4.998 kHz で，式 (7.33) で計算した電流波形とほぼ同じである。これに対して電圧は，プラスとマイナスのピーク幅の大きさが 1.46 V で振幅は 0.73 V となっている。また，時間 0 での値が -0.73 V と最小の

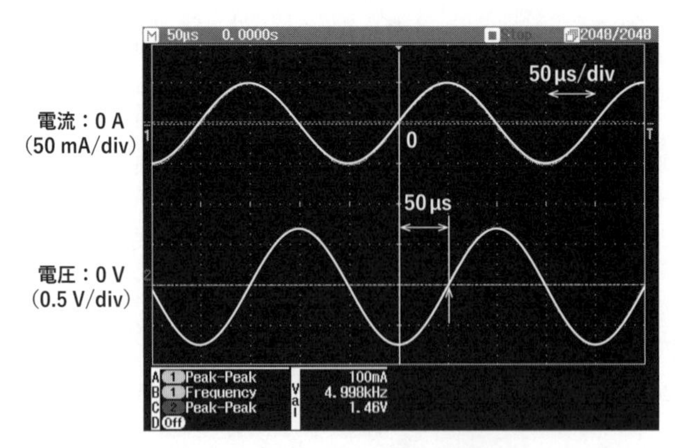

図 **7.8**　キャパシタの電流，電圧波形

値をとっており，sin 波に対して − cos 波となっている。したがって，式 (7.34) で計算した「電圧波形は振幅が 0.724 V で，周波数が 5 000 Hz で時間変化し，電流波形が sin なら − cos 波形となる」ことと一致している。図 7.8 で電圧が 0 V となるのは，電圧波形より 50 μs 右側である。周波数 5 kHz の周期は 200 μs であり，50 μs の位相差は $\pi/2$ に相当する。また，オシロスコープでは左側が時間的に前の現象なので，電圧は電流に対して $\pi/2$ 遅れていることを示している。

微分・積分のまとめとして，インダクタとキャパシタの電流に対する電圧波形を比較する。図 6.7 と図 7.8 を比べると，同じ sin 波の電流に対して電圧波形は，インダクタで $\pi/2$ 進み（左側），キャパシタで $\pi/2$ 遅れ（右側）ている。この位相関係をベクトルで表したのが図 5.7(a)，(b) のフェーザである。

章　末　問　題

【1】（**不定積分**）つぎの不定積分をそれぞれ求めよ。

(1) $\displaystyle\int \left(5x^2 - 3x + 1\right) dx$　　(2) $\displaystyle\int \frac{x+1}{x^3}\, dx$　　(3) $\displaystyle\int \sin^2 x\, dx$

【2】（**置換積分**）つぎの不定積分をそれぞれ置換積分によって求めよ。

(1) $\displaystyle\int (3x-2)^5\, dx$　　(2) $\displaystyle\int x\sqrt{1+x^2}\, dx$　　(3) $\displaystyle\int \sin^4 x \cos x\, dx$

【3】（**部分積分**）つぎの不定積分をそれぞれ部分積分によって求めよ。

(1) $\displaystyle\int xe^x\, dx$　　(2) $\displaystyle\int x\cos x\, dx$　　(3) $\displaystyle\int \ln(x)\, dx$

【4】（**定積分**）つぎの定積分をそれぞれ求めよ。

(1) $\displaystyle\int_0^1 (x^3 + x^2)\, dx$　　(2) $\displaystyle\int_0^4 \sqrt{x}\, dx$　　(3) $\displaystyle\int_0^{\pi/2} \sin^2 x \cos x\, dx$

【5】（**電気回路の積分**）図 7.5 の $v(t)$ および R をつぎのように変更した場合，抵抗 R で消費される平均電力はいくらとなるか。

$$v(t) = 5\sin(10t)\ \text{〔V〕},\qquad R = 20\ \text{〔Ω〕}$$

8 1階の微分方程式

6章で，微分についての定義や計算方法について学んだ。微分は一言でいえば，変化量を数学的に表現する方法である。微分（変化量）を使って物理現象を表例として，**図 8.1** のように水の入った容器の下から，水を汲み出すことを考える。この現象では，水の体積 V が多く液面が高いときは単位時間に出てくる水量が多く，体積が減って液面が低くなると出てくる水量は少なくなる。すなわち，単位時間当たりに出てくる水量は，容器内の体積に比例する。

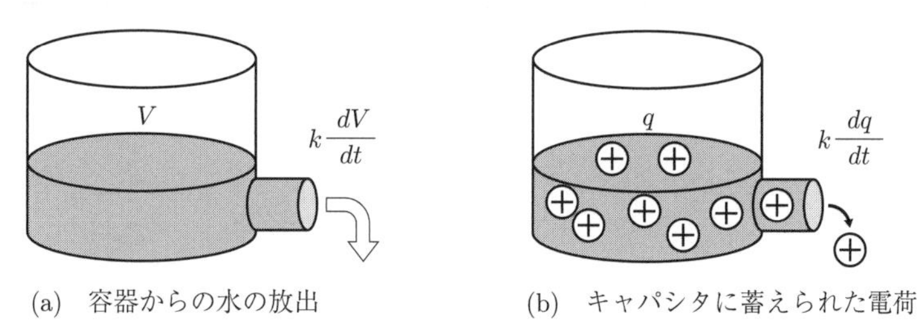

(a) 容器からの水の放出　　(b) キャパシタに蓄えられた電荷

図 8.1 微分で表される物理現象

単位時間の水量の変化量は，体積の時間微分 dV/dt となり，この変化量が容器全体の水の体積に比例することから，式 (8.1) となる。

$$\frac{dV}{dt} = -kV \tag{8.1}$$

ここで k は比例定数で，マイナスは水の体積が減少することを表している。式 (8.1) のように微分項が入った方程式が微分方程式である。電気電子工学でも，キャパシタやインダクタに流れる電流は，変化量（微分）を含んだ方程式となる。電気電子工学でこの水の流れに近い現象は，図 (b) に示すキャパシタに蓄えられた電荷（ここではプラスの電荷）である。キャパシタは電荷を蓄える電気電子部品なので，水を入れるタンク → キャパシタと対応できる。水の体積はキャパシタに蓄えられている電荷量に相当するので水の体積 → 電荷量 q となり，単位時間に出てくる水量 → 電流 $i = dq/dt$ となる。この章では，こうした変化量を扱う微分方程式について学ぶ。

8.1 微分方程式の定義・分類

微分方程式を学ぶにあたって，まずは微分方程式の定義，分類からはじめる。その前に，この章で扱う微分方程式について，一つだけ注意点を説明する。微分方程式は，テキストによっては y を x の関数 $y = f(x)$ として定義している。本書では，物理現象や電気回路で時間変化を計算するという目的から，y を t（時間）の関数 $y = f(t)$ として説明する。導関数の表記については，y の一次微分として dy/dt（ライプニッツの表記法）と y'（ラグランジュの表記法），二次微分として d^2y/dt^2 と y'' というように両方の表記を用いる。

8.1.1 微分方程式の定義

最初に，微分方程式の定義からはじめる。y が時間 t の関数であり，その導関数を dy/dt, $d^2y/dt^2, \cdots$ とするとき，t, y およびその導関数からなる以下の方程式 (8.2) を微分方程式という。簡単にいえば，「導関数を含んだ多項式 $=0$ と変形できるような式」はすべて微分方程式である。

定義 8.1 (微分方程式)　以下の方程式は**微分方程式**（differential equation）である。

$$F\left(t, y, \frac{dy}{dt}, \frac{d^2y}{dt^2}, \cdots\right) = 0 \tag{8.2}$$

微分方程式の具体例が，式 (8.3)，式 (8.4) である。

$$\frac{dy}{dt} + 3y = 0 \tag{8.3}$$

$$\frac{d^2y}{dt^2} + 3\frac{dy}{dt} - 2t = 0 \tag{8.4}$$

8.1.2 微分方程式の解と解の判定

微分方程式 (8.3) を満足する関数 y（あるいは $f(t)$）を微分方程式の解といい，解を求めることを微分方程式を解くという。これまでの二次，三次方程式の解といえば，例えば $x^2-2x+1=0$ の解が $x=1$ というように数値あるいは文字式であった。これに対して微分方程式では，$y=\sin(\omega t)$ というような関数が解となる。得られた関数が微分方程式の解であるかを判定するには，つぎの解き方 8.1 を使う。

解き方 8.1：解の判定

関数 $f(t)$ を微分方程式に代入し，左辺 $=$ 右辺となれば，関数 $f(t)$ は解である。

例題 8.1　$y=e^{-3t}$ が，8.1.1 項で具体例として挙げた式 (8.3) の解であるかを判定せよ。

【解答】　$y=e^{-3t}$ の 1 階微分は $dy/dt=-3e^{-3t}$ であり，式 (8.3) に代入して式 (8.5) となる。

$$\frac{dy}{dt} + 3y = -3e^{-3t} + 3e^{-3t} = 0 \tag{8.5}$$

左辺 = 右辺 = 0 となり，$y=e^{-3t}$ は式 (8.3) の解と判定できる。　◆

8.1.3 初期条件

微分方程式は，7 章で説明した不定積分を使って解を求める。不定積分すると積分定数 C が発生するため，解を決めるためにはある時間での関数の値が必要となる。一般的には，$t=0$ での y あるいは dy/dt が使われ，**初期条件**（initial conditions）と呼ばれる。

8.1.4 微分方程式の分類

〔1〕 **階　　数**　微分方程式に含まれる導関数の最高の次数を微分方程式の**階数**（order）という。例えば，含まれている導関数の最大の次数が二次 (d^2y/dt^2) の場合，2 階の微分方程式と呼ぶ。

〔2〕 **線形と重ね合わせの原理**　微分方程式のうち，関数 y とその導関数に関しての一次式である微分方程式は線形であるという。線形微分方程式には，導関数の次数（微分の回数）が 2 階 (d^2y/dt^2) 以上の微分方程式も含まれるが，導関数が二次以上 ($(dy/dt)^2$) の高次式項がある微分方程式は含まれない。本書で扱う微分方程式は線形であり，8 章では式 (8.6) の 1 階の線形微分方程式，9 章では式 (8.7) の 2 階の線形微分方程式を取り上げる。

定義 8.2　(1 階，2 階の線形微分方程式)　1 階と 2 階の線形微分方程式は，線形微分方程式は，一般には式 (8.7)，式 (8.8) で表される。

$$ay' + by = f(t) \qquad \text{1 階の線形微分方程式（8 章）} \tag{8.6}$$

$$ay'' + by' + cy = f(t) \qquad \text{2 階の線形微分方程式（9 章）} \tag{8.7}$$

ここで，微分方程式の線形・非線形を区別するのは，**重ね合わせの原理**（superposition principle）が成り立つかどうかに対応するからである。電気電子工学で扱う現象はほとんどが線形微分方程式で記述され解析的に解くことができる。一方，非線形微分方程式としては，流体力学のナビエ・ストークス方程式が有名であるが，解析的方法で解くのは難しく，多くの場合は計算機による数値計算で解かれる。このため，8 章と 9 章では解析的に解け，重ね合わせの原理が成り立つ線形微分方程式のみを取り上げる。

公式 8.1：重ね合わせの原理

線形微分方程式で，関数 $f_A(t)$ と $f_b(t)$ が解ならば，$af_A(t) + bf_b(t)$ も解である。

微分方程式の階数，微分方程式の線形の例を以下に示す。

$$t\frac{dy}{dt} = 10 \qquad \text{1 階の線形微分方程式}$$

$$3\frac{d^2y}{dt^2} + t^2\frac{dy}{dt} + 6y = t^2 \qquad \text{2 階の線形微分方程式（導関数の最高は二次）}$$

$$\left(\frac{dy}{dt}\right)^2 + t^2\frac{dy}{dt} + 6y = t^2 \qquad \text{線形でない 1 階の微分方程式（最初の項が一次導関数の二次式であるため線形ではない）}$$

ここまでで，微分方程式についての基本的な説明は終わりである。微分方程式の解と重ね合わせの原理についての理解を試すため，以下の例題 8.2 を解いてみよう。(1) と (2) が解で，それを加えた (3) も解になることが実感できるはずだ。

例題 8.2　式 (8.8) の微分方程式について，(1)〜(3) の問いに答えよ。

$$\frac{d^2y}{dt^2} - 4y = 0 \tag{8.8}$$

(1)　$y = Ae^{2t}$ が解であることを示せ。

(2)　$y = Be^{-2t}$ が解であることを示せ。

(3)　$y = Ae^{2t} + Be^{-2t}$ が解となることを確認せよ。

【解答】

(1)　$y = Ae^{2t}$ の導関数を求める。一次の導関数：$y' = 2Ae^{2t}$，二次の導関数：$y'' = 2 \times 2Ae^{2t} = 4Ae^{2t}$ これらの式を式 (8.8) の微分方程式に代入する。

$$\frac{d^2y}{dt^2} - 4y = 4Ae^{2t} - 4\left(Ae^{2t}\right) = 0$$

左辺＝右辺＝0 となることから

$$y = Ae^{2t} \text{ は，} \frac{d^2y}{dt^2} - 4y = 0 \text{ の解である。}$$

(2)　(1) と同様に，二次の導関数は $y'' = 4Be^{-2t}$ となる。式 (8.9) に代入して，以下のように解であることがわかる。

$$\frac{d^2y}{dt^2} - 4y = 4Be^{-2t} - 4\left(Be^{-2t}\right) = 0$$

(3)　(1)，(2) と同様に，二次の導関数は $y'' = 4Ae^{2t} + 4Be^{-2t}$ となる。式 (8.8) に代入して，以下のように解であることが確かめられる。

$$\frac{d^2y}{dt^2} - 4y = 4Ae^{2t} + 4Be^{-2t} - 4\left(Ae^{2t} + Be^{-2t}\right) = 0$$

(1) (2) が解で，(3) も解となることから，重ね合わせの原理が理解できる。　◆

8.2　1階の微分方程式の解き方（全体の流れ）

定義 8.2 の式 (8.6) で記述される 1 階の微分方程式を解く流れを図 **8.2** に解き方 8.2 として示した。数学の演習では，提示された微分方程式を解くことがほとんどである。しかしながら，電気電子工学で数学を使うときは，現状を把握して，微分方程式を立てることからはじまる。このため，Step 0 を加えている。

解き方 8.2：1 階の微分方程式（解き方の全体の流れ）

1 階の微分方程式は，図 8.2 の流れで解くことができる。各 Step の解き方については，矢印で示した節で詳しく説明している。

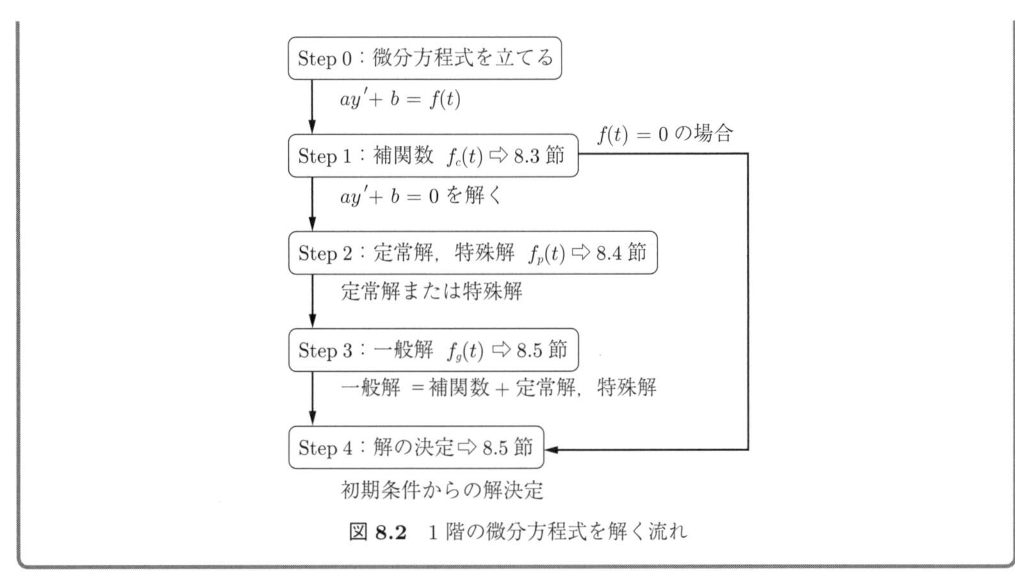

図 8.2 1 階の微分方程式を解く流れ

微分方程式を解く流れは，Step 1：**補関数**（complementary function）を求める，Step 2：**定常解**（steady solution）あるいは**特殊解**（particular solution）を求める，Step 3：**一般解**（general solution）を求める，Step 4：初期条件を代入して解を決定する四つの Step である。式 (8.7) で $f(t) \neq 0$ の場合に微分方程式は直接には解けず，Step 1 で $f(t) = 0$ として解を求める。こうして得られた解は補関数 $f_c(t)$ と呼ばれる。

Step 2 では，定常解あるいは特殊解 $f_p(t)$ を求める。ここでは，ひとまずつぎのように理解しよう。「Step 1 で求められる解以外にも，微分方程式を満たす解が存在し，それを求める」である。Step 3 では，Step 1 の補関数と Step 2 の定常解あるいは特殊解を加えて一般解 $f_g(t)$ を求める。両者を加えた関数も解になることは，公式 8.1 重ね合わせの原理で保証されている。

最後の Step 4 では，初期条件を代入して解を決定する。ここで，Step 3 と Step 4 は高校までの代数学を使えばできる。新たに必要となる解き方は Step 1 と Step 2 である。補関数を求める変数分離法について 8.3 節で，定常解あるいは特殊解を求める方法を 8.4 節で説明する。

8.3 変数分離法で補関数を求める（Step 1）

式 (8.6) の線形 1 階微分方程式で $f(t) = 0$ とすると定数項がないので，左辺を y の関数のみに，右辺を t の関数のみに変形できる。変形後の式の両辺を積分し，解を求めるのが**変数分離法**（variable separation method）である。変数を左辺と右辺に分けることから，この名前がある。具体的には，t のみの関数を $g(t)$，y のみの関数を $h(y)$ として

$$y' = \frac{dy}{dt} = \frac{g(t)}{h(y)} \tag{8.9}$$

の形に書くことができる 1 階微分方程式の場合には，式 (8.10) に変形できる。

$$h(y)\,dy = g(t)\,dt \tag{8.10}$$

式 (8.10) のように，左辺には変数 y のみの関数，右辺には変数 t のみの関数に分離することを変数分離という。式 (8.10) の両辺を式 (8.11) のように積分して得られた関数が補関数となる。

$$\int g(y)\,dy = \int f(x)\,dx + C \tag{8.11}$$

ここで，C は積分定数である。

少しだけ変数分離に関しての説明を加える。6 章で説明したように，導関数 dy/dt は，微小な t の変化 Δt に対する y の変化 Δy を示す値であり，一つのまとまった値である。したがって，式 (8.9) から式 (8.10) への変形は純粋な数学としては正確ではないが，電気数学では変数分離による解法が使われており，本書でも採用している。

変数分離法で 1 階の微分方程式を解くには，つぎの解き方 8.3 で補関数を求める。この方法に従えば，補関数が求められる。積分した結果が対数の場合，そのままでは関数の扱いが難しく，解き方 8.3④ に示すように 4 章の 4.2.3 項を参考に指数関数に変換する。

解き方 8.3：変数分離法で補関数を求める手順

① 式 (8.9) のように，$y'\left(=\dfrac{dy}{dt}\right)=$ に変形する。

② 式 (8.10) のように，右辺と左辺に変数を分離する。

③ 式 (8.11) のように，両辺を積分する。

④ 積分した結果が対数になったときは，4.2.3 項を参考に対数から指数に変換する。

例題 8.3　式 (8.12) の線形 1 階微分方程式を変数分離法で解き，補関数を求めよ。

$$\frac{dy}{dt} - 3y = 0 \tag{8.12}$$

【解答】　この例題では，解き方 8.3 に従って，以下のように変形し，積分すればよい。

$$\frac{dy}{dt} = 3y \quad（解き方 8.3①）$$

両辺を y で割って

$$\frac{1}{y}\frac{dy}{dt} = 3$$

$$\frac{1}{y}\,dy = 3\,dt \quad（解き方 8.3②）$$

両辺を積分して

$$\int \frac{1}{y}\,dy = \int 3\,dt \quad（解き方 8.3③）$$

$$\ln y = 3t + C, \qquad y = e^{3t+C} \quad（解き方 8.3④）$$

よって

$$y = e^{3t+C} = e^{3t}e^{C} = Ae^{3t} \quad (A = e^{C} \text{ とした}) \qquad \blacklozenge$$

8.4　定常解あるいは特殊解を求める（Step 2）

定常解あるいは特殊解を求めるためには，以下の解き方 8.4 を用いる。

解き方 8.4：定常解，特殊解を求める手順

$ay' + by = f(t)$ で

① $f(t)$ が定数の場合 ⇒ $y' = 0$ と置いて，定常解を y_s と仮定して，y_s を求める。

② $f(t)$ が関数の場合 ⇒ **表 8.1** から特殊解の候補を選ぶ。

微分方程式に代入して，恒等式から特殊解 $f_p(t)$ を決定する。

表 8.1　特殊解の候補

	$f(t)$ の式	特殊解 $f_p(t)$ の候補となる解形式
多項式	$f(t) = a_0 + a_1t + a_2t^2 + \cdots + a_nt^n$	$f_p(t) = c_0 + c_1t + c_2t^2 + \cdots + c_nt^n$
指数関数	$f(t) = a\,e^{\alpha t}$	$f_p(t) = c\,e^{\alpha t}$
三角関数	$f(t) = a\cos(\omega t)$ $f(t) = b\sin(\omega t)$ $f(t) = a\cos(\omega t) + b\sin(\omega t)$	$f_p(t) = c\cos(\omega t) + d\sin(\omega t)$

①について，定常状態では関数の変化がなくなるので，$y' = dy/dt = 0$ となる。$f(t)$ が定数のときは，$y' = 0$ として，$y_s = f(t)/b$ が定常解（定数）となる。定常解は，特殊解 $f_p(t)$ の中で値が一定となる場合で，特殊解の一つである。これに対して，$f(t)$ が関数の場合②は，表 8.1 を用い $f(t)$ に対応した解の候補を選ぶ。定常解も特殊解も基本的には，定常状態での解である。このうち，直流電源で一定電圧を印加した場合のように，定常状態で一定値となるのが定常解である。一方，交流電圧のように周期的に変化する電圧を印加する場合は，定常状態でも電圧は周期的に変化する特殊解となる。

解き方 8.5：特殊解候補の決め方

特殊解 $f_p(t)$ の候補となる解は，$f(t)$ に応じて多項式なら多項式，指数関数なら指数関数というように，つぎの方法で選ぶ。

① 多項式では $f(t)$ の最高次数に合わせ，$f(t)$ が二次式なら候補となる解も二次とする。

② 指数関数の場合は，指数を一致させる。例えば，$f(t) = 3e^{-4t}$ であれば，解の候補は，$f_p(t) = ce^{-4t}$ となる。

③ 三角関数では，$f(t)$ が $a\cos(\omega t)$ のみ，$b\sin(\omega t)$ のみ，両関数の和のいずれの場合

も，$c\cos(\omega t)+d\sin(\omega t)$ を解の候補とする。また，t の係数 ω を $f(t)$ と同じにする。

例題 8.4　式 (8.13) の線形 1 階微分方程式で，定常解を求めよ。

$$\frac{dy}{dt}-3y=6 \tag{8.13}$$

【解答】　この微分方程式では，例題 8.3 の式 (8.12) で右辺が 6 となっている。解き方 8.4①に従って，定常解を y_s とする。定常状態では，$y'=dy/dt=0$ となり，以下のように y_s が求まる。

$$\frac{dy_s}{dt}-3y_p=6$$

ここで $dy_s/dt=0$ とすると

$$-3y_s=6$$

よって

$$y_s=-2$$

◆

簡単すぎて，これでよいのかと思うかもしれないが，$y_s=-2$ を式 (8.13) に代入すると $dy_s/dt=0$ で，左辺 = 右辺 = 6 となり，この微分方程式の解であることがわかる。微分方程式の右辺が $f(t)$ = 定数の場合は，この例題と同じ方法で定常解を求めることができる。

例題 8.5　式 (8.14) の線形 1 階微分方程式で，特殊解を求めよ。

$$y'-y=\cos 2t \tag{8.14}$$

【解答】　この問題では，右辺が $f(t)=\cos 2t$ と関数になっている。したがって，解き方 8.4②にあるように，候補となる解を表 8.1 から選ぶ。このとき，解き方 8.5 の③で述べたように t の係数を 2 とし，$f_p(t)=c\cos(2t)+d\sin(2t)$ となる。選んだ解を以下のように式 (8.15) に代入し，代入した式の係数を比較して，c と d を決定する。

$f_p(t)$ を微分して，式 (8.14) の左辺に代入すると $f_p'(t)=-2c\sin(2t)+2d\cos(2t)$ より

$$\begin{aligned}y'-y&=-2c\sin(2t)+2d\cos(2t)-(c\cos(2t)+d\sin(2t))\\&=(-2c-d)\sin(2t)+(2d-c)\cos(2t)\end{aligned}$$

これが，右辺と一致するので

$$(-2c+d)\sin(2t)+(2d-c)\cos(2t)=\cos 2t$$

左辺と右辺の係数を比較し，以下の式が得られる。

$$-2c - d = 0 \qquad \cdots ①$$

$$2d - c = 1 \qquad \cdots ②$$

①より

$$d = -2c \qquad \cdots ③$$

これを②に代入して $-5c = 1$，$c = -1/5$ を③に代入して，$d = 2/5$。よって特殊解は，式 (8.15) となる。

$$f_p(t) = -\frac{1}{5} \cdot \cos(2t) + \frac{2}{5} \cdot \sin(2t) \tag{8.15}$$ ♦

8.5 一般解と解の決定（Step 3，4）

8.3 節で求めた補関数，8.4 節で求めた特殊解はそれぞれ微分方程式の解なので，公式 8.1 より両者を加えた関数も解である。これが一般解である。一般解の中には，積分定数の C が含まれており，これに初期条件を代入して解を決定する。8 章の導入で取り上げたキャパシタの充電では，最初にキャパシタに蓄えられていた電荷量の初期状態を解に反映させることに対応する。初期の電荷量は 0 の場合が多いが，直前にほかの用途で使っていた場合には電荷が残っており，これを解に反映させる必要がある。一般解と初期条件について，解き方 8.6 にまとめた。ここまで説明してきた解き方 8.2〜8.5 を着実に行えば，1 階の微分方程式は確実に解けるはずである。例題や章末問題を通して習得してほしい。

解き方 8.6：一般解を求めて解を決定

① 一般解 $f_g(t)$ = 補関数 $f_c(t)$ + 定常解 y_s あるいは特殊解 $f_p(t)$

② 初期条件を一般解に代入して積分定数 C を決定することで，微分方程式の解が求まる。

例題 8.6 例題 8.4 で取り上げた式 (8.13) で，$t = 0$ で $y = 0$ とする。微分方程式の解を求めよ。

$$\frac{dy}{dt} - 3y = 6 \qquad \text{(8.13 再掲)}$$

【解答】 例題 8.3 では右辺を 0 として，変数分離法を使って補関数 $f_C(t)$ を求めている。その結果，補関数は以下の式となっている。

$$y(= f_c(t)) = e^{3t}e^{C} = Ae^{3t}$$

また，例題 8.4 で定常解は以下の式となっている。

$$y_s(= f_p(t)) = -2$$

解き方 8.6 より，一般解 $f_g(t)$ は，以下となる。

$$f_g(t) = f_c(t) + f_p(t) = Ae^{3t} - 2$$

この式に，$t = 0$ で $y = 0$ を代入すると

$$0 = Ae^{3\times 0} - 2 = A - 2$$

よって

$$A = 2$$

したがって，微分方程式の解は，以下の式となる。

$$y = 2e^{3t} - 2$$

なお，この式が解であることは，式 (8.13) にこの式を代入して確認できる。$y' = 6e^{3t}$ より

$$\frac{dy}{dt} - 3y = 6e^{3t} - 3 \times (2e^{3t} - 2) = 6$$

左辺 = 右辺 = 6 となり，この関数が微分方程式 (8.13) の解であることがわかる。 ◆

8.6　電気回路と微分方程式

ここまで，微分方程式とその解き方について学んできた。電気電子工学で，微分方程式を使う例を考えてみよう。本章の導入で，タンクから流れ出る水とキャパシタから流れ出す電流（電荷量の変化）は同じような現象であると説明した。キャパシタの動きを微分方程式を用いて解いてみる。

すでに説明したように，電荷量を q とすると，電荷量の変化が電流 i となる。水の場合の体積 V が電荷量 q に，水の体積変化が電流 i に対応する。実際の電気回路では，**図 8.3** (a) のキャパシタから電荷が流れる場合，図 (b) のようにキャパシタ C に抵抗 R が接続された回路となる。抵抗 R は，キャパシタから流れる電荷の量を調整する蛇口のような役割を果たす。また，キャパシタ C は電荷 q を入れる容器の大きさで，水の場合のタンクに相当する。電流はキャパシタから流れ出てくる量，すなわちキャパシタの電荷量の変化に等しくなるから，式 (8.16) となる。

$$\frac{dq(t)}{dt} = i(t) \tag{8.16}$$

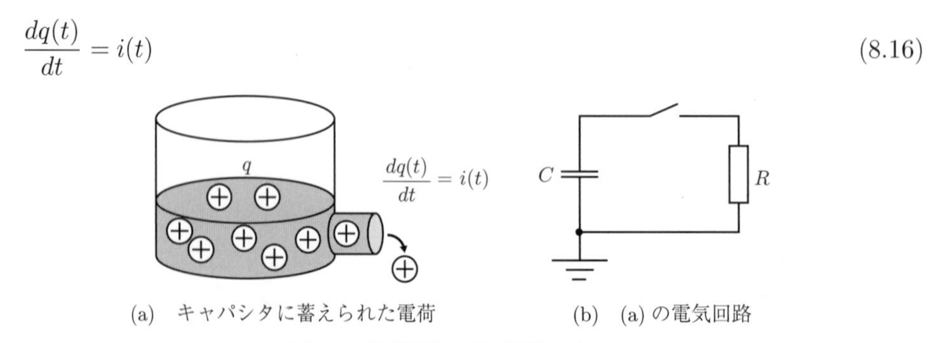

(a)　キャパシタに蓄えられた電荷　　(b)　(a) の電気回路

図 8.3　物理現象を電気回路で表す

図 (b) の回路で，キャパシタの電圧と抵抗の電圧を加えると**キルヒホッフの法則**（Kirchhoff's law）から 0 V となる。電圧と静電容量を掛けた値が電荷量（$q = CV$）となることから，キャパシタの電圧は $v_c = q/C$ である。一方，抵抗の電圧は，電流 × 抵抗となるので，$v_R = R \cdot dq/dt$ となる。したがって，この回路の微分方程式は，式 (8.17) となる。

$$v_R + v_c = R\frac{dq(t)}{dt} + \frac{q(t)}{C} = 0 \tag{8.17}$$

こうして式 (8.17) を立てることが，解き方 8.1 の Step 0 に相当する。同様に例題 8.7 で実際の回路で微分方程式を立てて，解いてみよう。

例題 8.7　**図 8.4** の回路で，$t = 0$ でスイッチを入れて，初期状態で電荷 0 C のキャパシタを充電する。以下の問いに答えよ。

(1)　キャパシタの電荷を t の関数 $q(t)$，電流 $i = dq(t)/dt$ として，微分方程式を立てよ。

(2)　(1) の微分方程式で，補関数を求めよ。

(3)　(1) の微分方程式で，定常解を求めよ。

(4)　初期条件を用いて，解を決定せよ。

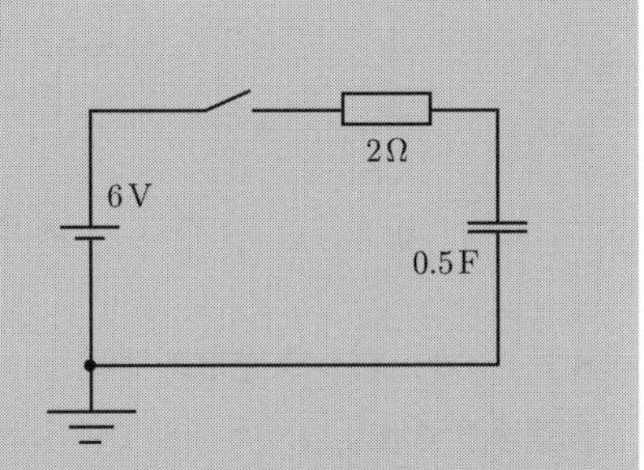

図 8.4　キャパシタの充電回路（総合問題）

【解答】 (1)　コンデンサの電圧を V_c，抵抗の電圧を V_R と，キルヒホッフの法則から以下の式が成り立つ。

$$V_R + V_c = 6$$

抵抗の電圧 V_R は抵抗値 R と電流 i との積なので $V_R = Ri = R\,dq/dt$，ここで $R = 2\,\Omega$ であることから $V_R = 2dq/dt$ となる。コンデンサ電圧 V_c と容量 C との積が電荷であることから $V_C = q/C$，コンデンサ容量 $C = 0.5\,\mathrm{F}$ より $V_C = q/0.5 = 2q$ となる。したがって，微分方程式は以下の式となる。

$$2\frac{dq}{dt} + 2q = 6$$

両辺を 2 で割って

$$\frac{dq}{dt} + q = 3$$

(2)　補関数を求めるため，$dq/dt + q = 0$ とし，解き方 8.3 に従って，変形積分する。

$$\frac{dq}{dt} = -q \quad （解き方 8.3①）$$

$$\frac{1}{q}\frac{dq}{dt} = -1,\ \frac{1}{q}dq = -dt \quad （解き方 8.3②）$$

$$\int \frac{1}{q}\,dq = -\int dt \quad （解き方 8.3③）$$

よって

$$\ln q = -t + C$$

$$q = e^{-t+C} \quad (解き方 8.3④), \qquad q = Ae^{-t} \quad (A = e^c)$$

(3)　定常解を q_s とすると，解き方 8.4①より定常状態では $dq/dt = 0$ となるので

$$\frac{dq_s}{dt} + q_s = 3, \qquad 0 + q_s = 3, \qquad q_s = 3$$

(4)　補関数が $q = Ae^{-t}$，定常解が $q_s = 3$ であることから，解き方 8.6①により一般解は，$q = Ae^{-t} + 3$ である。解き方 8.6②を使って，この式に $t = 0$ で $q = 0$ の初期条件を代入して A が求まり，解が決定できる。

$$0 = Ae^{-1\times 0} + 3, \qquad A = -3, \qquad q = -3e^{-t} + 3$$ ♦

8.7　実験で試す：計算結果の比較

8.7.1　キャパシタ充電の実験

例題 8.7 で取り上げた回路で，実際の電圧変化を測定した。**図 8.5** (a) は実験装置で，図 (b) はキャパシタ 1 000 μF と抵抗 100 Ω を直列接続した RC 測定回路の写真で，下側の端子を基準として，上側の端子に発振器を使ってプラスの直流電圧を印加する。図 (c) はその回路図で，最初の状態では，キャパシタには電荷が溜まっておらず，キャパシタ電圧は $V_C = 0\,\mathrm{V}$ である。

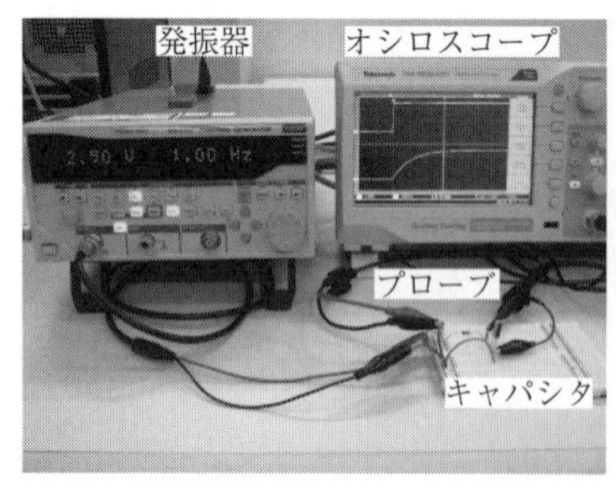

(a)　実験装置

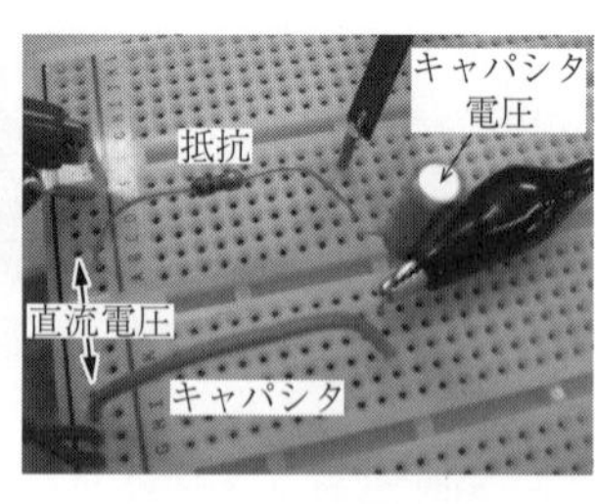

(b)　RC 測定回路

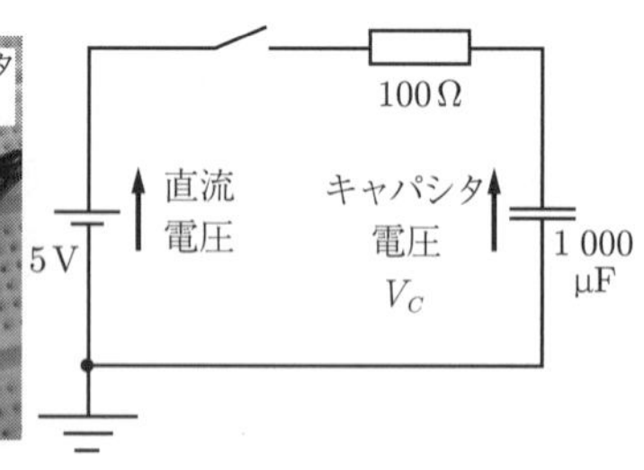

(c)　回路図

図 8.5　キャパシタの充電回路

スタート（$t = 0$）以降に 5 V の電圧を印加し，キャパシタ電圧 V_C を測定した結果が **図 8.6** である。上段が加えた電圧波形，下段がキャパシタ電圧の波形である。キャパシタに電荷が蓄えられ，キャパシタの電圧 V_C は徐々に上昇し，印加されている直流電圧の 5 V に充電される。

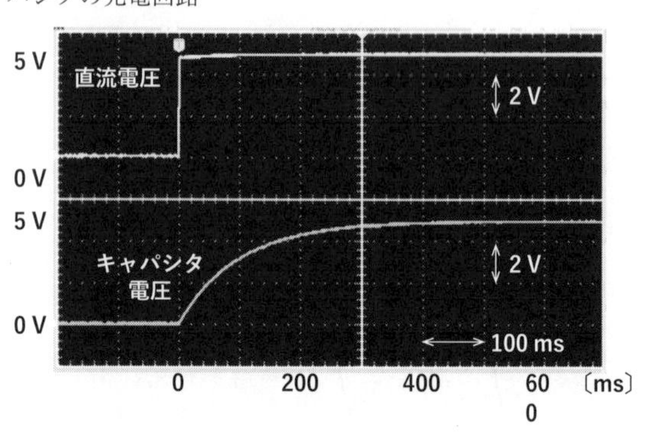

図 8.6　キャパシタ電圧の波形

8.7.2 実験と同じ回路の微分方程式を解く

実験と同じ図 8.5 (b), (c) の回路で，回路方程式を立てて微分方程式を解く。キャパシタ $C = 1\,000\,\mu\text{F}$，抵抗 $100\,\Omega$ を式 (8.17) に代入し，印加電圧を 0 V から 5 V に変えることで，以下の微分方程式となる。

$$100\frac{dq}{dt} + \frac{1}{1\,000 \times 10^{-6}}q = 5$$

すなわち

$$100\frac{dq}{dt} + 10^3 q = 5$$

さらに，両辺を 5 で割って

$$20\frac{dq}{dt} + 200q = 1 \tag{8.18}$$

解き方 8.3 の変数分離法で解いた解は以下となる。

$$q(t) = Ae^{-10t} \qquad (\text{ここで，} A \text{ は定数})$$

式 (8.18) の右辺が定数なので，解き方 8.4 ① から，q の変化がなくなったときの解は定常解 q_s となり，$dq/dt = 0$ から

$$q_s = \frac{1}{200}\,\text{〔C〕}$$

解き方 8.6 ① から一般解を求め

$$q(t) = Ae^{-10t} + \frac{1}{200} \tag{8.19}$$

式 (8.19) に，$t = 0$ で $q = 0$ の初期条件を代入することで A が求まり，解が決定できる。

$$0 = Ae^{-1\times 0} + \frac{1}{200}, \qquad A = -\frac{1}{200}, \qquad q(t) = \frac{1}{200}(1 - e^{-100t})$$

得られた解より，キャパシタ電圧 V_C は

$$V_C = \frac{q}{C} = \frac{q}{1\,000} \times 10^{-3} = \frac{q}{10^{-3}} = 1\,000q(t)$$

なので

$$V_C = 1\,000 \times \frac{1}{200}(1 - e^{-100t})$$
$$= 5(1 - e^{-10t})$$

となる。**図 8.7** は，t を 1 ms 刻みで 100 ms まで Excel で計算し，グラフにした結果である。時間経過とともに，キャパシタは充電されている。

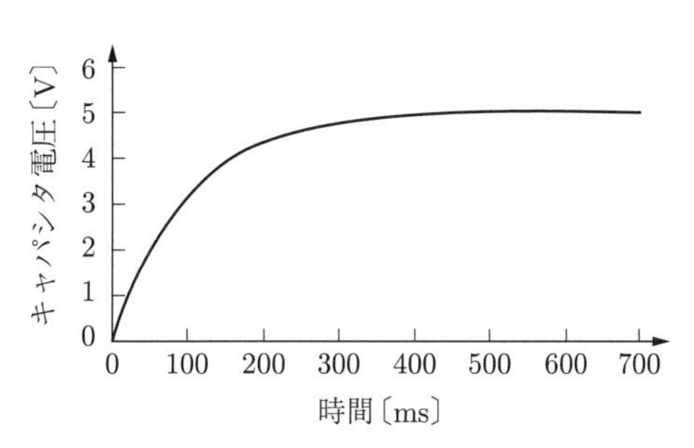

図 8.7 Excel で計算した解の時間変化

図 8.6 の波形と図 8.7 の時間変化を比較すると，キャパシタ電圧の波形は，200 ms で 4 V を超え，400 ms でほぼ 5 V となっている。微分方程式の解と実験結果はよく一致しており，実際の回路を微分方程式により記述できることがわかる。

――― 章　末　問　題 ―――

【1】（**微分方程式の解**）（ ）内に示した関数が，それぞれの微分方程式の解であることを確かめよ。ただし，導関数はすべて t についての微分で，C，C_1，C_2 は定数である。

(1)　$y' + 3y = 0 \quad (y = Ce^{-3t})$

(2)　$y'' + 9y = 0 \quad (y = C_1 \cos 3t + C_2 \sin 3t)$

(3)　$y'' - y = 0 \quad (y = C_1 e^t + C_2 e^{-t})$

【2】（**変数分離法**）以下の微分方程式を変数分離法で解き，一般解を求めよ。ただし，導関数はすべて t についての微分である。

(1)　$y' - t^2 = 0$　　(2)　$y' + 2y = 0$

【3】（**初期値問題**）以下の微分方程式を変数分離法で解き，一般解を求めよ。また，（ ）の初期条件を入力し，解を決定せよ（初期値問題を解け）。ただし，導関数はすべて t についての微分である。

(1)　$yy' + t^2 - 3 = 0 \quad (y(0) = \sqrt{3})$　　(2)　$3ty' - 2y = 0 \quad (y(1) = 9)$

【4】（**一般解法（定常解）**）（ ）内を初期条件とする以下の微分方程式について，以下の手順で求めよ。

$$4\frac{dy}{dt} - y = 4 \qquad (y(0) = -2) \tag{8.20}$$

(1)　$4\dfrac{dy}{dt} - y = 0$ として，変数分離法で補関数を求めよ。

(2)　定常解を求めよ。

(3)　(1)，(2) の結果をもとに，式 (8.20) の一般解を求めよ。

(4)　初期条件を使って，式 (8.20) の解を決定せよ。

(5)　(4) で得られた解が式 (8.20) を満たすことを示せ。

【5】（**一般解法（特殊解）**）（ ）内を初期条件とする以下の微分方程式について，以下の手順で求めよ。

$$\frac{dy}{dt} + 5y = \sin(t) \qquad (y(0) = 0) \tag{8.21}$$

(1)　$\dfrac{dy}{dt} + 5y = 0$ として，変数分離法で補関数を求めよ。

(2)　特殊解を求めよ。

(3)　(1)，(2) の結果をもとに，式 (8.21) の一般解を求めよ。

(4)　初期条件を使って，式 (8.21) の解を決定せよ。

(5)　(4) で得られた解が式 (8.21) を満たすことを示せ。

9 2階の微分方程式

8章では，微分により変化量を扱う1階の微分方程式について学んだ。この章では，さらに一歩進んで，2階の微分法方程式を扱う。電気回路では，電荷量 q の1階微分 dq/dt をもう一度微分した d^2q/dt が加わった微分方程式を解く。数学で2階の微分が入った微分方程式は，物理的にはどんな現象を表しているのだろうか？

結論からいうと，振動現象である。**図 9.1** にバネにおもりを付けた様子を示した。おもりを引っ張って手を放すと，バネは振動する。こうした現象を数学的に記述するのが2階の微分方程式である。ここで，非常に力が強いバネで，小さな力でおもりを引っ張るときを考えてみよう。おもりはバネに引っ張られて振動することなくもとに戻る。バネとおもりの条件によっては振動しなくなる。2階の微分方程式では，こうした振動する・しないを数学的に扱うことができる。

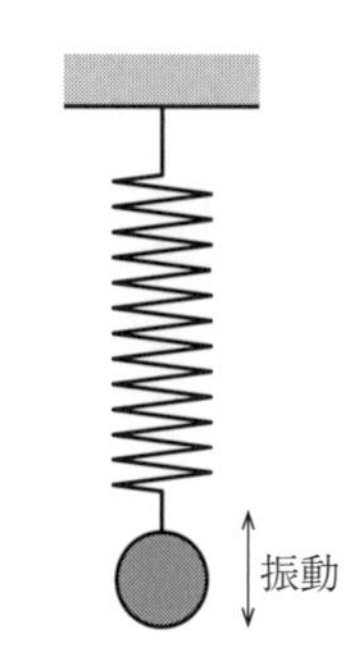

図 9.1 おもりを付けたバネの振動

同じような振動現象は，電気電子回路でも起きる。インダクタ（L），キャパシタ（C），抵抗（R）で構成されるLCR回路は，電荷 $q(t)$ を関数とした2階の微分方程式で記述できる。バネの場合と同様に，電荷 $q(t)$ が時間経過とともに振動するかしないかの条件も求めることができる。

本章では，こうした2階の微分方程式について数学的な定義，公式，解き方を説明する。その後，実際の回路を微分方程式で表し，数学的に求めた解と，実際の回路動作と比較する。両者の波形が一致することがわかれば，微分方程式の御利益を実感できるはずだ。

9.1 2階の微分方程式の分類と解き方の流れ

9.1.1 2階の微分方程式と同次・非同次

微分方程式の解き方を説明する前に，2階の微分方程式を2種類に分類する。導関数の最高次数が2次（2階）となるのが2階の微分方程式であり，一般式は式 (9.1) となる。

$$ay'' + by' + cy = f(t) \tag{9.1}$$

a, b, c は定数である。2階および1階の微分と，もとの関数を含んだ方程式であるが，1階微分の y' や y はなくてもよい。

ここで，2階の微分方程式を2種類に分け，以下のように定義する。

定義 9.1 （同次微分方程式と非同次微分方程式）

$f(t) = 0$ の場合：　2階の**線形同次**（linear homogeneous）微分方程式

$f(t) \neq 0$ の場合：　2階の**線形非同次**（linear non-homogeneous）微分方程式

同次，非同次という言葉をわざわざ使って区別するのは，同次方程式はそのまま解けるのに対して，非同次方程式はそのままでは解けないからだ。一度，$f(t)=0$ を求めてから解くことになる。この分類は 8 章で学んだ 1 階の微分方程式でも同じである。

9.1.2　2 階の微分方程式の解き方（全体の流れ）

微分方程式を 2 種類に分けたところで，早速，2 階の微分方程式を解く方法を考えてみよう。じつは，2 階の微分方程式を解く方法は，8 章で学んだ 1 階の微分方程式とほぼ同じである。2 階の微分方程式を解く流れを図 **9.2** に示す。

Step 0 には，電気電子工学で電気数学を使うこと想定し，現状を把握して微分方程式を立てることも加えている。

解き方 9.1：2 階の線形同次微分方程式

2 階の微分方程式は，図 9.2 の流れで解くことができる。各 Step の解き方については，矢印で示した節で詳しく説明している。

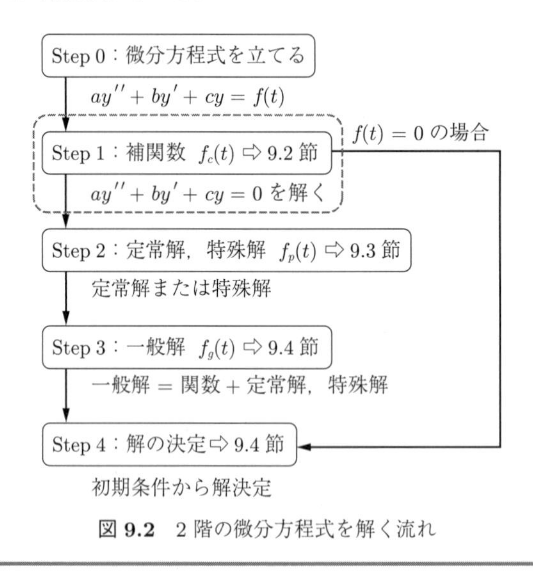

図 9.2　2 階の微分方程式を解く流れ

微分方程式を解く流れをもう一度，確認しておくとつぎのようになる。Step 1：補関数を求める，Step 2：定常解あるいは特殊解を求める，Step 3：一般解を求める，Step 4：初期条件を代入して解を決定する四つの Step である。

1 階の微分方程式と違いは，$ay''+by'+cy=0$ を解く Step 1 である。9.1.1 項で説明した同次，非同次という用語を使うと，同次 2 階微分方程式は，Step 1 から，Step 4 に飛べばよく，Step 2，3 は必要なくなる。同次，非同次にかかわらず，Step 1 の $ay''+by'+cy=0$ を解く Step は必要で，9.2 節で説明する。

9.2　2 階の微分方程式の解き方（= 0）は二次方程式を解く問題に（Step 1）

9.2.1　2 階の微分方程式は二次方程式を解く問題に置き換わる

$ay'' + by' + cy = 0$ を解く方法は，以下の流れである。

解き方 9.2：2 階の線形同次微分方程式

① $y = e^{\lambda t}$ と置く。
② $ay'' + by' + cy = 0$ に $y = e^{\lambda t}$ を代入する。
③ 得られた二次方程式を λ について解く。
④ λ の解を $y = e^{\lambda t}$ に入れれば，その線形結合が解となる。

2 階の微分方程式 $ay'' + by' + cy = 0$ を解くのは難しいと思うかもしれない。しかし，1 階の微分方程式のように変数分離して積分することもなく，解き方 9.2③に示したように二次方程式を解いて，得られた解を使えば解けてしまう。新たに学ぶとことは，解き方 9.2④で二次方程式を解いて得られる λ の扱いである。

解き方 9.2 だけでは十分に理解できないだろうから，上の手順に従って，もう少し具体的に考えてみよう。まずは，解を $y = e^{\lambda t}$ と置く。ここで，t は時間であるが，テキストによっては，$y = e^{\lambda x}$ として，y が x の関数としているテキストもある。しかし，電気数学では，キャパシタの電圧の時間変化など，時間との関係を求めることがほとんどである。このため，本書で y は時間の関数としている。

微分方程式に代入するため，$y = e^{\lambda t}$ の 1 階微分と 2 階微分を計算すると

$$y' = \lambda A e^{\lambda t}, \qquad y'' = \lambda^2 A e^{\lambda t}$$

となる。これを式 (9.2) の微分方程式に代入する。

$$ay'' + by' + cy = 0 \tag{9.2}$$

$$a(\lambda^2 A e^{\lambda t}) + b(\lambda A e^{\lambda t}) + cAe^{\lambda t} = 0 \tag{9.3}$$

$$(a\lambda^2 + b\lambda + c)Ae^{\lambda t} = 0 \tag{9.4}$$

式 (9.4) で $Ae^{\lambda t}$ は指数関数なので，e の指数がマイナスになると 1 より小さくなり 0 に近づくが，どんな値を入れても 0 にはならない。式 (9.4) を満たす λ は，式 (9.5) の二次方程式を満たすことになる。

$$a\lambda^2 + b\lambda + c = 0 \tag{9.5}$$

ここで，式 (9.5) は**補助方程式**（auxiliary equation）と呼ばれている。

9.2.2 二次方程式と2階の微分方程式の解

式(9.5)の解は，式(9.6)に示すように，高校の数学で学んだ解の公式である。

$$\lambda = \frac{-b \pm \sqrt{b^2 - 4ac}}{2a} \tag{9.6}$$

また，解の公式のルートの中の式(9.7)は判別式と呼ばれ，①正では実数解，②0では重解，③マイナスでは虚数解ということも高校で学んでいる。

$$D = b^2 - 4ac \tag{9.7}$$

高校の数学では，判別式は単に解の場合分けであったが，2階の微分方程式ででは，Dの正，負，0の三つのパターンに従って，**表9.1**のように解が異なってくる。判別式$D > 0$のとき（ケース1）は，仮定した指数$e^{\lambda t}$のλが実数となるので，$e^{\lambda t}$は指数関数となる。$D = 0$（ケース2）では，指数関数×一次関数となる。また，$D < 0$（ケース3）では，λが実数±虚数となり，解は指数×三角関数となる。

表9.1　判別式の値と解

	判別式 $D = b^2 - 4ac$	解　（解の関数）	
ケース1	$D > 0$	$y = Ae^{\lambda_1 t} + Be^{\lambda_2 t}$	（指数関数）
ケース2	$D = 0$	$y = (At + B)e^{kt}$	（一次関数×指数関数）
ケース3	$D < 0$	$y = e^{kt}(A\cos\omega_0 t + B\sin\omega_0 t)$	（指数関数×三角関数）

公式9.1：2階の微分方程式：解の場合分け

λの値によって，2階の微分方程式の解は，AとBを定数とすると，つぎの3ケースとなる。

① ケース1：二つの実数解をλ_1，λ_2とすると，ケース1の解は，式(9.8)となる。

$$y = Ae^{\lambda_1 t} + Be^{\lambda_2 t} \tag{9.8}$$

② ケース2：λの解をkとすると，ケース2の解は，式(9.9)となる。

$$y = (At + B)e^{kt} \tag{9.9}$$

解は，指数e^{kt}と，一次関数$At + B$を掛けた関数となる。

③ ケース3：λが$\lambda_1 = k + j\omega_0$，$\lambda_2 = k - j\omega_0$とすると，解は式(9.10)となる。

$$y = e^{kt}(A\cos\omega_0 t + B\sin\omega_0 t) \tag{9.10}$$

解は，指数e^{kt}と三角関数$A\cos\omega_0 t + B\sin\omega_0 t$を掛けた関数となる。

これら三つの解と電気電子工学との関係は，9.5，9.6節で詳しく述べるとし，それぞれの式が示す物理現象について簡単に説明する。ケース1は，定常状態に向かって振動することなく，変化する現象である。図 9.1 で説明したバネの例では，バネの引く力が強く，手を放すと振動することなく，一定の位置に戻る現象である。ケース 3 は三角関数と指数の積になっており，バネが振動しながら一定の位置に向かう現象である。ケース 2 はその中間である。2 階の微分方程式は，こうした物理現象を数学的にうまく記述できている。

ここから，9.1，9.2 節で説明した微分方程式の流れに沿って，2 階微分方程式の例題を解いていく。例題 9.1 では，= 0 として，補関数を求める。例題 9.2 では特殊解を求め，例題 9.3 で解を決定する。解いていく例題は，式 (9.11) の微分方程式である。

例題 9.1　以下の式について

$$y'' + 4y' + 5y = e^{-t} \qquad (y(0) = 0,\ y'(0) = 0) \tag{9.11}$$

ここでは $y'' + 4y' + 5y = 0$ として，以下の手順で解を求めよ。

(1)　解を求めるための二次方程式を求めよ。

(2)　二次方程式の解を求めよ。

(3)　一般解を求めよ。

【解答】　(1)　解を $y = Ae^{\lambda t}$ とし，微分方程式に代入する。

y の一次，二次の微分は解き方 9.2 を使って

$$y' = \lambda Ae^{\lambda t}, \qquad y'' = \lambda^2 Ae^{\lambda t}$$

となる。これを微分方程式に代入して

$$\lambda^2 Ae^{\lambda t} + 4\lambda Ae^{\lambda t} + 5Ae^{\lambda t} = 0$$

となる。両辺を $Ae^{\lambda t}$ で割って

$$\lambda^2 + 4\lambda + 5 = 0$$

(2)　二次方程式の解の公式より

$$\lambda = \frac{\pm\sqrt{b^2 - 4ac}}{2a} = \frac{-4 \pm \sqrt{16 - 4 \times 1 \times 5}}{2 \times 1} = \frac{-4 \pm \sqrt{-4}}{2} = \frac{-4 \pm j2}{2}$$

よって，解 λ_1，λ_2 は

$$\lambda_1 = -2 + j, \qquad \lambda_2 = -2 - j$$

(3)　解は，表 9.1 のケース 3 となり，一般解（補関数）は指数関数と三角関数の積となる。実数部 $k = -2$，虚数部 $\omega_0 = 1$ であることから，補関数は以下となる。

$$y = e^{-2t}(A\sin t + B\cos t) \qquad (A,\ B \text{ は定数})$$

♦

9.3　特殊解あるいは定常解を求める（Step 2）

ここまで，図 9.2 に示した 2 階の微分方程式を解く流れで，Step 1 について説明してきた。ここでは，$f(t) \neq 0$ であることに対応した定常解，特殊解を求める方法について述べる。解き方は，以下のように二つに場合分けされ，これは 8 章で述べた 1 階の微分方程式で定常解，特殊解と求める方法と同じである。

解き方 9.3：定常解あるいは特殊解を求める手順

$f(t)$：定数の場合　⇒　$y'' = y' = 0$ と置いて，定常解を y_s と仮定して，y_s を求める。

$f(t)$：関数の場合　⇒　① **表 9.2**（表 8.1 再掲）から特殊解の候補を選ぶ。

② 微分方程式に代入して，解を決定する。

表 9.2　特殊解の候補（表 8.1 再掲）

	$f(t)$ の式	特殊解 $f_p(t)$ の候補となる解形式
多 項 式	$f(t) = a_0 + a_1 t + a_2 t^2 + \cdots + a_n t^n$	$f_p(t) = c_0 + c_1 t + c_2 t^2 + \cdots + c_n t^n$
指数関数	$f(t) = ae^{\alpha t}$	$f_p(t) = ce^{\alpha t}$
三角関数	$f(t) = a\cos(\omega t)$ $f(t) = b\sin(\omega t)$ $f(t) = a\cos(\omega t) + b\sin(\omega t)$	$f_p(t) = c\cos(\omega t) + d\sin(\omega t)$

$f(t)$ が定数，すなわち一定ということは，左辺の 2 階の微分方程式が一定値になるということを表している。そうなるためには，時間的な変化がなくなる必要があり，1 階および 2 階微分が 0，式では $y'' = y' = 0$ となる。そこで，$cy_s = f(t)$ となる y_s を求めればよい。これが定常解である。

つぎに，$f(t)$ が関数の場合は，$f(t)$ を参考に候補となる解を選ぶ。これは，8.4 節で説明したように $f(t)$ により関数を選ぶ。解の選び方や留意点は同じであり，候補となる関数リストは表と同じであるが，解候補の選び方の留意点とともに以下に再掲する。解の決定方法は 1 階と 2 階の微分方程式で同じであるが，2 階の微分方程式では，候補となる関数の 1 階，2 階微分を計算し，代入するため，計算が複雑となる。

解の候補は，1 階の微分方程式の解き方 8.5 と同じあるが，以下の (1)〜(3) に注意する必要がある。

(1)　多項式の場合は，$f(t)$ の最高次数に合わせる。$f(t)$ が二次式なら，候補となる解も 2 次とする。

(2)　指数関数の場合は，指数を一致させる。例えば，$f(t) = 3\,e^{-4t}$ であれば，解の候補は，$f_p(t) = c\,e^{-4t}$ となる。

(3)　三角関数の場合は，$f(t)$ が $a\cos(\omega t)$ のみ，$b\sin(\omega t)$ のみ，両関数の和のいずれの場合も，$c\cos(\omega t) + d\sin(\omega t)$ を解の候補とする。また，t の係数 ω を $f(t)$ と同じにする。

例題 9.2　例題 9.1 に掲載した 2 階の微分方程式で，特殊解を求めよ。

$$y'' + 4y' + 5y = e^{-t} \qquad (y(0) = 0,\ y'(0) = 0) \qquad (9.11 \text{ 再掲})$$

【解答】　与えられた式で $f(t) = e^{-t}$ であることから，表 9.2 の指数関数より特殊解の候補を選ぶ。指数関数 e^{-t} の t の係数が -1 であることから，特殊解を $y = Ce^{-t}$ と置く。式 (9.11) に代入するため，候補となっている関数の微分を求め，以下となる。

$$\frac{dy}{dt} = -Ce^{-t}, \qquad \frac{d^2y}{dt^2} = Ce^{-t}$$

これを式 (9.11) の左辺に代入する。

$$Ce^{-t} + 4 \times (-Ce^{-t}) + 5Ce^{-t} = 2Ce^{-t}$$

これが右辺の e^{-t} と等しくなることから，以下のように特殊解が求まる。

$$2Ce^{-t} = e^{-t}$$

より

$$C = \frac{1}{2}$$

特殊解は

$$y = \frac{1}{2}e^{-t}$$

◆

9.4　一般解と解の決定（Step 3，4）

9.2，9.3 節で補関数と特殊解を求めた。これらを加えたのが一般解となる。物理現象的では，補関数は定常状態に至るまでに時間変化する過渡現象を示し，特殊解あるいは定常解が定常状態を表す。図 9.1 で取り上げたバネの場合，バネにおもりを付けて手を離したときにしばらく振動するのが補関数，最終的に一定値に落ち着くのが定常解である。

一般解の中には，積分定数の C が含まれており，これに初期条件を代入して解を決定する。図 9.1 で説明したバネの場合では，バネに付けたおもりの質量などで決まってくる。初期条件を使った解の決定について，解き方 9.4 にまとめた。解き方 9.1〜9.4 を着実に行えば，2 階の微分方程式は確実に解けるはずである。例題や章末問題を通して解き方を習得してほしい。

解き方 9.4：一般解と解の決定

① 一般解 $f_g(t) =$ 補関数 $f_c(t)+$ 定常解 y_s あるいは特殊解 $f_p(t)$

② 初期条件を一般解に代入して積分定数 C を決定することで，微分方程式の解が求まる。

例題 9.3　例題 9.1，9.2 で解いてきた式 (9.11) の微分方程式について，以下の手順で解を決定せよ。

(1)　2 階の微分方程式で一般解を求めよ。

(2)　解を決定せよ。

$$y'' + 4y' + 5y = e^{-t} \qquad (y(0) = 0,\ y'(0) = 0) \qquad (9.11\ 再掲)$$

【解答】　(1)　例題 9.1 から，式 (9.11) の補関数は，$y = e^{-2t}(A\sin t + B\cos t)$ となり，例題 9.2 から特殊解は $y = 1/2 \cdot e^{-t}$ となった。一般解は，補関数 + 特殊解となるので，以下の式となる。

$$y = e^{-2t}(A\sin t + B\cos t) + \frac{1}{2}e^{-t}$$

(2)　解を決定するため，$y(0) = 0$ を代入する。

$$0 = 1 \times (A \times 0 + B \times 1) + \frac{1}{2}$$

$$B = -\frac{1}{2}$$

$y'(0) = 0$ の条件を代入するため，一般解を微分し以下の式となる。

$$y' = e^{-2t}(A\cos t - B\sin t) - 2e^{-2t}(A\sin t + B\cos t) - \frac{1}{2}e^{-t}$$

この式に $y'(0) = 0$ を代入し，A を求める。

$$0 = 1 \times (A - 0) - 2 \times 1 \times (0 + B) - \frac{1}{2}$$

$$A = 2B + \frac{1}{2} = -\frac{1}{2}$$

以上より，式 (9.11) の 2 階の微分方程式の解は，以下の式となる。

$$y = -\frac{1}{2}e^{-2t}(\sin t + \cos t) + \frac{1}{2}e^{-t}$$

◆

9.5　LCR 直列回路を 2 階の微分方程式で解く

9.5.1　LCR 直列回路の微分方程式

ここまで，2 階の微分方程式の解き方について説明してきた。ここでは，2 階の微分方程式と電気回路との関係を調べる。最も代表的な回路が，**図 9.3** に示す LCR 直列回路である。回路に流れる電流を i とし，キャパシタの電荷を q とする。抵抗 R の電圧 v_R は Ri であり，キャパシタ C の電圧 v_C は q/C であり，インダクタ L の電圧 v_L は $L(di/dt)$ である。

この回路にキルヒホッフの法則を適用すると，式 (9.12) となる。

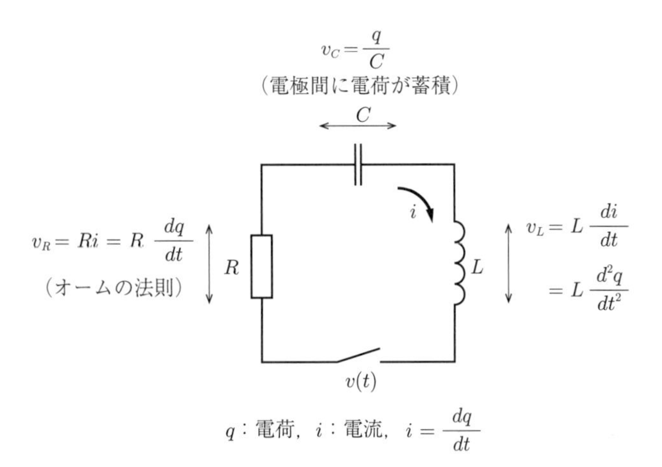

図 9.3　LCR 直列回路

$$L\frac{di}{dt} + Ri + \frac{q}{c} = v(t) \tag{9.12}$$

ここで，電流 i は電荷量 q の変化量なので，両者の間には以下の関係が成り立つ。

$$i = \frac{dq}{dt}, \qquad \frac{di}{dt} = \frac{d}{dt}\left(\frac{dq}{dt}\right) = \frac{d^2q}{dt^2}$$

これを式 (9.12) に代入して，式 (9.13) となる。

$$L\frac{d^2q}{dt^2} + R\frac{dq}{dt} + \frac{q}{C} = v(t) \tag{9.13}$$

式 (9.13) は，電荷量 q についての 2 階の微分方程式となっている。電気電子工学系学ぶ学生としては，電流 i を使ったほうがわかりやすいと思うかもしれない。確かに i のほうが回路の動きは理解しやすいが，i にするためには式 (9.12) の両辺を時間微分して 2 階の微分右辺の電圧を時間微分する必要がある。このとき，右辺の電圧が微分されるため，方程式の扱いが難しくなり，一般的には式 (9.13) が用いられる。

9.5.2 LCR 直列回路における 3 種類の挙動

式 (9.13) は，電荷量 q についての 2 階の微分方程式になっている。ここまで調べてきたように，L，R，$1/C$ の値によっては，時間的に振動したり，単純に増減することが予想できる。そこで，まずは定常解や特殊解についての議論を不要とするため，$v(t) = 0$ とする。また，キャパシタ C に初期電化 q_0 を $q_0 = CV_0$ として，キャパシタに電荷が蓄えられていたときの回路の挙動を考える。

これまで議論してきた $ay'' + by' + cy = 0$ と式 (9.13) を対比させると，以下の対応となる。

$$a = L, \qquad b = R, \qquad c = \frac{1}{C}$$

したがって，判別式 D は以下の式となる。

$$D = b^2 - 4ac \quad \longrightarrow \quad D = R^2 - \frac{4L}{C}$$

判別式から以下のことがわかる。

$R^2 > 4L/C$：式 (9.6) でルートの中は実数となり，q は指数関数となる。

$R^2 < 4L/C$：ルートの中は虚数となり，q は指数関数 × 三角関数となる。

R は抵抗なので，電流（電荷）を消費する，すなわち減衰の成分である。これに対し，キャパシタとインダクタでは電流消費が起きない。キャパシタは電荷を電圧として蓄え，インダクタは電流として蓄える。この両者の間で電荷のやり取りが行われ，電流あるいは電圧の振動が起きる。振動を表す成分 $4L/C$ と，減衰成分となる R との大小関係により，スイッチを入れた後の電荷量（電流）の挙動が変わってくる。これを 9.2 節のように解の場合分けで，まとめたのが**図 9.4** である。

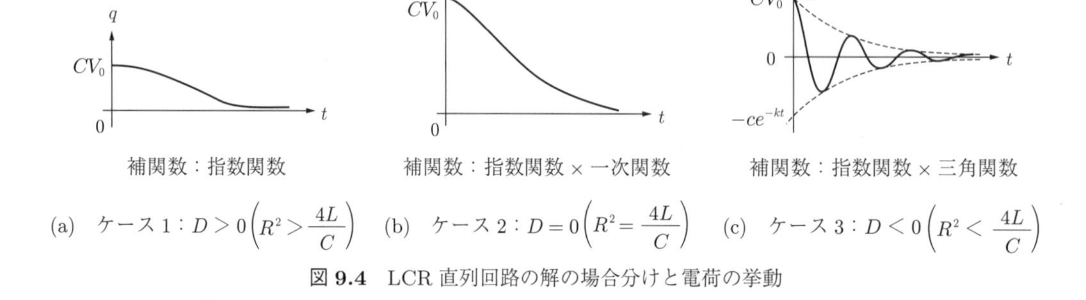

(a)　ケース 1：$D > 0 \left(R^2 > \dfrac{4L}{C} \right)$　(b)　ケース 2：$D = 0 \left(R^2 = \dfrac{4L}{C} \right)$　(c)　ケース 3：$D < 0 \left(R^2 < \dfrac{4L}{C} \right)$

図 9.4　LCR 直列回路の解の場合分けと電荷の挙動

ここまで，2 階の微分方程式で記述された回路の動作を説明してきた。そこで，つぎの例題 9.4 では，実験と同じ回路の微分方程式を解き，9.6 節で実験と比較する。これまでは微分方程式を学ぶため，L, C, R の値は計算しやすい値としてきたが，実験との比較のため，例題 9.4 では実際の回路で使われる値を使う。計算は少し複雑となるが，解き方や考え方は同じなので理解できるはずだ。

例題 9.4　図 9.3 に示す LCR 直列回路で，$L = 0.8$〔mH〕，$R = 0.4$〔Ω〕，$C = 1\,000$〔μF〕，$E = 0$〔V〕とする。キャパシタは，3 V で充電されており，$t = 0$ でスイッチをオンした後の回路動作について，微分方程式を解いて調べる。以下の問いに答えよ。

(1)　キャパシタの電荷 q を示す関数を $q(t)$ とする。上記 LCR 直列回路の回路方程式を 2 階の線形微分方程式で示せ。

(2)　初期条件を書け。

(3)　一般解を求めよ。

(4)　初期条件を使って，(1) の解を決定せよ。

【解答】 (1)　キャパシタの電荷と容量を q, C とし，抵抗 R, インダクタ L とすると，LCR 直列回路は，式 (9.12) から以下の微分方程式となる。

$$L\frac{d^2q}{dt^2}+R\frac{dq}{dt}+\frac{q}{C}=v(t)$$

この式に，$L=0.8$〔mH〕，$R=0.4$〔Ω〕，$C=1\,000$〔μF〕，$E=0$〔V〕を代入して，以下の式となる。

$$0.8\times10^{-3}\frac{d^2q}{dt^2}+0.4\frac{dq}{dt}+\frac{q}{1\,000\times10^{-6}}=0$$

(2)　初期状態の $t=0$ では，キャパシタ C に 3 V が充電されていたので，初期の電荷は，$q_0=3\times1\,000\times10^{-6}=3\times10^{-3}=3$〔mC〕である。また，$t=0$ で電流は流れていなかったので

$$i(0)=\frac{dq(0)}{dt}=q'(0)=0$$

となる。(1) の微分方程式で $q(0)=3\times10^{-3}$，$q'(0)=i(0)=0$ が初期条件となる。

(3)　解き方 9.2 を使って微分方程式を解くため，解を $y=Ae^{\lambda t}$ と仮定して代入する。

$$0.8\times10^{-3}\lambda^2Ae^{\lambda t}+0.4Ae^{\lambda t}+\frac{1}{1\,000\times10^{-6}}Ae^{\lambda t}=0$$

$Ae^{\lambda t}$ で割り，$1\,000\times10^{-6}=10^{-3}$ より

$$0.8\times10^{-3}\lambda^2+0.4\lambda+\frac{1}{10^{-3}}=0$$

二次方程式の解の公式から

$$\lambda=\frac{-b\pm\sqrt{b^2-4ac}}{2a}=\frac{-0.4\pm\sqrt{0.4^2-4\times0.8\times10^{-3}/10^{-3}}}{2\times0.8\times10^{-3}}=250\pm j700$$

したがって，補関数は以下の式となる。

$$q(t)=e^{-250t}\left(A\cos700t+B\sin700t\right)$$

(4)　$E=0$〔V〕なので，解き方 9.1 で Step 2，3 は不要となる。Step 4 で，A, B を決定するため，まず，$t=0$，$q_0=3$〔mC〕を代入する。

$$q(0)=e^{-0}(A\cos0+B\sin0)=A$$

よって

$$A=3\text{〔mC〕}$$

つぎに，$q(t)$ を微分し，$t=0$ で電流が流れていなかった初期条件 $q'(0)=0$ を代入する。

$$\begin{aligned}q'(0)&=-250e^{-250\times0}(A\cos0+B\sin0)+e^{-250\times0}(-700A\sin0+700B\cos0)\\&=-250A+700B=0\end{aligned}$$

よって

$$B = \frac{250A}{700}$$

$A = 3$〔mC〕を代入して

$$B = \frac{750}{700}〔\mathrm{mC}〕$$

一般解に，A と B を代入して，以下の式となる。

$$q(t) = 3 \times 10^{-3} e^{-250t} \left(\cos 700t + \frac{250}{700} \cdot \sin 700t \right)〔\mathrm{C}〕$$

ここで，10^{-3} を掛けて単位を mC から C に戻した。

$q(t) = Cv(t)$ の関係を使い，両辺を $C = 1\,000\,\mu\mathrm{F} = 10^{-3}\,\mathrm{F}$ で割って，以下の式が得られる。

$$v(t) = \frac{q(t)}{C} = \frac{q(t)}{10^{-3}} = 3e^{-250t} \left(\cos 700t + \frac{1}{28} \cdot \sin 700t \right)〔\mathrm{V}〕 \quad (9.14)$$ ◆

9.6　実験で試す：実際のLCR直列回路で電圧を測定

例題9.4で計算した二次方程式に対応するLCR直列回路を構成し，計算結果と実験結果を比較する。実験に使用した装置の写真が**図9.5**である。図(a)は実験装置の全体配置で，図(b)はLCR回路の拡大図，図(c)は回路図である。キャパシタは直流電源に接続されており，100 kΩの充電抵抗を介して充電される。充電抵抗が大きいため，微分方程式の挙動解析の50 ms以下では，直流電源からの供給電流は無視できるほど小さく，直流電源とLCR回路は実質的には切り離されているとみなせる。キャパシタの両端には電圧プローブが接続されており，キャパシタの電圧信号をオシロスコープに取り込めるようになっている。図(b)で使用したインダクタのインダクタンスは0.8 mHであるが巻線抵抗があり，実際には図(c)のように0.8 mHと0.4 Ωの抵抗が直列接続された回路となっている。

図(b)に示す波形測定時には，インダクタは点線のようにミノムシクリップでキャパシタの両端に接続される。実験では，最初はミノムシクリップを切り離して，キャパシタを充電する。充電

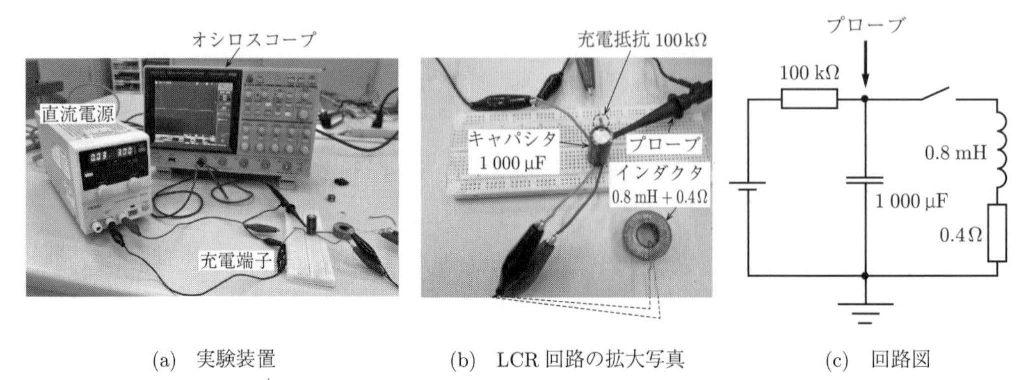

(a)　実験装置　　(b)　LCR回路の拡大写真　　(c)　回路図

図9.5　LCR直列回路の実験

が終わったところで，ミノムシクリップを図 (b) の破線のように接続し，電圧波形をオシロスコープで観察した。こうした一連操作を示すため，インダクタとミノムシクリップの接続を点線で示している。この回路でキャパシタ電圧を測定した結果が，**図 9.6** (a) である。電圧波形は，振動しながら減衰し，図 9.4 で解を三つの場合に分けたケース 3 に相当している。回路は $R = 0.4\,\Omega$，$C = 1\,000\,\mu\mathrm{F}$，$L = 0.8\,\mathrm{mH}$ であり，$R^2 = 0.16$，$4L/C = 4 \times 0.8 \times 10^{-3}/1\,000 \times 10^{-6} = 3.2$ となり，ケース 3 条件 $R^2 < 4L/C$ が成り立っている。

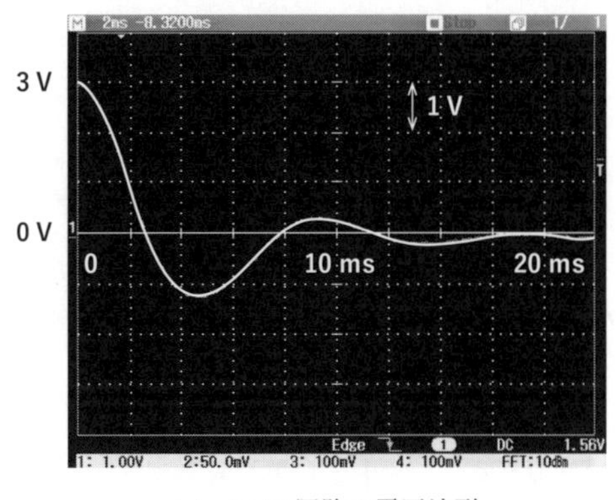

(a)　LCR 回路の電圧波形

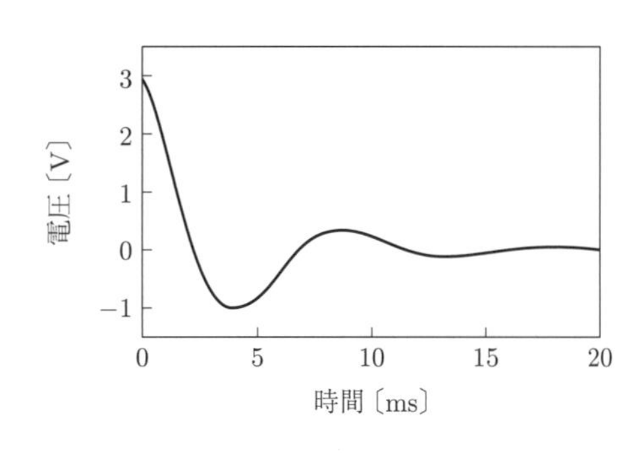

(b)　回路方程式の計算結果

図 9.6　実験と計算の比較

この実験と同じ回路を微分方程式で解いたのが例題 9.4 の式 (9.14) である。この式で時間と経過時間とコンデンサの電圧と電圧の値を Excel で計算したのが図 (b) である。図 (a) の実験結果，図 (b) の計算結果では，ともに振動しながら減衰している。また，最初にマイナス側で最小となる時間が約 4.5 ms，つぎにプラス側で最大値となる時間が 8〜9 ms と，変動周期がよく一致している。さらに，20 ms 後にはともに，ほぼ定常状態の 0 V になっている。このように，実験と計算から得られる値が一致しており，2 階の微分方程式が回路動作を正確に記述していることがわかる。

――― 章　末　問　題 ―――

【1】（**微分方程式の解**）微分方程式

$$y'' + 5y' + 6y = 0 \tag{9.15}$$

の解について，以下の問いに答えよ。ただし，導関数はすべて t についての微分で，C_1，C_2 は定数である。

(1)　$y_1 = e^{-2t}$ が式 (9.15) の解であることを確かめよ。

(2)　$y_2 = e^{-3t}$ が式 (9.15) の解であることを確かめよ。

(3)　二つの解 y_1 と y_2 の線形結合 $C_1y_1 + C_2y_2$ も式 (9.15) の解であることを確かめよ。

【2】（**初期値問題**）以下の微分方程式で，一般解を求め，初期値を入れて決定せよ。ただし，y は t の関数，導関数は t による微分である。

(1-1)　微分方程式 $y'' - 9y = 0$ で一般解を求めよ。

(1-2)　初期条件 $y(0) = 4$，$y'(0) = 0$ で解を決定せよ。

(2-1)　微分方程式 $y'' - 6y' + 13y = 0$ で一般解を求めよ。

(2-2)　初期条件 $y(0) = 3$，$y'(0) = -1$ で解を決定せよ。

【3】（**一般解法（特殊解）**）( ) 内を初期条件とする式 (9.16) の微分方程式について，以下の手順で求めよ。

$$y'' + 6y' + 5y = 6\cos t \quad (y(0) = 0,\ y'(0) = 0) \tag{9.16}$$

(1)　$y'' + 6y' + 5y = 0$ として，補関数を求めよ。

(2)　特殊解を求めよ。

(3)　(1)，(2) の結果をもとに，式 (9.16) の一般解を求めよ。

(4)　初期条件を使って，式 (9.16) の解を決定せよ。

【4】（**LCR直列回路**）**図9.7** のLCR直列回路で，$L = 0.5$〔H〕，$R = 1$〔Ω〕，$C = 0.2$〔F〕，$E = 20$〔V〕である。$t = 0$ でスイッチをオンした後の回路動作について，微分方程式を使って調べる。以下の問いに答えよ。

(1)　キャパシタの電荷 q を示す関数を $q(t)$ とする。図9.7のLCRの回路方程式を2階の線形微分方程式で示せ。

(2)　初期条件を書け。

(3)　$E = 0\,\mathrm{V}$ として，(1) の補関数を求めよ。

(4)　特殊解を求めよ。

(5)　(3)，(4) の結果をもとに，(1) の一般解を求めよ。

(6)　初期条件を使って，(1) の解を決定せよ。

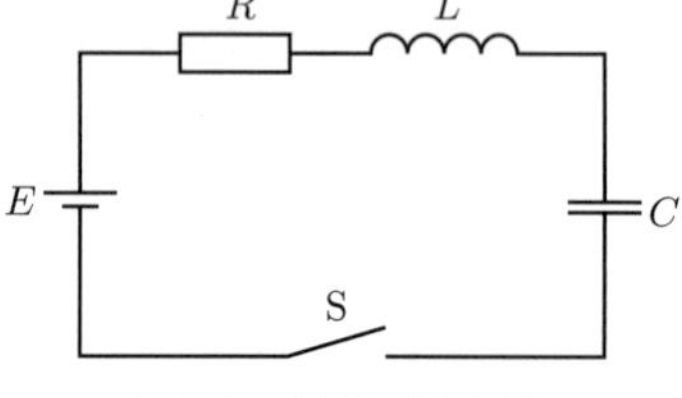

図9.7　LCR直列回路

コラム：常用対数とエネルギー

電気電子工学では，e を底とした自然対数関数 $f(x) = \ln x$ と10を底とした常用対数関数 $f(x) = \log_{10} x$ が多く使われる。6，7章で説明した微分，積分で使用される対数関数は，ほとんどが $f(x) = \ln x$ である。電気電子工学で使われるキャパシタやインダクタを交流回路で使うと，その回路方程式は微分・積分を使って記述される。したがって，4.4節で説明したキャパシタと抵抗の直列回路のように，その動作は $f(x) = \ln x$ で記述される。

もう一方の $f(x) = \log_{10} x$ は，変化が大きい音などの大きさを表すのに用いられる。音は基準音に対して，100倍，1000倍といった大きな変化を伴う。対数関数を使えば，100は $f(100) = \log_{10} 100 = \log_{10} 10^2 = 2$，1000は $f(1\,000) = \log_{10} 1\,000 = \log_{10} 10^3 = 3$ となり，大きな数字を使わなくても大きなレンジの音を表現できる。音楽ファンなら聞いたことがあるかもしれない「デシベル」という言葉は，対数を使った単位である。また，地震の大きさを示す「マグニチュード」にも同じ単位を用いる。マグニチュード7の地震は，マグニチュード6の地震に比べて10倍大きなエネルギーを持つとしている。

電気電子工学では，底10を省略して $f(x) = \log x$ と記述する習わしがある。$\log x$ と $\ln x$ の底がそれぞれ，10と e であることをしっかり覚えておいてほしい。

10 ラプラス変換

8，9 章で学んだ微分方程式を解くためには，Step 0 から Step 4 までの段階を経て解く必要があり手間がかかる。しかしながら，インダクタやキャパシタ回路で電圧，電流の時間変化を知るためには，これを解く必要がある。「もっと簡単に解く方法がないか？」と考えられたのが，10，11 章で学ぶラプラス変換である。最初はなにをやっているかわからないが，11 章で微分方程式をラプラス変換するところまで学ぶと，突然これまでやってきた意味が理解できる。

ラプラス変換は，イメージ的には，時間で記述された t 関数を s 関数に変換する（図 **10.1**）。時間の関数 $y(t)$ は s 関数の $Y(s)$ となり，微分・積分は足し算掛け算といった加減乗除に置き換わる。少し荒っぽいいい方をすると，s 関数では 1 階微分と 2 階微分が，それぞれ s と s^2 を掛ける操作となる。したがって，$y'(t), y''(t)$ という導関数は $sy(s), s^2y(s)$ となる。

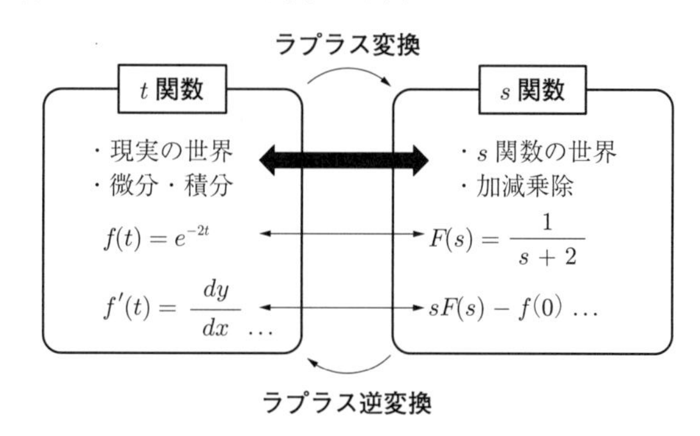

図 **10.1**　ラプラス変換のイメージ

8 章で，2 階の微分方程式を解くとき，$y = Ae^{\lambda t}$ と置き，微分方程式に代入すると，λ の二次方程式になった。y'' に $y = Ae^{\lambda t}$ を代入すると λ^2 が係数にでてきて，y' に $y = Ae^{\lambda t}$ を代入すると λ が係数にでてくる。それを考えると，1 階の微分が $sY(s)$ となり，2 階の微分が $s^2Y(s)$ となることが少しは理解できるかもしれない。最初は，少し違和感を覚えるかもしれないが，とにかくラプラス変換を学んでみよう。

10.1　ラプラス変換の定義

ラプラス変換を学ぶにあたり，最初にラプラス変換の定義をしておこう。やや複雑に思うかもしれないが，ラプラス変換は，定義 10.1 に示されるように，「変換しようとする関数 $f(t)$ に指数関数 e^{-st} を掛けて，時間 0 から無限大 ∞ まで積分する」を行えばよい。

定義 10.1　（ラプラス変換）

波形 $f(t)(t \geqq 0)$ に対し，式 (10.1) の積分で定義される $F(s)$ を $f(t)$ の**ラプラス変換**（Laplace transform）といい，記号 $\mathcal{L}$ を用いて表す。

$$F(s) = \int_0^\infty f(t)e^{-st}\,dt = \mathcal{L}\{f(t)\} \tag{10.1}$$

ここで，s は複素数で $s = \sigma + j\omega$ である。

記号 $\mathcal{L}$ はこの変換を考えたフランスの数学者ピエール＝シモン・ラプラス（Pierre-Simon Laplace）の頭文字 L の筆記体である。なにをやろうとしているのかわからなくても，ひとまず，この定義を受け入れよう。定義だけだとピンとこないので，つぎの例題で実際にラプラス変換してみよう。指数関数のラプラス変換は，意外と簡単である。

例題 10.1　定義 10.1 より e^{-3t} のラプラス変換を求めよ。

【解答】

$$\begin{aligned}\mathcal{L}\{e^{-3t}\} &= \int_0^\infty e^{-3t}e^{-st}\,dt = \int_0^\infty e^{-(3+s)t}\,dt \\ &= -\frac{1}{s+3}\int_0^\infty e^{-(s+3)}dt = -\frac{1}{s+3}\Big[e^{-(s+3)t}\Big]_0^\infty\end{aligned}$$

指数関数の指数がマイナス無限大となるので，指数関数は限りなく 0 に近づく。$t = \infty$ で

$$e^{-(s+3)t} = 0 \qquad (\lim_{t\to\infty} e^{-(s+3)t} = 0)$$

また，$t = 0$ で

$$e^0 = 1$$

よって

$$-\frac{1}{s+3}\Big[e^{-(s+3)t}\Big]_0^\infty = -\frac{1}{s+3}(0-1) = \frac{1}{s+3}$$

◆

10.2　定義から代表的関数のラプラス変換を求める

10.2.1　ユニットステップ関数 $u(t)$ のラプラス変換

それでは，つぎに代表的な関数のラプラス変換について，定義を使って導いてみる。まずは，**図 10.2** に示す**ユニットステップ関数**（unit step function）からはじめる。この関数は，$t < 0$ で 0，$t \geqq 0$ で 1 となり，$u(t)$ で表す。電気電子工学で，ある時間（$t = 0$）でスイッチが入って電圧が印加されるような現象を表すための関数である。

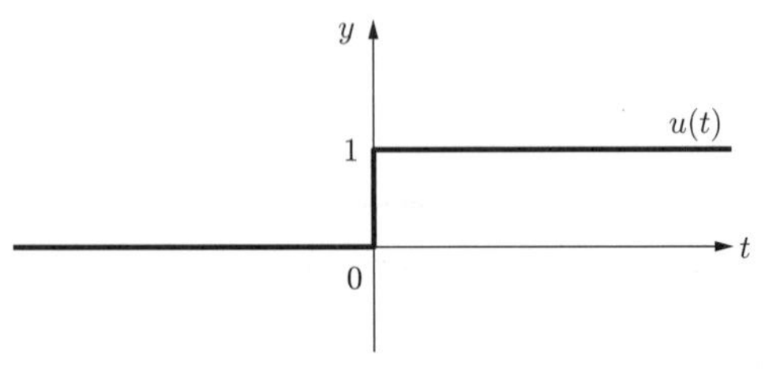

図 10.2　ユニットステップ関数

微分方程式の初期値で $t = 0$ から 4 V の電圧を印加するというような条件は，$y(t) = 4u(t)$〔V〕

と記述できる。ほとんどの場合の時間は 0 からなので，時間 t の関数で定数 C のラプラス変換と考えればよい。ラプラス変換の定義で積分範囲は 0 から無限大で，$t < 0$ は考えないので $u(t) = 1$ とすればよい。式 (10.2) からラプラス変換は，$1/s$ となる。例題 10.1 と同様に

$$\mathcal{L}\{u(t)\} = \int_0^\infty u(t)e^{-st}\,dt = \int_0^\infty 1e^{-st}\,dt = -\frac{1}{s}(0-1) = \frac{1}{s} \tag{10.2}$$

10.2.2　三角関数 $\sin at$ のラプラス変換

つぎに三角関数の一つである $\sin at$ のラプラス変換を定義から求める。例題 10.1 で行ったように指数関数のラプラス変換は比較的に簡単にできる。そこで，5.5 節で説明した指数関数と三角関数の関係を示すオイラーの公式を使って，$\sin at$ を指数で表す。これからの計算のため，式 (5.14) の両辺を r で割った式を式 (10.3) とする。

$$e^{j\theta} = \cos\theta + j\sin\theta \tag{10.3}$$

θ の値に αt，$-\alpha t$ を代入すると①，②となる。

$$e^{jat} = \cos at + j\sin at \qquad \cdots ①$$
$$e^{-jat} = \cos at - j\sin at \qquad \cdots ②$$

①－②より

$$e^{jat} - e^{-jat} = j2\sin at$$

よって

$$\sin at = \frac{1}{j2}(e^{jat} - e^{-jat})$$

これを例題 10.1 を参考に，以下のようにラプラス変換する。

$$\begin{aligned}
\mathcal{L}\{\sin at\} &= \int_0^\infty \sin at\ e^{-st}\,dt = \frac{1}{2j}\int_0^\infty (e^{jat} - e^{-jat})e^{-st}\,dt \\
&= \frac{1}{2j}\frac{-1}{(s-ja)}\left[e^{-(s-ja)t}\right]_0^\infty - \frac{1}{2j}\frac{-1}{(s+ja)}\left[e^{-(s+ja)t}\right]_0^\infty \\
&= \frac{1}{2j}\frac{-1}{(s-ja)}\left[e^{-(s-ja)t}\right]_0^\infty - \frac{1}{2j}\frac{-1}{(s+ja)}\left[e^{-(s+ja)t}\right]_0^\infty \\
&= \frac{1}{2j}\frac{-1}{(s-ja)}(0-1) - \frac{1}{2j}\frac{-1}{(s+ja)}(0-1) \\
&= \frac{1}{2j}\left(\frac{1}{s-ja} - \frac{1}{s+ja}\right)
\end{aligned}$$

ここで，分母が虚数なので，解き方 5.2 で共役複素数を分子分母に掛けて分母を実数化する。

$$= \frac{1}{2j}\left(\frac{s+ja}{(s-ja)(s+ja)} - \frac{s-ja}{(s+ja)(s-ja)}\right)$$

$$= \frac{1}{2j}\left(\frac{s+ja-s+ja}{s^2+a^2}\right) = \frac{1}{2j}\left(\frac{2ja}{s^2+a^2}\right) = \frac{a}{s^2+a^2}$$

以上まとめると

$$\mathcal{L}\{\sin at\} = \frac{a}{s^2+a^2} \tag{10.4}$$

$\cos at$ も同じように求めることができるが，この導出は章末問題で挑戦してほしい。

10.3　コツをつかめば簡単：変換表を使ったラプラス変換

ここまで，指数関数，ユニットステップ関数，三角関数のラプラス変換を，ラプラス変換の定義から求めてきた。しかしながら，ラプラス変換をいつも定義から求めていると，変換に手間がかかり，微分方程式を簡単に解くというメリットがなくなってしまう。そこで，代表的な関数のラプラス変換は，**表 10.1** に示す変換表を使って行う方法がとられている。

この表で，指数関数は例題 10.1 を一般化して，e^{-at} としている。ユニットステップ関数は 10.2.1 項，$\sin at$ は 10.2.2 項で求めている。$\cos at$ も同様に求めることができる。多項式は，t の指数の大きさにより係数が変わるので，適用時には注意が必要である。表を使ったラプラス変換の方法について解き方 10.1 にまとめた。これを参考に例題や章末問題を解き，変換法を理解しよう。

表 10.1　おもなラプラス変換の変換表

$f(t)$	$F(s)=\mathcal{L}\{f(t)\}$
$u(t)$	$\frac{1}{s}$
$\frac{t^{n-1}}{(n-1)!}$	$\frac{1}{s^n}$
e^{-at}	$\frac{1}{s+a}$
$\sin(at)$	$\frac{a}{s^2+a^2}$
$\cos(at)$	$\frac{s}{s^2+a^2}$

解き方 10.1：表を使ったラプラス変換のポイント

① **定　数**：1，3，4 といった定数は，定数 $\times\ 1/s$ となる。

② **多項式**：変換前の係数に $1/(n-1)!$ が掛けてあることに注意する。まず，多項式 t の指数部に注目し，変換前の指数が $n-1$ であることから n を求める。例えば，t^3 では $3=n-1$ から $n=4$ となり変換後は s^4 の形をとる。その際，$1/(n-1)!$ を掛けた形式となるように変換前の式を変形する。

③ **指数関数**：t の係数 a の符号を変えて s に加え，分母とする。すなわち $-a$ が $s+a$ となり，$+a$ は $s-a$ となることに気を付けてほしい。

④ **三角関数**：基本形は $1/(s^2+a^2)$ で，cos では分子に s が付く。sin では，変換前の係数に $1/a$ が付いていることに注意する。したがって，$\sin(at)$ をラプラス変換すると，$a/(s^2+a^2)$ になる。

解き方 10.1 を参考に，例題 10.2 で解き方を確かめてみよう。

例題 10.2　つぎの関数をラプラス変換せよ。

(1)　$\dfrac{1}{2}e^{-5t}$　　(2)　$\dfrac{1}{3}t^4$　　(3)　$5\sin 3t$

【解答】 (1)　指数関数なので，ラプラス変換すると，$1/(s+a)$ の形になる。指数の t の係数が -5 なので，$1/(s+5)$ となる。もともと，$1/2$ が掛けてあったので，この係数を付け，答えは以下となる。

$$\mathcal{L}\left\{\frac{1}{2}e^{-5t}\right\} = \frac{1}{2}\mathcal{L}\left\{e^{-5t}\right\} = \frac{1}{2}\frac{1}{s+5} = \frac{1}{2(s+5)}$$

(2)　変換する関数が t^4 であるので，多項式の変換公式を使う。多項式の変換では，変換前の指数に着目し，$4 = n-1$ よりラプラス変換後の s の指数は $n = 5$ となる。$n-1=4$ の場合，変換前の公式は $t^{5-1}/(5-1)! = t^4/(4\times 3\times 2\times 1) = t^4/24$ である。したがって，$t^4/24$ であれば，$1/s^5$ にラプラス変換できる。そこで，t^4 は 24 と 1/24 が掛けられて $t^4 = 24\times(t^4/24)$ になっていると考え，以下のようにラプラス変換する。

$$\mathcal{L}\left\{\frac{1}{3}t^4\right\} = \frac{1}{3}\times\mathcal{L}\left\{24\times\frac{1}{24}t^4\right\} = \frac{1}{3}\times 24\times\frac{1}{s^5} = \frac{8}{s^5}$$

(3)　sin のラプラス変換を使う。t の係数が 3 なので，ラプラス変換後の分母は $s^2+3^2 = s^2+9$ となる。表 10.1 の変換では，以下のように変換される。

$$\mathcal{L}\left\{5\sin 3t\right\} = 5\times\mathcal{L}\left\{3\times\frac{1}{3}\sin 3t\right\} = 15\times\mathcal{L}\left\{\frac{1}{3}\sin 3t\right\} = \frac{15}{s^2+3^2}$$ ♦

10.4　最も重要な推移則と微分・積分のラプラス変換

10.4.1　推移則の説明

ここまで，ラプラス変換の定義と，表 10.1 を参考にしながらラプラス変換の解き方について説明してきた。与えられた関数の係数を表に示された基準のパターンに変形すれば，微分も積分も使うことなくラプラス関数に変換できる。変換できる関数を増やすため，ラプラス変換で最も重要な**推移則**（shift rule）について説明する。

これは，ユニットステップ関数，多項式，三角関数に，指数関数 e^{-at} が掛けられている場合に適用できる。例えば，t^3 に e^{-3t} が掛けられたり，$\sin 4t$ に e^{2t} が掛けられたりして $e^{-3t}t^3$，$e^{2t}\sin 4t$ といった形になった関数である。これらの関数は，表 10.1 にはないので，表を使うだけではラプラス変換できないが，推移則を使うとラプラス変換できる。

以下に推移則の導出を説明する。まず，e^{-at} が掛けられているもとの関数を $f(t)$ とする。先に説明した $e^{-3t}t^3$，$e^{2t}\sin 4t$ では，t^3 と $\sin 4t$ が $f(t)$ なる。$f(t)$ に e^{-at} が掛けられた式をラプラス変換すると定義 10.1 から式 (10.5) となる。

$$\mathcal{L}\{e^{at}f(t)\} = \int_0^\infty e^{at}f(t)e^{-st}\,dt \tag{10.5}$$

ここで，e^{at} と e^{-st} をまとめて掛けると式 (10.6) となる。

$$= \int_0^\infty f(t)e^{-(s-a)t}\,dt \tag{10.6}$$

この式は e^{at} が掛けられている関数では，e^{-st} でラプラス変換する代わりに $e^{-(s-a)t}$ でラプラス変換していることを示している。したがって，$f(t)$ を s でラプラス変換するのではなく，$f(t)$ を $s-a$ でラプラス変換すればよく，$f(t)$ のラプラス変換を $F(s)$ とすると式 (10.7) となる。

定理 10.1　(推移則)

$$\mathcal{L}\{e^{at}f(t)\} = F(s-a) \tag{10.7}$$

10.4.2　推移則を使ったラプラス変換の解き方

推移則を使ったラプラス変換について，解き方 10.2 にまとめた。これを参考に，実際の例題 10.3 でラプラス変換を試してみよう。

解き方 10.2：推移則を使ったラプラス変換

ユニットステップ関数，多項式，三角関数に，指数関数 e^{at} が掛けられた関数は，以下の流れでラプラス変換する。

① e^{at} を除いた関数を $f(t)$ とする。

② $f(t)$ のみをラプラス変換した $F(s)$ を求める。

③ $F(s)$ の s を e^{at} の場合は $s-a$，e^{-at} の場合は $s+a$ に置き換える。

例題 10.3　t^2e^{-3t} のラプラス変換を求めよ。

【解答】　①で，指数を除いた関数 t^2 を $f(t)$ とする。

②で，$f(t)$ のみをラプラス変換した関数 $F(s)$ を求める。

$$F(s) = \mathcal{L}\left\{t^2\right\} = \frac{2}{s^3}$$

③ t^2 に掛けられている指数が e^{-3t} なので，s を $s+3$ で置き換え，以下の解となる。

$$\mathcal{L}\left\{t^2e^{-3t}\right\} = \frac{2}{(s+3)^3}$$ ◆

10.4.3　微分と積分のラプラス変換

微分と積分のラプラス変換を公式 10.1 で考える。

公式 10.1：微分定理・積分定理

ある関数 $f(t)$ のラプラス変換を $F(s)$ とすると，関数 $f(t)$ の微分，積分のラプラス変換は式 (10.8)，式 (10.9) となる。

$f(t)$ 微分のラプラス変換　$$\mathcal{L}\{f'(t)\} = sF(s) - f(0) \tag{10.8}$$

$f(t)$ 積分のラプラス変換　$$\mathcal{L}\left\{\int_0^t f(\tau)\,d\tau\right\} = \frac{1}{s}\mathcal{L}\{f(t)\} = \frac{F(s)}{s} \tag{10.9}$$

式 (10.8) は微分定理と呼ばれ，導出や使い方については 11.2.1 項で詳しく述べる。ここでは，式 (10.9) の積分定理の導出について説明する。

式 (10.9) の左辺にラプラス変換の定義 10.1 を適用すると，式 (10.10) となる。

$$\mathcal{L}\left\{\int_0^t f(\tau)\,d\tau\right\} = \int_0^\infty \left(\int_0^t f(\tau)\,d\tau\right) e^{-st}\,dt \tag{10.10}$$

式 (10.10) で e^{-st} が $-1/se^{-st}$ の微分と考えると 7 章の部分積分（公式 7.5）が適用でき，式 (10.10) の右辺は式 (10.11) となる。

$$\text{右辺} = \left[\int_0^\infty \left(\int_0^t f(\tau)\,d\tau\right)\left(-\frac{1}{s}e^{-st}\right)dt\right]_0^\infty - \int_0^\infty \frac{d}{dt}\left(\int_0^t f(\tau)\,d\tau\right)\left(-\frac{1}{s}e^{-st}\right)dt \tag{10.11}$$

ここで，式 (10.11) の右辺第 1 項に $t=\infty$，$t=0$ を代入し，式 (10.12) のように 0 となる。

$$\begin{aligned}
&\left[\int_0^\infty \left(\int_0^t f(\tau)\,d\tau\right)\left(-\frac{1}{s}e^{-st}\right)dt\right]_0^\infty \\
&= \int_0^\infty \left(\int_0^\infty f(\tau)\,d\tau\right)\left(-\frac{1}{s}\,e^{-\infty}\right)dt - \int_0^\infty \left(\int_0^0 f(\tau)\,d\tau\right)\left(-\frac{1}{s}\,e^{0}\right)dt \\
&= 0 - 0 = 0
\end{aligned} \tag{10.12}$$

式 (10.12) の最初の項では $e^{-\infty}$ が 0 となるためこの項は 0 となり，2 項目は積分区間が 0∼0 なので，$\int_0^0 f(\tau)\,d\tau = 0$ となる。式 (10.11) で右辺の第二項は積分が微分されて，$f(t)$ になるので式 (10.13) のように $F(s)/s$ となる。以上をまとめると，式 (10.9) の積分定理となる。

$$\begin{aligned}
\mathcal{L}\left\{\int_0^t f(\tau)\,d\tau\right\} &= -\int_0^\infty \frac{d}{dt}\left(\int_0^t f(\tau)\,d\tau\right)\left(-\frac{1}{s}e^{-st}\right)dt \\
&= \frac{1}{s}\int_0^\infty f(t)e^{-st}\,dt = \frac{F(s)}{s}
\end{aligned} \tag{10.13}$$

10.5　ラプラス逆変換

10.5.1　ラプラス逆変換の定義

ここまで，時間の関数 $f(t)$ を s の関数 $F(s)$ に変換する方法について説明してきた。ラプラス変換を使って微分方程式を解く場合，最終的に求めるのは時間領域の $f(t)$ である。そこで，ラプラス変換された $F(s)$ を時間の関数 $f(t)$ に戻すのが，式 (10.14) に示される**ラプラス逆変換**（inverse Laplace transform）である。

定義 10.2　(**ラプラス逆変換**)　ラプラス関数 $F(s)$ を時間の関数 $f(t)$ に戻すのがラプラス逆変換である。

$$f(t) = \mathcal{L}^{-1}\{F(s)\} \tag{10.14}$$

ここで

$$F(s) = \int_0^\infty f(t)e^{-st}\,dt$$

また，この $f(t)$ と $F(s)$ の組合せをラプラス対関数という。

10.5.2　変換表を使ったラプラス逆変換の求め方

ラプラス逆変換は，**表 10.2** を使って行う。この表は，表 10.1 と同じであり，左から右がラプラス変換，右から左がラプラス逆変換となる。

変換表の使い方を解き方 10.3 にまとめたので，これを理解して，例題 10.4 を試してみよう。逆変換の式には複雑な係数が入っていないので，逆変換のほうが容易なはずだ。

表 10.2　ラプラス変換と逆変換の変換表

⟶ ラプラス変換
⟵ ラプラス逆変換

$f(t)$	$F(s) = \mathcal{L}\{f(t)\}$
$u(t)$	$\dfrac{1}{s}$
$\dfrac{t^{n-1}}{(n-1)!}$	$\dfrac{1}{s^n}$
e^{-at}	$\dfrac{1}{s+a}$
$\sin(at)$	$\dfrac{a}{s^2+a^2}$
$\cos(at)$	$\dfrac{s}{s^2+a^2}$

解き方 10.3：変換表を使ったラプラス逆変換

① **ユニット関数**：$1/s$ あるいは，係数 a を掛けた a/s は，ユニット関数 $u(t)$ あるいは $a \times u(t)$ となる。時間 $t \geqq 0$ の領域のみで考えるなら，単に定数の 1 あるは定数の a となる。

② **多項式**：$1/s^n$（$n \geqq 2$）は，時間 t の $n-1$ 乗の多項式となる。このとき，$1/(n-1)!$ の係数が掛かることに注意する。

③ **指数関数**：$1/(s+a)$，$1/(s-a)$ は，それぞれ，指数関数 e^{-at}，e^{at} となる。分母の a がプラスのときに指数関数の係数は $-at$ とマイナスとなり，分母の a がマイナスのときに指数関数の係数が $+at$ となることに注意する。

④ **三角関数**：分母に s^2+a^2 がある s 関数は，逆変換すると $\sin at$ あるいは $\cos at$ となる。cos では分子に s が付く。sin では，変換後の係数に $1/a$ が掛けられることに注意する。

例題 10.4 以下の関数をラプラス逆変換せよ。

(1) $\dfrac{6}{s+4}$ (2) $\dfrac{8s}{s^2+9}$

【解答】 (1) $s+a$ が分母にある。表 10.2 から，s 関数がこの式のラプラス関数では，もとの t 関数は指数関数となる。解き方 10.3③から，分母が $s+a$ で $+a$ のとき，もとの関数は e^{-at} となる。分母で $a=4$ なので，(1) の解は以下のようになる。

$$\mathcal{L}^{-1}\left\{\frac{6}{s+4}\right\} = 6\mathcal{L}^{-1}\left\{\frac{1}{s+4}\right\} = 6e^{-4t}$$

(2) s 関数の分母が s^2+a^2 の形をしており，解き方 10.3④からもとの t 関数は sin あるいは cos である。分子には s があり，t 関数は cos であることがわかる。分母の数 a^2 に相当するのは 9 となっているので $a=3$ となり，(2) の解は以下となる。

$$\mathcal{L}^{-1}\left\{\frac{8s}{s^2+9}\right\} = 8\mathcal{L}^{-1}\left\{\frac{s}{s^2+3^2}\right\} = 8\cos 4t$$ ♦

10.5.3 推移則を使った逆変換（$(s\pm a)^n$ が含まれる場合）

10.5.2 項では単純なラプラス逆変換について説明した。10.4 節で説明した推移則では，関数 $f(t)$ に e^{at} が掛けられたラプラス変換を扱った。関数 $f(t)$ のラプラス変換を $F(s)$ とすると，$e^{at}f(t)$ のラプラス変換は $F(s-a)$，すなわち s を $s-a$ で置き換えればよかった。

逆に考えると，$(s-a)^n$（あるいは $(s+a)^n$）の形をしている s 関数は，単純に s だった s 関数の逆関数に e^{at} が掛かっているということになる。例えば，$\cos 3t$ のラプラス変換は $s/(s^2+3^2)$ となるが，これが $e^{4t}\cos 3t$ になると，$(s-4)/\{(s-4)^2+3^2\}$ となる。逆変換するときは $s-a$ を単に s と考え，ラプラス逆変換後に e^{at} を掛ければよい。逆変換の手順をまとめると，解き方 10.4 となる。これを理解し，例題 10.5 を解いてみよう。

解き方 10.4：推移則を使ったラプラス逆変換

① $(s-a)$ を s に置き換える。

② 置き換えた s 関数について，表を使って t の関数に逆変換する。

③ ②の t の関数に e^{at} を掛ける。

例題 10.5　以下の関数をラプラス逆変換せよ。

$$\frac{s+2}{(s+2)^2+9}$$

【解答】　解き方 10.4 ① より $s+2$ を s で置き換えると

$$\frac{s}{s^2+3^2}$$

となる。表 10.2 を使って，これをラプラス逆変換すると，$\cos 3t$ となる。

s が $s+3$ になっていたことを考慮して，e^{-2t} を $\cos 3t$ に掛ける。したがって，解は以下となる。

$$\mathcal{L}^{-1}\left\{\frac{s+2}{(s+2)^2+9}\right\}=e^{-2t}\cos 3t$$ ♦

10.6　実験で試す：インダクタとキャパシタのラプラス変換

10.6.1　実際のインダクタとキャパシタのラプラス変換

ラプラス変換は，最初は理解しづらい概念である。そこで，**図 10.3** に示す 8 章と 9 章で使ったインダクタ 1.3 mH とキャパシタ 2.2 μF に，ラプラス変換を適用してみる。

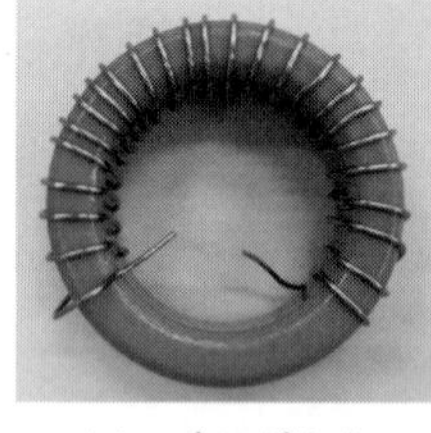

(a)　インダクタ

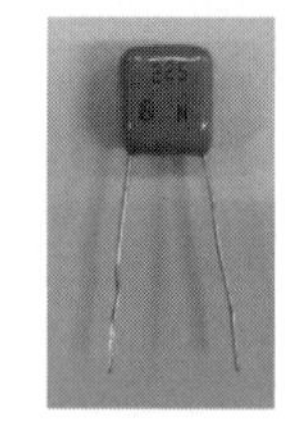

(b)　キャパシタ

図 10.3　実験で使用するインダクタとキャパシタ

まずは，インダクタのラプラス変換について考える。自己インダクタンスが L のインダクタでは，インダクタに流れる電流 i の変化が磁束の変化となり，両端電圧 $v(t)$ と電流 i との関係は 6 章の式 (6.40) となる。

$$v(t)=L\frac{di}{dt} \tag{6.40 再掲}$$

ラプラス変換後の電圧を $V(s)$，電流を $I(s)$ とし，式 (10.8) の微分定理を使って，式 (6.40) の両辺をラプラス変換すると式 (10.15) となる。

$$V(s)=\mathcal{L}\left\{L\frac{di}{dt}\right\}=sLI(s)-i(0) \tag{10.15}$$

ここで，$i(0)$ は時間 $t=0$ における電流で，多くの場合は電流が 0 で，$i(0)=0$ となる。$t=0$ における電流が 0 であれば図 10.3 (a) のインダクタンスは $L=1.3\,\mathrm{mH}$ なので，式 (10.16) となる。

$$V(s)=1.3\times 10^{-3}sI(s) \tag{10.16}$$

つぎに，キャパシタのラプラス変換を考える。静電容量 C のキャパシタンスの両端電圧を v,

流れる電流を i とすると時間 0 から τ までの電流と電圧の関係は式 (10.17) となる。

$$v(t) = \int_0^\tau \frac{i}{c}\,dt = \frac{1}{C}\int_0^\tau i\,dt \tag{10.17}$$

ラプラス変換後の電圧を $V(s)$，電流を $I(s)$ とし，式 (10.9) の積分定理を使って，式 (10.17) の両辺をラプラス変換すると式 (10.18) となる。

$$V(s) = \mathcal{L}\left\{\frac{1}{C}\int_0^\tau i\,dt\right\} = \frac{1}{C}\frac{I(s)}{s} = \frac{1}{sC}I(s) \tag{10.18}$$

図 10.3 (b) のキャパシタは $C = 2.2\,\mu\mathrm{F}$ なので，そのラプラス変換は式 (10.19) となる。

$$V(s) = \frac{1}{sC}I(s) = \frac{1}{2.2\times10^{-6}s}I(s) = 4.545\times10^5\frac{I(s)}{s} \tag{10.19}$$

10.6.2　微分・積分，複素数，フェーザ，ラプラス変換の比較

10.6.1 項でインダクタンス，キャパシタのラプラス変換が求められた。ほかの表記法と比較するため，これまで学んだ表記法を**表 10.3** にまとめた。

表 10.3　微分積分，複素数，ラプラス変換での電圧・電流の関係

素子名	量記号〔単位〕	微分・積分（物理法則）	複素数	フェーザ	ラプラス変換
抵　抗	R〔Ω〕	$v(t) = Ri(\mathrm{t})$	$V = RI$	$V = RI$	$V(s) = RI(s)$
インダクタ	L〔H〕	$v(t) = L\dfrac{di(t)}{dt}$	$V = j\omega LI$	$V = \omega LI\angle 90^\circ$	$V(s) = sLI(s)$
キャパシタ	C〔F〕	$v(t) = \dfrac{1}{C}\int i(t)dt$	$V = \dfrac{I}{j\omega C}$	$V = \dfrac{I}{\omega C}\angle -90^\circ$	$V(s) = \dfrac{I(s)}{sC}$

複素数，フェーザ，ラプラス変換への出発点となるが，微分と積分で示されるインダクタとキャパシタの物理法則である。すなわち，電圧と電流の関係は，インダクタでは微分でキャパシタでは積分となる。これを交流に適用して計算しやすくしたのが複素数モデルで，電圧・電流の関係では，その位相と周波数を扱っている。フェーザは複素数をベクトルで表すための表記法である。これらのモデルでは，周波数が一定で定常状態であることを前提としている。

複素数とラプラス変換を比較すると，点線のアンダーラインに示すように複素数の $j\omega$ がラプラス変換では s になっている。ここで，ラプラス変換の定義 10.1 をもう一度，見てほしい。式 (10.1) の後に「s は複素数で $s = \sigma + j\omega$」と書いてある。$\sigma = 0$ すなわち実数が 0 であれば，複素数モデルの $j\omega$ と同じになる。複素数と比較しながら，ラプラス変換の特徴を書くと以下のようになる。

(1)　$s = \sigma + j\omega$ の複素数で，$\sigma = 0$ とすると $j\omega$ を使った複素数モデルとなる。

(2)　ラプラス関数の s が複素数であることから，直流から交流，さらに過渡現象までを扱える優れた数学モデルとなっている。

(3) 幅広い時間変化を扱えることから，制御工学では制御状態を表す関数（伝達関数）にラプラス変換が使われる。

10，11 章では微分方程式を解くための手法としてラプラス変換を説明しているが，実際には制御工学をはじめとする幅広い分野で使われている。電気電子工学を専攻する学生にとってはとても重要な数学手法である。

章末問題

【1】（**三角関数のラプラス変換**）$\cos at$ のラプラス変換をラプラス変換の定義により，以下の手順で求めよ。

(1) 複素数 $e^{j\theta}$ を三角関数表示して，$\sin\theta$, $\cos\theta$ で表せ。

(2) (1) を使って，$\cos at$ を複素数の指数関数で表せ。

(3) (2) を使って，定義から $\cos at$ のラプラス変換を求めよ。

【2】（**定義と変換表（公式）によるラプラス変換**）関数 $4e^{-7t}$ のラプラス変換について，以下の問いについて答えよ。

(1) 定義式からラプラス変換を求めよ。

(2) 表からラプラス変換を求めよ。

(3) 両者が一致することを確かめよ。

【3】（**変換表によるラプラス変換**）変換公式を使って，以下の関数をラプラス変換せよ。

(1) $3t^2$　(2) $\sin 5t$　(3) $\cos\left(\dfrac{t}{2}\right)$

【4】（**推移則とラプラス変換**）変換公式，ラプラス変換の定理使って，以下の関数をラプラス変換せよ。

(1) te^{-3t}　(2) t^3e^{-t}　(3) $4\sin(t)e^{-2t}$

【5】（**ラプラス逆変換**）変換表を使って，以下のラプラス関数を逆変換せよ。

(1) $\dfrac{1}{s+3}$　(2) $\dfrac{2}{s^2+4}$　(3) $\dfrac{1}{s^4}$　(4) $\dfrac{s+3}{(s+3)^2+4}$

コラム：まずはラプラス変換と逆変換を理解しよう

「微分方程式を簡単に解くためだけに，わざわざラプラス変換を学ぶ必要はない」と思うかもしれない。しかしながら，ロボットやモータ制御など制御の仕組みを記述するには，ラプラス変換は非常に便利で，標準的なツールとなっている。電気電子工学を専攻する学生には，避けて通ることはできない。

ラプラス変換は便利なだけでなく，多項式，指数関数といったよく使われる関数が簡単な変換表（表 10.1）にまとめられているので，t 関数と s 関数の変換をスムーズに行うことができる。このように便利なラプラス変換が使えるようになるためには，まずはラプラス変換と逆変換を理解する必要がある。騙されたと思ってラプラス変換の習得をめざそう。

---

11 ラプラス変換で微分方程式を解く

10 章でラプラス変換について学んできた。「なにをやっているのかはよくわからないが，ラプラス変換，ラプラス逆変換はできるようになった」であれば大丈夫。微分方程式を解く準備はできている。

表 11.1 に，微分方程式を解く仕組みをまとめた。微分方程式を t 関数のまま解くためには，微分や積分を使う必要がある。一方，微分方程式をラプラス変換し，s 関数に置き換えると，微分方程式を解くという作業が加減乗除の四則演算に置き換わる。そして，もとの t 関数にラプラス逆変換すれば，微分方程式の解が得られるというわけだ。

表 11.1 ラプラス変換を用いた微分方程式の解法

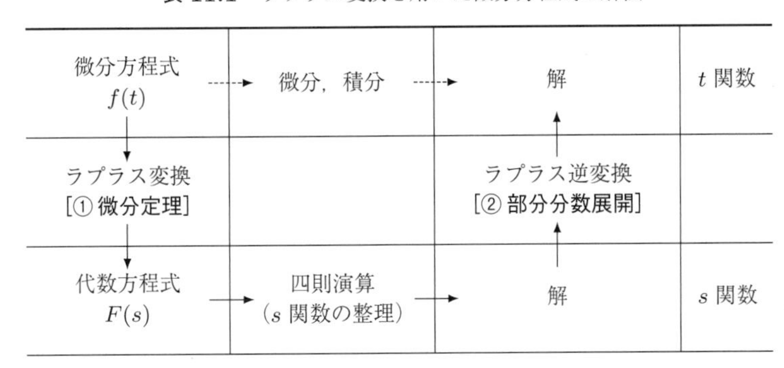

微分方程式 $f(t)$	微分，積分	解	t 関数
ラプラス変換 [① 微分定理]		ラプラス逆変換 [② 部分分数展開]	
代数方程式 $F(s)$	四則演算 （s 関数の整理）	解	s 関数

11.1 ラプラス変換で微分方程式を解くための二つの準備

ラプラス変換で微分方程式を解くのに，① 微分定理と，② 部分分数展開の二つの準備が残っている。「まだ準備が必要？」と思うかもしれないが，10 章でラプラス変換を学んだほどのボリュームではないから安心してほしい。

表 11.1 で，微分方程式をラプラス変換するために，① の微分定理が必要となる。① を使うことで，s 関数に微分方程式の初期条件を簡単かつ機械的に加えることができる。これにより，8，9 章の方法で最後に行っていた解の決定を行う必要がなくなる。もう一つの準備は，s 関数の解を逆変換するための ② 部分分数展開である。ただし s 関数が単純で，そのまま逆変換できれば，② は使わなくてよい。

① は微分定理に初期条件を入れる方法を理解すればよい。② は因数分解と代数の式変形の作業ですむ。11.2 節で ① の微分定理，11.3 節で ② の部分分数を理解すれば，微分方程式を解くための準備は完了する。

11.2　微分定理を理解する（準備その1）

11.2.1　微分定理とその導出

これから学ぶ**微分定理**（Laplace transform of derivative）は，関数の1階微分 $f'(t)$，2階微分 $f''(t)$ をラプラス変換するときに使う定理である。ここでは，微分定理とその導出を説明するが，早く微分方程式を解いてみたいということであれば，微分定理の説明を飛ばして公式11.1だけを覚え，11.2.2項に進んでも構わない。さて，微分定理の公式は以下のように示される。

公式11.1：微分定理

関数 $f(t)$ のラプラス変換を $F(s)$ とすると，$f(t)$ の1階微分，2階微分のラプラス変換は式(10.8)，式(11.1)となる。

$f'(t)$ のラプラス変換　$\mathcal{L}\{f'(t)\} = sF(s) - f(0)$　(10.8 再掲)

$f''(t)$ のラプラス変換　$\mathcal{L}\{f''(t)\} = s^2F(s) - sf(0) - f'(0)$　(11.1)

$f(0)$ と $f'(0)$ は，$t = 0$ における $f(t)$ と $f'(t)$ の初期値である。

式(10.8)を理解するため，どのように導出されたかを説明する。そのため，ラプラス変換の定義に戻って考える。

$$\mathcal{L}\{f'(t)\} = \int_0^\infty f'(t)e^{-st}\,dt \tag{11.2}$$

ここで，右辺の積分に部分積分を適用する。部分積分は，積分される関数が二つの関数 $f(x)$ と $g(x)$ の積になっているときに適用でき，以下で表される（公式7.5参照）。

$$\int [f(x)\cdot g'(x)]\,dx = f(x)\cdot g(x) - \int [f'(x)\cdot g(x)]\,dx \tag{7.12 再掲}$$

部分積分では，積分される関数を，微分された関数 $g'(x)$ と微分されていない関数 $f(x)$ の積と考える。求める積分は，もとの関数 $f(x)$ と $g(x)$ の積から，$f'(x)$ と $g(x)$ の積を積分して引いた関数となる。式(11.2)右辺の $f'(t)$ を式(7.12)左辺の $g'(x)$ と考え，同様に式(11.2)右辺の e^{-st} を式(7.12)の $f(x)$ と考えると，式(11.2)は以下の式となり，計算すると式(11.3)となる。これが式(11.1)の微分定理である。

$$\begin{aligned}\int_0^\infty f'(t)e^{-st}\,dt &= \int_0^\infty e^{-st}f'(t)\,dt = \Big[e^{-st}f(t)\Big]_0^\infty - \int_0^\infty (e^{-st})'f(t)\,dt \\ &= \lim_{t\to\infty}(e^{-st}f(t)) - e^0f(0) + s\int_0^\infty f(t)e^{-st}\,dt \\ &= 0 - f(0) + sF(s) = sF(s) - f(0)\end{aligned} \tag{11.3}$$

中段の式では，$\lim_{t\to\infty}(f(t)e^{-st}) = 0$ としている。微分方程式で扱う関数は，定常状態に落ちつくので，時間とともに変化が小さくなる。したがって，t が無限大となった e^{-st} が掛けられ

ることで $e^{-st}f(t)$ は 0 になる。ここで，2 階の微分をラプラス変換した式 (11.1) の導出は，章末問題に譲る。

11.2.2 微分定理の意味と使い方（解き方）

式 (10.8)，式 (11.1) の微分定理を使って，1 階および 2 階の微分方程式を解く方法を以下に示す。最初に $F(s)$ がどんな式かは考えないで，$f(t)$ のラプラス変換を $F(s)$ と置く。この時点では，$F(s)$ については未知であり，その関数は微分定理と適用して式を変形した後にわかる。$F(s)$ と仮定したまま微分定理を適用すればよい。また，式 (10.8) の微分定理では，$f(0)$ が出てくる。初期値を入力すれば，8，9 章で説明した解き方のように，$t=0$ として初期条件を代入して微分方程式を決定する必要はなくなる。$F(s)$ への変換も，初期値の代入も，式 (10.8)，式 (11.1) に従って機械的に行えばよい。

解き方 11.1：微分方程式のラプラス変換

① 求める関数 $f(t)$ のラプラス変換を $F(s)$ とする。$F(s)$ がどんな関数かは気にしないでとにかく，$F(s)$ と仮定する。
② 微分定理を適用し，初期値 $f(0)$，$f'(0)$ を代入する。
③ $F(s)$ について解く（$F(s) =$ に変形する）。
④ $F(s)$ を逆変換する。

④の逆変換は，11.3 節で説明する部分分数展開を使わないとできない可能性があるが一連の解き方の流れとして記載した。

例題 11.1　微分方程式 $f''(t)+3f'(t)+2f(t)=0$ で，$f(0)=0$，$f'(0)=1$ である。$f(t)$ のラプラス変換を $F(s)$ とするとき，以下の問いに答えよ。

(1)　微分定理を使って，$f''(t)+3f'(t)+2f(t)=0$ をラプラス変換せよ。
(2)　(1) で得られた式を $F(s)$ について解け（$F(s) =$ の形に整理せよ）。

【解答】 (1)　$f'(t)$，$f''(t)$ のラプラス変換は，微分定理と解き方 11.1 を使ってより次式となる。

$$\mathcal{L}\{f'(t)\} = sF(s) - f(0), \qquad \mathcal{L}\{f''(t)\} = s^2F(s) - sf(0) - f'(0)$$

これを微分方程式に代入して，以下の式となる（解き方 11.1②）。

$$\begin{aligned}&\mathcal{L}\{f''(t)+3f'(t)+2f(t)\}\\ &\quad = (s^2F(s) - sf(0) - f'(0)) + 3(sF(s) - f(0)) + 2F(s)\\ &\quad = (s^2+3s+2)F(s) - sf(0) - 3f(0) - f'(0)\end{aligned}$$

初期条件 $f(0)=0$，$f'(0)=1$ を代入する。

$$(s^2+3s+2)F(s) - s\cdot 0 - 3\times 0 - 1 = (s^2+3s+2)F(s) - 1$$

一方，右辺は 0 なので，ラプラス変換しても 0 である。したがって，与えられた微分法方程式のラプラス変換は，以下の式となる。

$$(s^2+3s+2)F(s)-1=0, \qquad (s^2+3s+2)F(s)=1$$

(2)　(1) で得られた式を $F(s)=$ の形に直し，以下の式となる（解き方 11.1③）。

$$F(s)=\frac{1}{s^2+3s+2}$$ ♦

11.3　部分分数展開（準備その 2）

11.3.1　単純な因数分解の場合

11.2 節までで定理を使って，微分方程式を s 関数にラプラス変換し，$F(s)=$ の形に解く（整理する）ことができるようになった。あとは，ラプラス逆変換すれば，微分方程式の解が得られる。

ここで，例題 11.1 の結果をラプラス逆変換することを考えると，分母が s の二次関数になっており，10 章の 10.2 節に示した逆変換のリストにはない。表 10.2 にあるのは，分母が s，$s+a$，s^n，s^2+a^2 のいずれかである。したがって，ラプラス変換で得られた解を，これらいずれの形に変形する必要がある。このための方法が**部分分数展開**（partial fraction）である。部分分数に展開する方法は，解き方 11.2 となる。分母を因数分解して，それぞれの因数を分母とする式に分割する方法である。これを使って，例題 11.1 でラプラス変換した $F(s)$ を例題 11.2 で解いてみよう。

解き方 11.2：部分分数展開

① 分母を因数分解する。

② 分子の係数を $A, B, \cdots$ と仮定し，因数分解された因数を分母に持つ分数に分ける。

③ 両辺に因数分解された分母を掛ける。

④ 両辺の s に適当な数（例えば，因数を 0 とするような）を代入し，分子の係数を決定する。

例題 11.2　例題 11.1 で求めたラプラス変換について，以下の手順で部分分数展開し，微分法方程式の解を求めよ。

$$F(s)=\frac{1}{s^2+3s+2}$$

(1)　分母を因数分解せよ。

(2)　(1) の結果をもとに，ラプラス関数を部分分数展開せよ。

(3)　(2) をラプラス逆変換し，微分方程式の解を求めよ。

【解答】 (1)　分母を因数分解し，以下となる。

$$s^2+3s+2=(s+1)(s+2)$$

(2)　解き方 11.2②を使って因数分解で得られた因数を持つ二つの関数に分割し，定数 A と B を決定する（解き方 11.2②）。

$$\frac{1}{s^2+3s+2}=\frac{A}{S+1}+\frac{B}{S+2}$$

両辺に分母を因数分解した $(s+1)(s+2)$ を掛ける（解き方 11.2③）。

$$\frac{1}{s^2+3s+2}(s+1)(s+2)=\frac{A}{s+1}(s+2)(s+1)+\frac{B}{s+2}(s+1)(s+2)$$
$$1=A(s+2)+B(s+1)$$

因数が 0 となるような s を代入する。ここでは，$s=-2$，$s=-1$ とすれば，それぞれ A 側と，B 側の項を 0 とできる（解き方 11.3④）。

$s=-2$ を代入

$$1=A(-2+2)+B(-2+1)=0-B=-B$$

したがって

$$B=-1$$

$s=-1$ を代入

$$1=A(-1+2)+B(-1+1)=A-0=A$$

したがって

$$A=1$$

以上より A と B が求められたので，以下のように部分分数展開できる。

$$\frac{1}{s^2+3s+2}=\frac{1}{s+1}-\frac{1}{s+2}$$

(3)　(2) のように部分分数展開できたので，表 10.2 を使ってラプラス逆変換する。それぞれの項で，表 10.2 で $1/(s+a)$ の逆変換が，e^{-at} となる関係が適用でき，以下のようになる。

$$\mathcal{L}^{-1}\left\{\frac{1}{s^2+3s+2}\right\}=\mathcal{L}^{-1}\left\{\frac{1}{s+1}\right\}-\mathcal{L}^{-1}\left\{\frac{1}{s+2}\right\}=e^{-t}+e^{-2t}$$

したがって，例題 11.2 の微分方程式 $f''(t)+3f'(t)+2f(t)=0$ で，$f(0)=0$，$f'(0)=1$ の解は，$f(t)=e^{-t}+e^{-2t}$ となる。 ♦

これで，ラプラス変換を使って，微分方程式が解けた。初めて微分定理や部分分数展開を学びながら解いてきたので，複雑で長く感じたかもしれない。しかしながら，一度，修得すれば，同じパターンの手順に従って解くため，定常解を決めたり，解を決定するなど考える作業が少なくなることに気づくだろう。

11.3.2　少し工夫が必要：重根がある場合

前項では，分解した因数が異なる関数を取り上げた。ここでは，$s^2, \cdots, s^n, (s+a)^2, \cdots, (s+a)^n$ といった同じ関数の積となる**重根**（repeated poles）がある場合について取り上げる。つぎの2点で，11.3.1項とは異なる工夫が必要となる。

一つ目は展開する関数の決め方である。11.3.1項では因数分解された要素を分母にすればよかったが，例えば s^2 が分母にあるときは $1/s$，$1/s^2$ というように，s の n 次までのすべての分数を仮定する必要がある。$1/(s+a)^n$ でも同様に，$1/(s+a), 1/(s+a)^2, \cdots, 1/(s+a)^n$ と仮定する必要がある。もう一つは，s に代入する値である。11.3.1項では，$s+a$ と因数分解された a の値がすべて異なるので，それぞれの a の値に対し，$s=-a$ とすればよい。しかしながら，重解の場合は，次数の n に対して n 個の分数が展開されるので，分子の係数を決定するための s の値が n 個必要になる。小さい数を適当に決め，代入する必要がある。まとめると解き方11.3となる。これを使って，例題11.3を解いてみよう。

解き方 11.3：重根の場合の部分分数展開

① s 関数の分母を因数分解する。

② それぞれの分数の分子の定数を $A, B, \cdots$ と仮定し，因数分解の因数を分子とする分数に分ける。

③ このとき，因数が n 次の重根となる場合は，それぞれの分数の定数を仮定し，因数の一次から n 次までを分母とした分数に分ける。

④ 因数分解された分母を両辺に掛ける。

⑤ 係数 $A, B, \cdots$ の項が0となるような値，あるいは比較的小さな値を両辺の s に代入し，係数 $A, B, \cdots$ を決定する。

⑥ 部分分数展開された分数をラプラス逆変換し，微分方程式の解を求める。

例題 11.3　例題11.1で求めたラプラス変換について，以下の手順で部分分数展開し，微分法方程式の解を求めよ。

$$F(s) = \frac{2s+1}{s^2+2s+1}$$

(1)　分母を因数分解せよ。

(2)　(1)の結果をもとに，ラプラス関数を部分分数展開せよ。

(3)　(2)をラプラス逆変換し，微分方程式の解を求めよ。

【解答】 (1)　分母を因数分解すると，つぎのようになる。

$$s^2+2s+1=(s+1)^2$$

(2)　(1) 因数分解の結果から，定数 A と B を仮定して，以下のように分割できる。ここで，$(s+1)^2$ は $(s+1)$ の重根になっているので，解き方 11.3③により，$(s+1)$ と $(s+1)^2$ を分母に持つ分数に分割する（解き方 11.3③）。

$$\frac{2s+1}{s^2+2s+1}=\frac{A}{s+1}+\frac{B}{(s+1)^2}$$

両辺に，$(s+1)^2$ を掛ける（解き方 11.3④）。

$$\frac{2s+1}{s^2+2s+1}(s+1)^2=\frac{A}{s+1}(s+1)^2+\frac{B}{(s+1)^2}(s+1)^2$$

$$2s+1=A(s+1)+B$$

以下，解き方 11.3⑤を使う。$A=0$ とするには，$s=-1$ とすればよく

$$-2+1=0+B,\ B=-1$$

もう一つの定数，A を決めるため，計算しやすい s の値を代入すればよい。これは，どんな値でもよいが，1 や 0 といった小さい数のほうが計算しやすい。ここでは，$s=0$ とする。

$s=0$ として

$$1=A(1)+B,\qquad \mathrm{A}=1-B=2$$

以上より，つぎの式のように部分分数展開できる。

$$\frac{2s+1}{s^2+2s+1}=\frac{2}{s+1}-\frac{1}{(s+1)^2}$$

(3)　(2) で部分分数に展開できたので，つぎのように，それぞれをラプラス逆変換すればよい。

$$\mathcal{L}^{-1}\left\{\frac{2}{s+1}-\frac{1}{(s+1)^2}\right\}=\mathcal{L}^{-1}\left\{\frac{2}{s+1}\right\}-\mathcal{L}^{-1}\left\{\frac{1}{(s+1)^2}\right\} \tag{11.4}$$

右辺の第 1 項は，表 10.2 で $1/(s+a)$ の逆変換が，e^{-at} となる関係が適用できるので，簡単に逆変換できる。

$$\mathcal{L}^{-1}\left\{\frac{2}{s+1}\right\}=2e^{-t}$$

式 (11.4) の右辺の第 2 項は，10.4.1 項で説明した推移則であり，解き方 10.2 を使う。第 2 項の分母は，$(s+1)^2$ となっており，これを s^2 と考えれば，表 10.2 で分母が二乗となっている s 関数の逆変換 $1/s^2\ \to\ t^{n-1}/(n-1)!$ が使える。s の指数である n は 2 であり，もとの関数は，以下となる。

$$\frac{1}{s^2}\to\frac{t^{2-1}}{(2-1)!}=\frac{t}{1}=t$$

また，s が $s+1$ になっていることから推移定理で e^{-t} を掛ける。よって，以下となる。

$$\mathcal{L}^{-1}\left\{\frac{1}{(s+1)^2}\right\}=te^{-t}$$

$$\mathcal{L}^{-1}\left\{\frac{2}{s+1}+\frac{1}{(s+1)^2}\right\}=2e^{-t}+te^{-t}=(2+t)e^{-t}$$

♦

11.4　ラプラス変換による微分方程式の解法

ラプラス変換を使った微分方程式の解き方が理解できたところで，8，9 章の解き方と比較してみよう。最初に，これまで解いてきた例題の微分方程式 $f''(t)+3f'(t)+2f(t)=0$ を例にして，解き方の流れを解き方 11.4 にまとめた。

解き方 11.4：ラプラス変換を使った微分方程式の解法

11 章で説明した微分定理により微分方程式をラプラス変換できる。これを，$F(s)=$ に変形（解き）して部分分数展開し，ラプラス逆変換すれば解が求まる（図 **11.1**）。

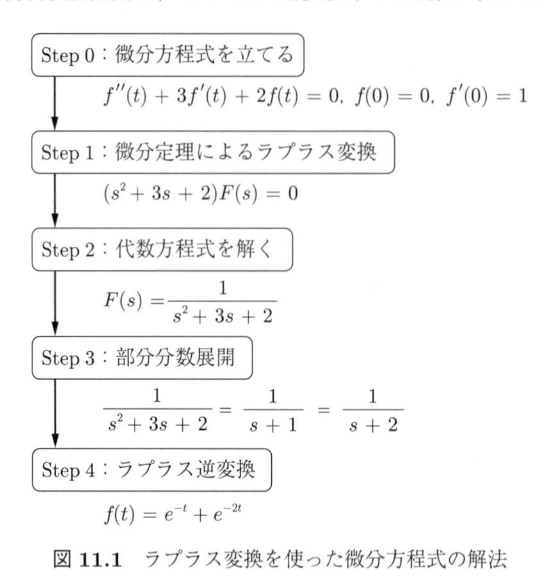

図 11.1　ラプラス変換を使った微分方程式の解法

微分方程式からはじめるときは Step 0 は不要であるが，回路方程式を解く場合には，微分方程式を立てるところからはじめる。Step 1 で微分方程式に微分定理を適用し，両辺をラプラス変換する。s 関数が得られ，Step 2 でその式を $F(s)=$ の形に整理する。この変形作業が，t 関数では微分方程式を微分・積分することに対応する。Step 3 で整理された関数を部分分数展開し，Step 4 でラプラス変換すれば解が求まる。

ラプラス変換でによる解法では，特殊解を仮定したり，最後に積分定数を決定したりする作業がない。ラプラス変換さえできてしまえば，比較的に容易に解ける。

11.5　実際の回路方程式で解き方を比較

つぎに，実際の回路方程式を解く方法として，8，9 章で説明した解き方とラプラス変換による方法で比較してみる。図 **11.2** は 8 章の例題 8.7 で取り上げた問題である。問題を再掲する

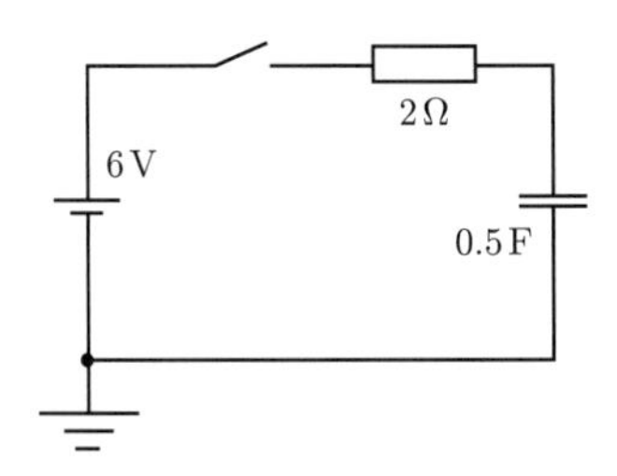

図 11.2 コンデンサの充電回路

と，つぎのようになる。図 11.2（8 章の図 8.4 再掲）の回路で，$t = 0$ でスイッチを入れて，初期状態で電荷 0 C のキャパシタを充電する回路で，最終的には電荷量の関数 $q(t)$ を求める問題である。

11.5.1 ラプラス変換で解く

図 11.1 の流れに従って，図 11.2 のコンデンサ充電回路を微分方程式で解いていく。

Step 0：**微分方程式を立てる**　8.4 節で詳しく説明しているので，そちらを参考にしてほしい。キャパシタの電荷量が時間とともに変化する関数とし，$q(t)$ とすると，式 (11.5) となる。また時間 0 では，スイッチが入っていないので，初期条件は，$q(0) = 0$ である。

$$q'(t) + q(t) = 3 \tag{11.5}$$

Step 1：**微分定理によるラプラス変換**　1 階の微分方程式であるので，式 (10.7) の微分定理を適用すればよい。$q(t)$ のラプラス変換を $Q(s)$ とすると，左辺は以下のように変換される。

$$\begin{aligned}\mathcal{L}\{q'(t) + q(t)\} &= (sQ(s) - q(0)) + Q(s)\\ &= (sQ(s) - 0) + Q(s) = (s+1)Q(s)\end{aligned}$$

一方，右辺は，$t = 0$ でスイッチが入り 3 となる。表 10.1 で，ユニットステップ関数 $u(t)$ のラプラス変化が適用でき，以下のようになる。

$$\mathcal{L}\{3u(t)\} = \frac{3}{s}$$

したがって，微分方程式のラプラス変換は，以下の式となる。

$$(s+1)Q(s) = \frac{3}{s}$$

Step 2：**代数方程式を解く**　$Q(s) =$ の形に変形すればよく，以下の式となる。

$$Q(s) = \frac{3}{s(s+1)}$$

Step 3：**部分分数展開**（解き方 11.2）　分母が s と $s+1$ の積になっていることから，解き方 11.2 を使い，定数 A，B を仮定し以下のように，展開できる。

$$\frac{3}{s(s+1)} = \frac{A}{s} + \frac{B}{s+1}$$

両辺に $s(s+1)$ を掛けて，$s=0$，-1 を代入して，A，B を決定する。

$$\frac{3}{s(s+1)}s(s+1) = \frac{A}{s}s(s+1) + \frac{B}{s+1}s(s+1)$$

$$3 = A(S+1) + Bs$$

$s=0$ を代入して

$$3 = A(0+1) + Bs, \qquad A = 3$$

$s=-1$ を代入して

$$3 = A(-1+1) + B(-1), \qquad B = -3$$

よって

$$\frac{3}{s(s+1)} = \frac{3}{s} - \frac{3}{s+1}$$

Step 4：**ラプラス逆変換**（解き方 10.3）　表 10.2 で $3/s$ はユニット関数への逆変換，$3/(s+1)$ は指数関数への逆変換となる。

$$\mathcal{L}^{-1}\left\{\frac{3}{s(s+1)}\right\} = \mathcal{L}^{-1}\left\{\frac{3}{s}\right\} - \mathcal{L}^{-1}\left\{\frac{3}{s+1}\right\} = 3 - 3e^{-t} = -3e^{-t} + 3$$

したがって，微分方程式の解は，$q(t) = -3e^{-t} + 3$ となる。これは，例題 8.7 で求めた解と一致する。

11.5.2　ラプラス変換を使わない（8，9 章）の解き方との比較

ここで，8 章での解き方を思い出してみよう。**図 11.3** は，例題 8.7 で説明した解き方と式変形の流れを示している。ラプラス変換での解き方も，8，9 章での解き方でも，Step 0 の微分方程式を立てるところは同じで，あとはともに 4 Step となっている。ラプラス変換では一度も微分・積分を使うことなく解くことができる。これに対して，8 章の解き方では，1 階の微分方程式で積分が必要となる。また，Step 2 の定常解，特殊解を求めるとき，Step 4 で解の決定をするときに，微分を使って係数を決めなければならない。1 階の微分方程式では，一次導関数を代入すればよいが，2 階の微分方程式では解の一次，二次導関数を代入して微分方程式に代入し，解を決定する必要がある。

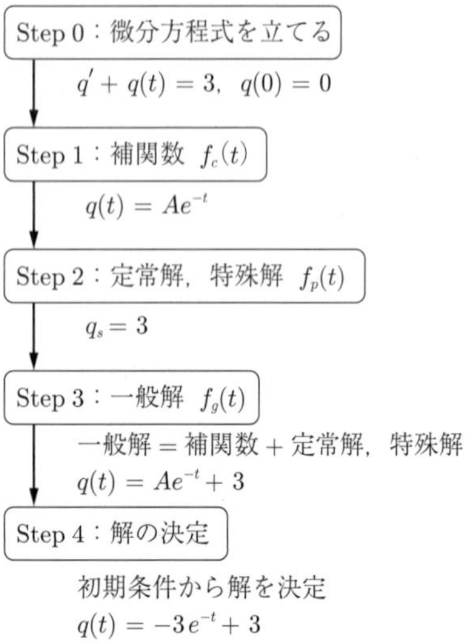

Step 0：微分方程式を立てる
$q' + q(t) = 3$，$q(0) = 0$
↓
Step 1：補関数 $f_c(t)$
$q(t) = Ae^{-t}$
↓
Step 2：定常解，特殊解 $f_p(t)$
$q_s = 3$
↓
Step 3：一般解 $f_g(t)$
一般解 = 補関数 + 定常解，特殊解
$q(t) = Ae^{-t} + 3$
↓
Step 4：解の決定
初期条件から解を決定
$q(t) = -3e^{-t} + 3$

図 11.3　微分方程式を直接解く方法

私見ではあるが，1 階の微分方程式では，8，9 章の解き方とラプラス変換による解き方であまり差がないが，2 階の微分方程式ではラプラス変換による解き方のほうが

簡単という印象を持っている。8，9章の解き方では，微分方程式を決定するのに初期条件を使う。このときに，2階の微分方程式では，一般解と一般解の微分に初期条件を適用して決定する。一般解によっては微分が複雑になり，微分定数の決定に手間がかかるからだ。章末問題の【5】で，両方の解き方を比較してみると面白い。

章　末　問　題

【1】（**2階の微分定理の導出**）一次導関数の微分定理である式 (10.8) を使って，二次導関数のラプラス変換が式 (11.1) で示した $s^2F(s) - sf(0) - f'(0)$ となることを導け。

（ヒント）$f'' = (f')'$ である。したがって，二次導関数のラプラス変換は，$\mathcal{L}\{f''\} = s\mathcal{L}\{f'\} - f(0)$ となる。これに，一次導関数 f' のラプラス変換，$\mathcal{L}\{f'\} = sF(s) - f(0)$ の関係を適用する。

【2】（**部分分数展開とラプラス逆変換**）

(1-1)　$(3s+1)/(s^2+2s-3)$ を因数分解し，部分分数に分解せよ。

(1-2)　(1-1) を逆ラプラス変換せよ。

(2-1)　$1/(s^2+s)$ を因数分解し，部分分数に分解せよ。

(2-2)　(2-1) を逆ラプラス変換せよ。

【3】（**1階の微分方程式**）微分方程式 $f'(t) + 2f(t) = 0$，$f(0) = 3$ の解をラプラス変換を使って，以下の手順で求めよ。

(1)　$f(t)$ のラプラス変換を $F(s)$ とし，微分方程式をラプラス変換せよ。初期条件も加え，左辺が $F(s)$ となるように整理せよ。

(2)　(1) を逆変換して，微分方程式の解を求めよ。

【4】（**2階の微分方程式（ラプラス変換）**）微分方程式 $f''(t) + 9f(t) = 0$，$f(0) = 0$，$f'(0) = 2$ の解をラプラス変換を使って，以下の手順で求めよ。

(1)　$f(t)$ のラプラス変換を $F(s)$ とし，微分方程式をラプラス変換せよ。初期条件も加え，左辺が $F(s)$ となるように整理せよ。

(2)　(1) を逆変換して，微分方程式の解を求めよ。

【5】（**微分方程式の解法：直接解く方法とラプラス変換による方法**）

5-1：**直接解く方法**（8，9章での解き方）

微分方程式 $f'(t) + f(t) = t$，$f(0) = 0$ の解を8，9章で解説した直接解く方法を使って，以下の手順で求めよ。

(1)　$f'(t) + f(t) = 0$ として，変数分離法で補関数を求めよ。

(2)　特殊解を求めよ。

(3)　(1)，(2) の結果をもとに，(1) の一般解を求めよ。

(4)　初期条件を使って，解を決定せよ。

5-2：**ラプラス変換で解く方法**

微分方程式 $f'(t) + f(t) = t$，$f(0) = 0$ の解をラプラス変換を使って以下の手順で求めよ。

(1)　$f(t)$ のラプラス変換を $F(s)$ とし，微分方程式をラプラス変換せよ。初期条件も加え，左辺が $F(s)$ となるように整理せよ。

(2)　(1) を逆変換して，微分方程式の解を求めよ。

12 フーリエ級数

これまでの電気数学では，sin，cos といった単純な波形を扱ってきた。しかしながら，われわれの周囲にある現象は時間とともに複雑に変化する場合のほうが多い。例えば，ある音は周期的ではあるが図 **12.1** のように変化するだろう。こうした周期的ではあるが複雑に変化する波形を sin，cos の和で表す方法がフーリエ級数である。

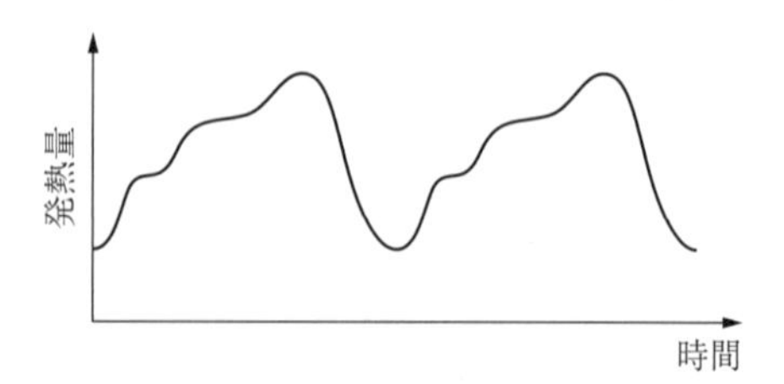

図 12.1　複雑に時間変化する周期関数

初めは違和感を持つかもしれないが，図 12.1 のような複雑波形も sin, cos の和で表すことができる。波形が sin, cos の和で表してしまえば，これまで学んできた三角関数や複素数といった数学的手法が使えるから便利だ。本章では，フーリエ級数の例として，おもに方形波を取り上げ，方形波が sin，cos の和で表されることを学ぶ。

12.1　フーリエ級数で方形波の近似を検討してみよう

フーリエ級数を厳密に数学的に説明するのは 12.2 節以降とし，ここでは複雑あるいは特定的な波形が，sin 波，cos 波の和で構成されることを直感的に理解しよう。フーリエ級数を成り立たせるポイントが一つある。冒頭の導入部では，「sin 波，cos 波の和」と書いたが，実際には周期の異なる sin 波，cos 波の和である。図 12.1 のような波形の場合，全体を代用する大きな周期の波形を sin 波，cos 波で表し，それ以外の細かく変化しているところは，より周波数の高い sin 波，cos 波に大きさの係数を掛けて加えていく。

図 12.2 (a) は，$x = 0, 180°$ で $y = 0$，$0 < x < 180$ で $y = 1$ となっている方形波である。横軸は時間でもよいが，$\sin x$ との関係がわかりやすいように角度〔°〕としている。まず，上述したように「全体を代表する大きな波形」を考えると，図 (b) のように 0° から 90° まで増加して 180° まで減少する $\sin x$ が適していそうである。

つぎに，図 (a) に近づけるためには，90° 付近②の部分を低くして，その周辺①の部分を高めればよい。ということは，180° の中で，値が＋ → − → ＋と変化する関数を加えればよい。0〜180° の範囲で極性が 3 回変わるのは，$\sin x$ の 3 倍高調波 $\sin 3x$ である。そこで，図 (c) のように $\sin 3x$ に 1/3 を掛けた $1/3 \cdot \sin 3x$ を (b) に加える（1/3 がどのように得られたかは，12.2 節以降で説明する）。図 (b) と図 (c) を加えたのが図 (d) で，この波形は，図 (a) にかなり似てきている。

さらに近づけるにはどうしたらよいだろうか？ 図 (d) が図 (a) と比べて低い①の部分を高

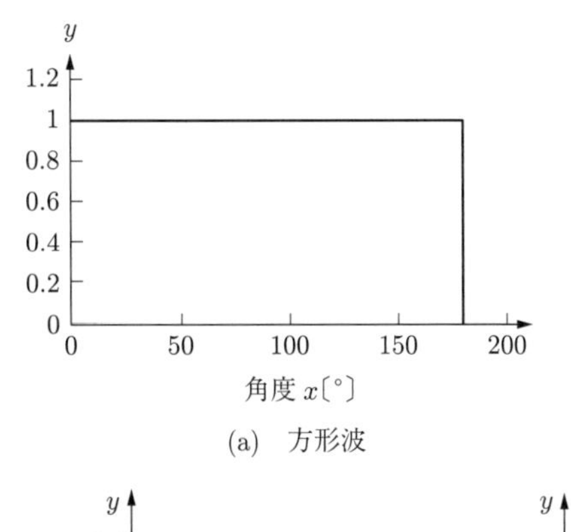

(a) 方形波

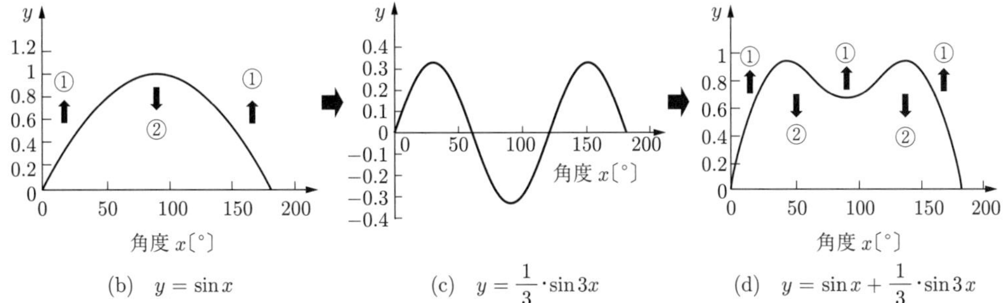

(b) $y = \sin x$　(c) $y = \dfrac{1}{3} \cdot \sin 3x$　(d) $y = \sin x + \dfrac{1}{3} \cdot \sin 3x$

図 12.2 方形波を sin 波で展開

く，図 (a) と比べて高い②の部分を低くすればよい。加える関数は，0〜180° の範囲で極性が 5 回変わることになるので，$\sin 5x$ を加えればよさそうある。という感じで，sin 波，cos 波を加えていけば，しだいに図 (a) に近づいていくと予想できる。このように，任意の周期関数を sin 波，cos 波の和で表すのがフーリエ級数である。

12.2 フーリエ級数の定義

12.1 節で述べたフーリエ級数を数学的に定義すると，以下のようになる。

定義 12.1 (フーリエ級数)

図 12.3 のように周期 τ で波形が繰り返される周期関数 $f(t)$ は，三角関数を用いて以下のように展開でき，これを**フーリエ級数**（Fourier series）という。

$$f(t) = \frac{1}{2}a_0 + \sum_{n=1}^{\infty}(a_n \cos n\omega_0 t + b_n \sin n\omega_0 t) \tag{12.1}$$

$$= a_0 + a_1 \cos \omega_0 t + a_2 \cos 2\omega_0 t + a_3 \cos 3\omega_0 t + \cdots \tag{12.2}$$

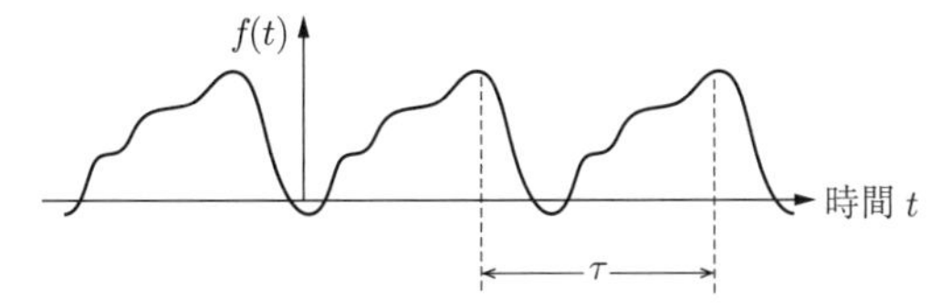

図 12.3 周期変化する任意波形

ここで

$$\omega_0 = 2\pi f = \frac{2\pi}{\tau} \tag{12.3}$$

a_0：y の時間平均で直流成分を表す

a_1，b_1：基本波，　a_n，$b_n(n \geqq 2)$：高調波

12.1 節の説明に比べ，急に難しくなった印象を受けるが，要は，「複雑な周期波形も sin 波，cos 波の和」で表されることを数学的に表現しただけである。sin 波，cos 波にある係数 a_n，b_n を掛けて加えていくことを示している。以下，定義で使われている文字記号について，説明を加える。

$\omega_0 = 2\pi f = 2\pi/\tau$ で，波形の周期が τ で，この逆数 $1/\tau$ が周波数 f となる。$1/\tau$ に 2π を掛けた値が角速度 ω_0 である。a_0 は波形 y の値の時間平均をとった直流成分である。交流 100 V のようにプラス側とマイナス側が対称の場合は 0 となる。12.1 節で「全体を代用する大きな周期の波形を sin 波，cos 波で表し，それ以外の細かく変化しているところは，より周波数の高い sin 波，cos 波に大きさの係数を掛けて加えていく」と説明した。この全体を代用する大きな周期の波形を**基本波**（fundamental wave）と呼び，それ以外の波形を調整している周波数の高い sin 波，cos 波を**高調波**（harmonic wave）と呼ぶ。

公式 12.1：フーリエ級数の係数

式 (12.1)，式 (12.2) で，a_0，a_n，b_n は式 (12.4)〜(12.6) で求まる。

$$a_0 = \frac{2}{\tau}\int_{-\tau/2}^{\tau/2} f(t)dt \tag{12.4}$$

$$a_n = \frac{2}{\tau}\int_{-\tau/2}^{\tau/2} f(t)\cos n\omega_0 t\,dt \tag{12.5}$$

$$b_n = \frac{2}{\tau}\int_{-\tau/2}^{\tau/2} f(t)\sin n\omega_0 t\,dt \tag{12.6}$$

12.3　フーリエ級数の解き方（求め方）

与えられた関数 $f(t)$ のフーリエ級数を求めるときは，以下の Step で行う。

解き方 12.1：フーリエ級数

Step 1：**（周期関数 $f(t)$ のグラフに書く）**　時間と関数の値との関係が，1 周期分与えられているので，その関係をグラフに書く。すでにグラフが与えられている場合は，この Step は不要である。

Step 2：**（周期 τ，角周波数 ω_0 を求める）**　Step 1 のグラフから，同じ位相になる時

間間隔（周期 τ）を読みとる。得られた周期 τ に対し，$\omega_0 = 2\pi/\tau$ の関係から角周波数 ω_0 を求める。

Step 3：（a_0，a_n，b_n **を求める**）　式 (12.4)〜(12.6) を使って，a_0，a_n，b_n を求める。a_0 は $f(t)$ を積分することで得られ，a_n は $f(t)$ に $\cos n\omega_0 t$，b_n は $f(t)$ に $\sin n\omega_0 t$ を掛けて，積分することで求まる。

Step 4：（**フーリエ級数に書き下す**）　Step 3 で得られた a_0，a_n，b_n を使って，式 (12.2) の形で表す。a_n，b_n には，n が含まれているので，$n = 1, 2, 3 \cdots$ と代入して a_n，b_n の値を求め，式 (12.2) の形に書き出す。

式 (12.2) では複雑に思えるフーリエ級数も，Step を踏んでいけば展開できる。Step 1〜4 の中で一番の手間となるのは，Step 3 の a_0，a_n，b_n の係数を求めるところである。関数 $f(t)$ に $\cos n\omega_0 t$，$\cos n\omega_0 t$ を掛けて積分するため，やや複雑な計算となるが，7 章の積分を復習しながら計算すれば求められる。では，実際の例題で解き方を確認してみよう。

例題 12.1　式 (12.7) で与えられる関数のフーリエ級数を以下の手順で求めよ。

(1)　$-2 \leqq t \leqq 2$ の範囲で数のグラフを書け。

(2)　周期 τ と，角速度 ω_0 を求めよ。

(3)　直流成分 a_0 を求めよ。

(4)　フーリエ級数の係数 a_n，b_n を求めよ。

(5)　式 (12.2) の形で，$n = 7$ まで書き出せ。

$$f(t) \begin{cases} \dfrac{1}{2} & (0 < t < 1) \\ -\dfrac{1}{2} & (1 < t < 2) \end{cases} \tag{12.7}$$

【解答】 (1)　解き方 12.1 Step 1

$0 < t < 1$ で $1/2$，$1 < t < 2$ で $-1/2$ を基本単位として，これを繰り返すグラフを $-2 \leqq t \leqq 2$ の範囲で書けばよい。したがって，**図 12.4** のようになる。

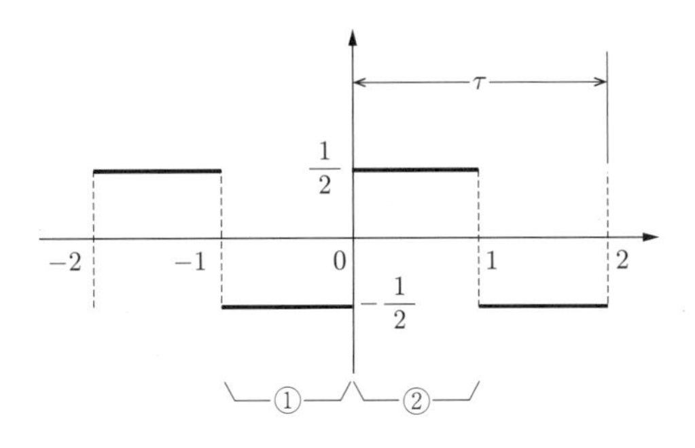

図 12.4　関数 $f(t)$

(2)　解き方 12.1 Step 2

周期は，位相が同じところから同じところまでの時間である。図 12.4 で $f(t)$ が $1/2 \to -1/2 \to 1/2$ に変わる位相で時間を読み $\tau = 2$ が得られる。τ から角速度 ω_0 を求めるには，式 (12.2) の関係を使い，$\omega_0 = 2\pi/\tau = 2\pi/2 = \pi$ となる。

(3)　解き方 12.1 Step 3

直流成分 a_0 は式 (12.4) で求まる。(2) で求められた $\tau = 2$ を使って，つぎのようになる。

$$a_0 = \frac{2}{\tau}\int_{-\tau/2}^{\tau/2} f(t)\,dt = \frac{2}{2}\int_{-2/2}^{2/2} f(t)\,dt = \int_{-1}^{1} f(t)\,dt$$

この式の積分区間は -1〜1 である。$f(t)$ は $-1 < t < 0$ で $-1/2$，$0 < t < 1$ で $1/2$ となるので，図 12.4 で区間を①と②に分けて積分する。

$$a_0 = \int_{-1}^{1} f(t)\,dt = \int_{-1}^{0}\left(-\frac{1}{2}\right)dt\ (\text{①の積分}) + \int_{0}^{1}\left(\frac{1}{2}\right)dt\ (\text{②の積分})$$

これは，定数の積分なので，t の一次式の定積分となる。

$$a_0 = -\frac{1}{2}\Big[t\Big]_{-1}^{0} + \frac{1}{2}\Big[t\Big]_{0}^{1} = -\frac{1}{2}(0-(-1)) + \frac{1}{2}(1-0) = -\frac{1}{2} + \frac{1}{2} = 0$$

$a_0 = 0$ というのは，$f(t)$ が $-1/2$ と $1/2$ を繰り返し，直流成分がないことを示している。

(4)　解き方 12.1 Step 3

フーリエ級数の a_n，b_n を求める。a_n は，式 (12.5) からつぎのようになり，この式に (2) で求めた $\tau = 2$，$\omega_0 = \pi$ を代入する。

$$\begin{aligned} a_n &= \frac{2}{\tau}\int_{-\tau/2}^{\tau/2} f(t)\cos n\omega_0 t\,dt \\ &= \frac{2}{2}\int_{-2/2}^{2/2} f(t)\cos n\pi t\,dt = \int_{-1}^{1} f(t)\cos n\pi t\,dt \end{aligned}$$

この式の積分区間は -1〜1 である。$f(t)$ は $-1 < t < 0$ で $-1/2$，$0 < t < 1$ で $1/2$ となるので，図 12.4 で区間を①と②に分けて積分する。

$$\begin{aligned} &= \int_{-1}^{0}\left(-\frac{1}{2}\right)\cos n\pi t\,dt\ (\text{①の積分}) + \int_{0}^{1}\left(\frac{1}{2}\right)(\text{②の積分})\cos n\pi t\,dt \\ &= -\frac{1}{2}\left[\frac{\sin n\pi t}{n\pi}\right]_{-1}^{0} + \frac{1}{2}\left[\frac{\sin n\pi t}{n\pi}\right]_{0}^{1} \\ &= -\frac{1}{2n\pi}[\sin 0 - \sin(-n\pi)] + \frac{1}{2n\pi}(\sin n\pi - \sin 0) \\ &= -0 + 0 + 0 - 0 = 0 \end{aligned}$$

ここで，n は自然数なので，$\sin(-n\pi)$，$\sin(n\pi)$ は n の値にかかわらず 0 となる。ここまでの計算から，$a_n = 0$ である。

同様に，b_n を求める。式 (12.6) に，$\tau = 2$，$\omega_0 = \pi$ を代入する。

$$\begin{aligned} b_n &= \frac{2}{\tau}\int_{-\tau/2}^{\tau/2} f(t)\sin n\pi t\,dt \\ &= \int_{-1}^{0}\left(-\frac{1}{2}\right)\sin n\pi t\,dt\ (\text{①の積分}) + \int_{0}^{1}\left(\frac{1}{2}\right)\sin n\pi t\,dt\ (\text{②の積分}) \end{aligned}$$

$$= -\frac{1}{2}\left[\frac{-\cos n\pi t}{n\pi}\right]_{-1}^{0} + \frac{1}{2}\left[\frac{-\cos n\pi t}{n\pi}\right]_{0}^{1}$$
$$= \frac{1}{2n\pi}(\cos 0 - \cos(-n\pi)) - \frac{1}{2n\pi}(\cos(n\pi) - \cos 0)$$
$$= \frac{1}{2n\pi}(1 - \cos(-n\pi) - \cos(n\pi) + 1)$$
$$= \frac{1}{n\pi}(1 - \cos(n\pi))$$

ここで，**図 12.5** に示すように，$\cos(-n\pi)$ と $\cos(n\pi)$ は同じ（3 章の公式 3.5 を参照）であるので，$\cos(n\pi)$ にまとめた。また，図 12.5 から $\cos(n\pi)$ は 0，偶数のときは単位円の右側となり $+1$，奇数の場合は単位円の左側となり -1 となる。したがって，$\cos(n\pi)$ は，$(-1)^n$ と同じである。$(-1)^n$ は n が 0 または偶数で $+1$，奇数で -1 となる。これらのことをまとめると，以下のようになる。

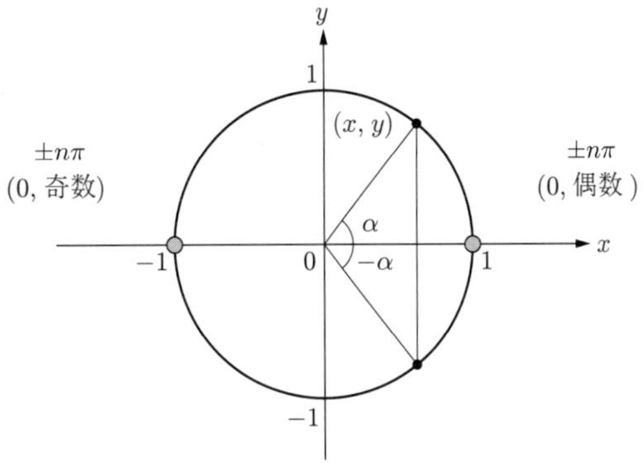

図 12.5 $\cos(n\pi)$，$\cos(-n\pi)$ の値

$$\left.\begin{aligned} b_n &= \frac{1}{n\pi}(1-\cos(n\pi)) \\ &\text{または} \\ b_n &= \frac{1}{n\pi}(1-(-1)^n) \end{aligned}\right\} \quad \begin{aligned} &n：0\text{ または偶数} \quad b_n = 0 \\ &n：\text{奇数} \quad b_n = \frac{2}{n\pi} \end{aligned}$$

(5) 解き方 12.1 Step 4

$a_0 = a_n = 0$ なので，b_n の項だけを考える。b_n に $n = 0$〜7 を代入すると，以下のようになる。

$$b_0 = 0, \quad b_1 = \frac{2}{\pi}, \quad b_2 = 0, \quad b_3 = \frac{2}{3}\pi, \quad b_4 = 0, \quad b_5 = \frac{2}{5}\pi, \quad b_6 = 0, \quad b_7 = \frac{2}{7}\pi$$

これらの結果から，$f(t)$ を式 (12.2) の形に書き下すと，式 (12.8) になる。

$$f(\mathrm{t}) = \frac{2}{\pi}\left(\sin\pi t + \frac{1}{3}\sin 3\pi t + \frac{1}{5}\sin 5\pi t + \frac{1}{7\pi}\sin 7\pi t + \cdots\right) \tag{12.8}$$ ◆

12.4 フーリエ級数を確認してみよう

12.1 節のフーリエ級数についての説明では，$\sin x$ に $1/3\cdot\sin 3x$ を加えた。これは，式 (12.8) の 2 項目 $1/3\sin 3\pi t$ に対応した項である。例題 12.1 で $\pm 1/2$ に変化するフーリエ級数が求められた。

ここではさらに高次の高調波を加えることで，与えられた関数 $f(t)$ に近づく様子を $0 < t < 1$ の範囲で調べてみよう。**図 12.6** は $\sin\pi t$ の基本波 (a) に，高調波を加えていった波形である。図 (b) は基本波に 3 次と 5 次の高調波を加えた波形，図 (c) は基本波に 3 次から 9 次までの高調波を加えた波形，図 (d) は基本波に 3 次から 12 次までの高調波を加えた波形である。それぞれの波形に，もとの関数 $f(t)$ の値 $+1/2$ も点線で記載してある。

図 (b)〜(d) で，波形は $+1/2$ を中心に増減を繰り返し，高調波を増やすことで増減幅が小さ

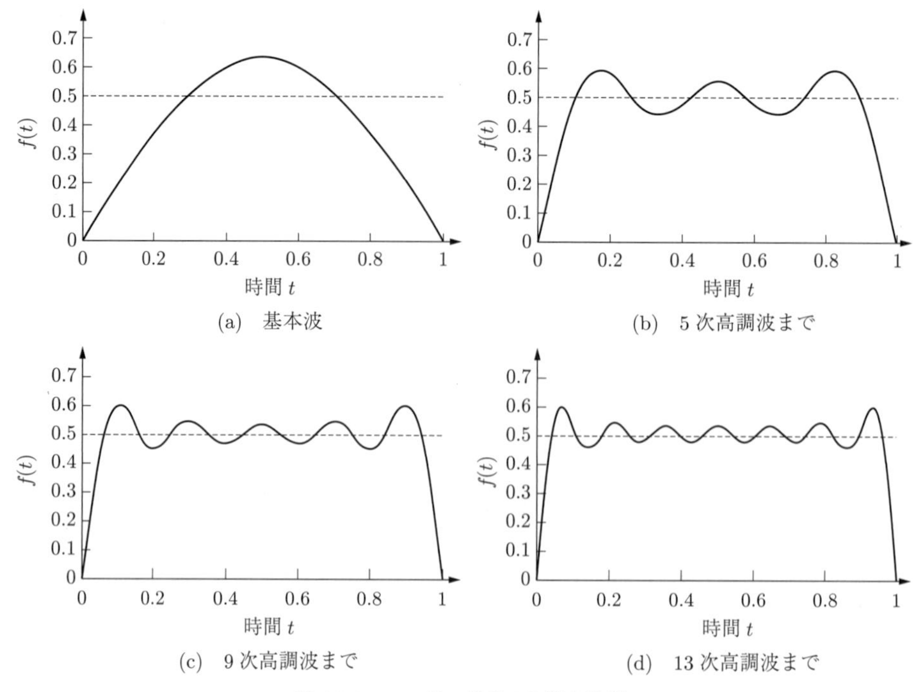

図 12.6　フーリエ級数の次数と波形

くなり，+1/2 に近づいている。ここでの繰返し数は，例えば図 (b) の 5 倍高調波では両端を除くと，+1/2 の上，下，上，下，上と 5 回変化し，最大の高調波数の倍数に等しくなっている。したがって，高調波の次数を無限に大きくして加えると，+1/2 を中心に無限回振動し，振動の幅も無限大に小さくなり，+1/2 に一致すると推定される。この議論では，方形波を取り上げてきた，ほかの任意の周期波形で，任意の周期波形もフーリエ級数で展開できる。

12.5　フーリエ級数展開を容易にする偶関数・奇関数

12.5.1　偶関数・奇関数

ここまで，フーリエ級数について説明してきたが，a_0，a_n，b_n を求めるのが大変と感じた読者は多いと思う。そこで，求める波形によっては，a_0，a_n，b_n のいずれかを求めなくてもよい方法を紹介する。

この考えを適用できるのが偶関数，奇関数である。**図 12.7** に偶関数，**図 12.8** に奇関数の例を示す。偶関数は y 軸に対称な関数で，わかりやすくいえば，y 軸で折り返すと重なる関数である。奇関数は原点に対称で，原点を中心に $180°$ 回転すると重なる関数である。偶関数，奇関数を数学的に記述すると，以下のようになる。

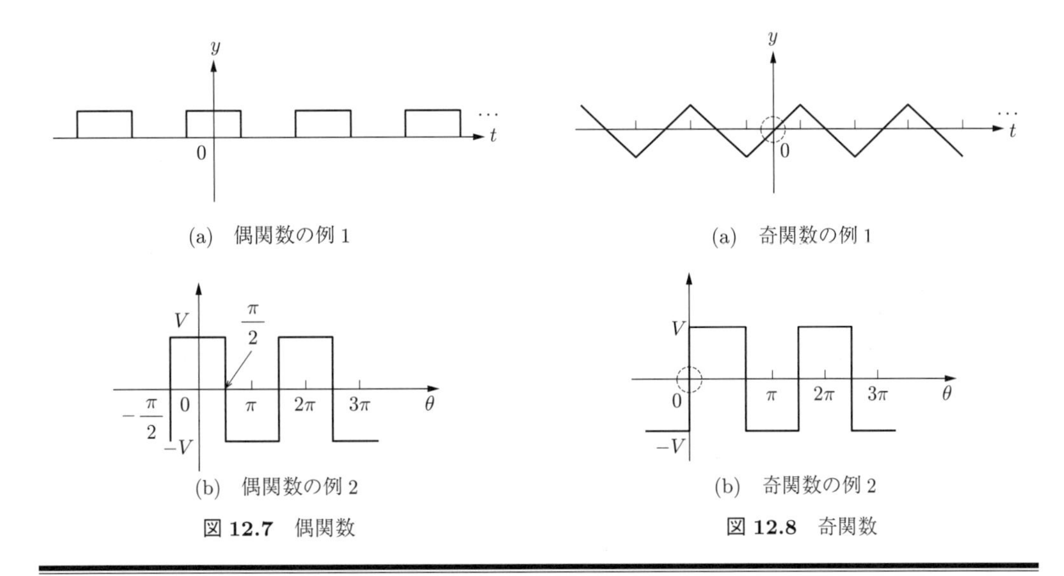

図 **12.7** 偶関数　　図 **12.8** 奇関数

定義 12.2 (偶関数と奇関数)

偶関数と奇関数は式 (12.9)，式 (12.10) のように定義される。

偶関数 (even functions)：y 軸に対称　$f(\theta) = f(-\theta)$ (12.9)

奇関数 (odd functions)：原点に対称　$f(-\theta) = -f(\theta)$ (12.10)

偶関数，奇関数で気をつけることは，同じような変化をする波形でも位相により，偶関数にも奇関数にもなるということである。図 12.7 (b) と図 12.8 (b) はともに方形波であるが，図 12.7 (b) は y 軸に対して対称で偶関数であるのに対し，図 12.8 (b) は原点に対して対称となっており，奇関数となる。この分類からいくと，例題 12.1 の関数 $f(t)$ は原点に対称で，奇関数である。偶関数・奇関数の分類基準が，y 軸あるいは原点との対称性であることに留意してほしい。

12.5.2 偶関数・奇関数とフーリエ級数

12.5.1 項で定義した偶関数・奇関数と，フーリエ級数との関係を調べる。まず，単純な sin, cos について考えると，sin は原点の前後でプラスからマイナスに変わり，奇関数である。一方の cos は，$\theta = 0$ の前では 1 に向かって増加して，$\theta = 0$ で 1 となりその後は減少して，y 軸を対称とする偶関数である。

これを偶関数，奇関数の方形波との対応で書いたのが，**図 12.9** である。図 (a) は偶関数の方形波で，これに対応させて同じ周期の cos 波を書いたのが図 (b) である。図 (a) と図 (b) は基本波のみでもかなり似ており，例題 12.1 のように，cos のみの高調波を加えていけば，図 (a) の方形波になると推定できる。同様に，**図 12.10** (a) が奇関数の方形波で，同じ周期の sin 波を書いたのが図 (b) である。図 (a) のフーリエ級数は，例題 12.1 で示したように，sin の基本

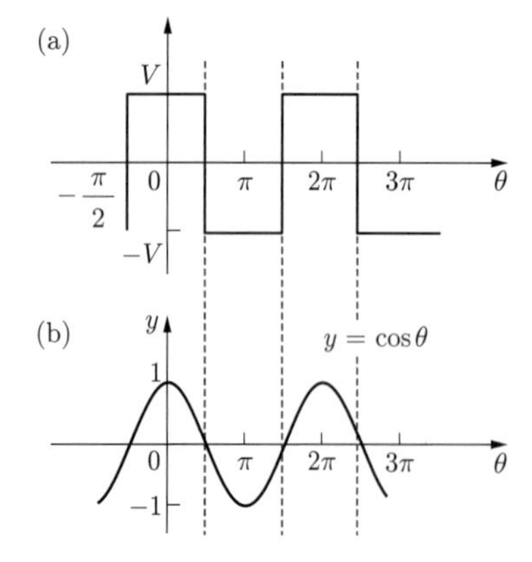

図 12.9　偶関数の方形波 (a) と cos 波 (b)

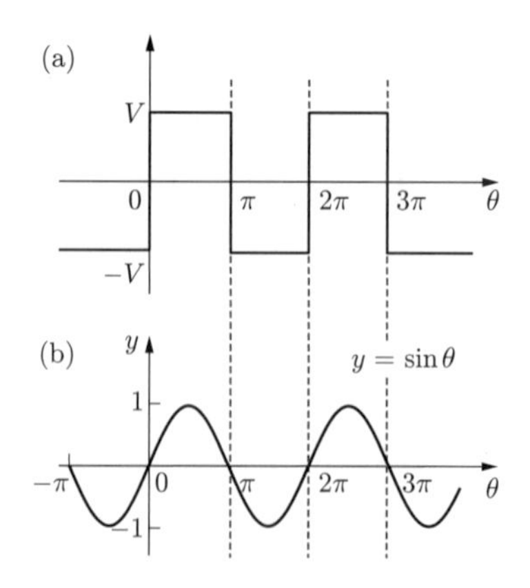

図 12.10　奇関数の方形波 (a) と sin 波 (b)

波と sin の高調波でのみで記述された。また，奇関数は，原点に対して対称となることから，プラス成分の平均とマイナス成分の平均が同じである必要があり，直流成分 a_0 はない。

偶関数，奇関数については，以下の公式が導かれており，これを使うと，フーリエ級数を構成しない係数の計算をする必要がなくなり，効率的にフーリエ級数を求めることができる。

公式 12.2：偶関数・奇関数とフーリエ級数

偶関数のフーリエ級数：cos の基本波と高調波のみ。a_n 項のみで $b_n = 0$
奇関数のフーリエ級数：sin の基本波と高調波のみ。b_n 項のみで $a_0 = a_n = 0$

12.6　周波数解析（離散スペクトル）

12.6.1　フーリエ級数と電気電子工学

ここまで，フーリエ級数の数学的な扱いを説明してきた。ここからは，電気電子工学とフーリエ級数との関係を説明する。**図 12.11** (a) は，のこぎり波（章末問題の【3】）をフーリエ級数展開した図である。図ののこぎり波は原点に対称で奇関数であり，フーリエ級数は sin の基本波と高調波で展開できる。横軸にフーリエ級数の次数 n，縦軸に sin の係数 b_n をとると図 (b) のようになる。横軸の n はフーリエ級数の次数であるが，周波数 $f = 1/\tau$ を掛けると周波数になる。また，縦軸の b_n は $\sin n\omega_0 t$ の係数であるか，その大きさを表している。したがって，図 (b) は n 次の周波数とその大きさを示している。このように，周波数とその成分の大きさを求めることを**周波数解析**（frequency analysis）と呼ぶ。

ここまでは，与えられた関数をフーリエ級数に展開する説明をしてきた。一方，図 (b) の周波数解析がわかっていれば，その結果に従って波形を合成すれば，もとの関数を復元することができる。図 (a) のように時間とともに変化するもとの波形は**時間領域**（time domain）の表示で，図 (b) のように周波数と大きさで示される周波数解析は**周波数領域**（frequency domain）

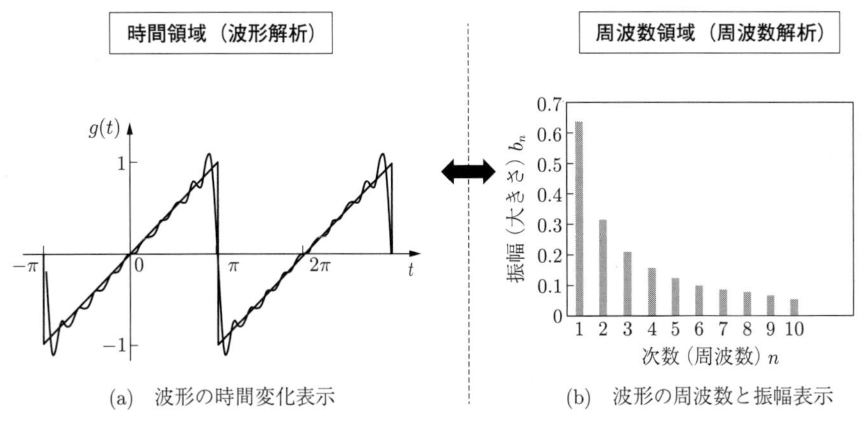

(a) 波形の時間変化表示　(b) 波形の周波数と振幅表示

図 12.11 フーリエ級数と周波数解析

の表示という見方ができる。

電気電子工学では，音や電圧・電流波形など，周期的に変化する信号を扱う。信号をフーリエ変換して，周波数解析することで信号の特徴を定量的に求めることができ，信号解析に非常に有効な手段である。また，エレクトーンなどキーボードを使った電子楽器では，特徴的な周波数成分を組み合わせることによりピアノ音，バイオリンなどを作り出している。フーリエさんにしてみれば，熱伝達を解析しようとして考え出した級数が，そんなことに使われるとは思いもよらなかったではないか（p. 167 コラム参照）。

12.6.2 周波数解析の数学的準備

前項では，周波数解析の説明を簡単にするため，フーリエ級数が $b_n \sin n\omega_0 t$ のみの場合を取り上げた。偶関数，奇関数以外の複雑な周期関数では，両方の成分が存在する。そこで，両成分が存在する場合の周波数解析では，$a_n \cos n\omega_0 t$ と $b_n \sin n\omega_n t$ とを一つの合成関数 $c_n \cos n\omega_0 t$ にまとめ，この合成関数を使って周波数解析する。c_n は $\cos n\omega_0 t$ の係数であり，時間領域では波形の振幅を表す。以下に $c_n \cos n\omega_0 t$ の合成方法を説明する。$a_n \cos n\omega_0 t$ と $b_n \sin n\omega_n t$ を一つの関数 $c_n \cos n\omega_0 t$ にまとめたとすると，式 (12.11) が成立する。

$$c_n \cos(n\omega_0 t + \phi_n) = a_n \cos n\omega_0 t + b_n \sin n\omega_n t \tag{12.11}$$

$c_n \cos(n\omega_0 t + \phi_n)$ に加法定理（公式 3.9）を適用する。

$$\begin{aligned} c_n \cos(n\omega_0 t + \phi_n) &= c_n \cos n\omega_0 t \cdot \cos\phi_n - c_n \cdot \sin\phi_n \cdot \sin n\omega_n t \\ &= c_n \cos\phi_n \cdot \cos n\omega_0 t - c_n \sin\phi_n \cdot \sin n\omega_n t \\ &= a_n \cos n\omega_0 t + b_n \sin n\omega_n t \end{aligned}$$

左辺と右辺を比較して

$$a_n = c_n \cos\phi_n, \qquad b_n = -c_n \sin\phi_n$$

また

$$a_n^2 + b_n^2 = c_n^2 \cos\phi_n^2 + c_n^2 \sin\phi_n^2 = c_n^2(\cos\phi_n^2 + \sin\phi_n^2) = c_n^2$$

$$\frac{b_n}{a_n} = \frac{-c_n \sin\phi_n}{c_n \cos\phi_n} = -\frac{\sin\phi_n}{\cos\phi_n} = -\tan\phi_n$$

以上より，$a_n \cos n\omega_0 t$ と $b_n \sin n\omega_n t$ を一つの関数 $c_n \cos n\omega_0 t$ にまとめる関係式は式 (12.12), (12.13) となる。

公式 12.3：次数と振幅

$$f(t) = \frac{1}{2}a_n + \sum_{n=1}^{\infty} c_n \cos(n\omega_0 t + \phi_n) \tag{12.12}$$

$$c_n = \sqrt{a_n^2 + b_n^2}, \quad \phi_n = -\tan^{-1}\left(\frac{b_n}{a_n}\right) \tag{12.13}$$

例題 12.2　例題 12.1 で求めたフーリエ級数の 15 次までの周波数解析をせよ。

【解答】　例題 12.1 のフーリエ級数は奇関数で，sin の項のみとなり $a_n = 0$ となる。式 (12.13) で $c_n = b_n$ となる。したがって，周波数解析では，次数 n と振幅 b_n をプロットすればよい。式 (12.8) で，15 次までの次数と振幅を**表 12.1** にまとめた。

表 12.1　例題 12.1 のフーリエ級数の次数と振幅

次数 n	1	2	3	4	5	6	7	8
振幅 c_n	$\frac{2}{\pi}$	0	$\frac{2}{3\pi}$	0	$\frac{2}{5\pi}$	0	$\frac{2}{7\pi}$	0
次数 n	9	10	11	12	13	14	15	16
振幅 c_n	$\frac{2}{9\pi}$	0	$\frac{2}{11\pi}$	0	$\frac{2}{13\pi}$	0	$\frac{2}{16\pi}$	0

横軸に次数 n，縦軸に振幅 b_n をプロットしたのが，**図 12.12** である。

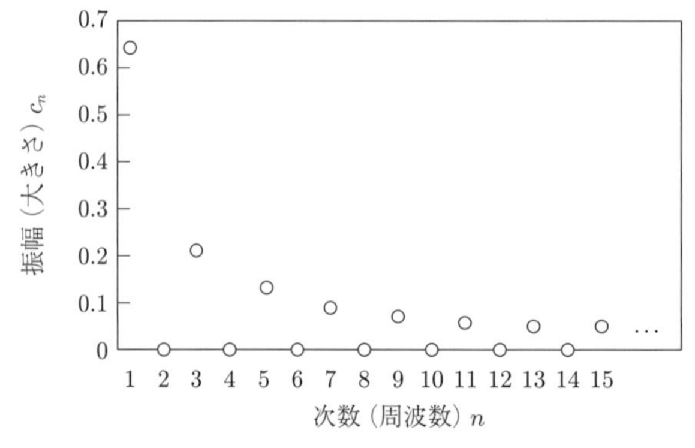

図 12.12　例題 12.1 の周波数解析

棒グラフで振幅を表示すると偶数次数が 0 となり，プロットしているかが明確でないため，○印でプロットした。基本波の 1 次から，15 次までの高調波成分の振幅（大きさ）が一目で理解できる。 ♦

12.7 実験で試す：実際の波形でフーリエ級数

フーリエ級数は電気電子工学の分野で広く使われている。現在，使われているオシロスコープはほとんどがデジタル化されており，フーリエ級数を演算する機能がついている。オシロスコープには，**高速フーリエ変換**（fast Fourier transform, **FFT**）の機能が内蔵されており，容易にフーリエ級数展開することができる。発振器で方形波を発生させ，フーリエ級数を試してみる。

図 12.13 が実験に使った装置である。左側が発振器で，右側がオシロスコープである。例題 12.1 に対応させて，発振器で周波数 1 kHz，$-1/2$ V と $+1/2$ V に変化する方形波を発生させている。**図 12.14** (a) は測定結果で，上段が方形波の測定波形で，下段が高速フーリエ変換し，12.3 節の波形を周波数解析した結果である。下段は，それぞれの周波数の振幅 C_n を示してお

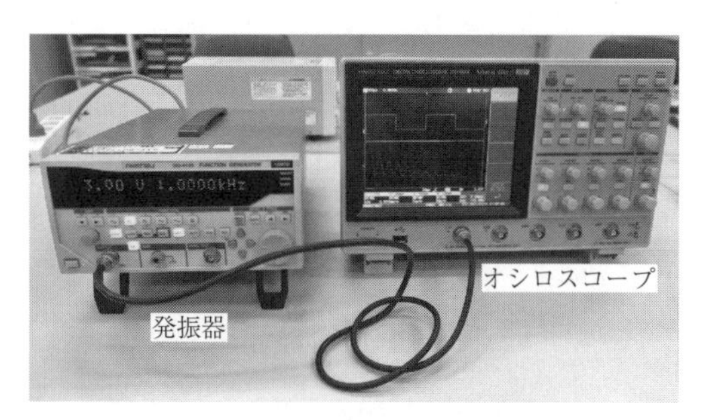

図 12.13 フーリエ級数の実験装置

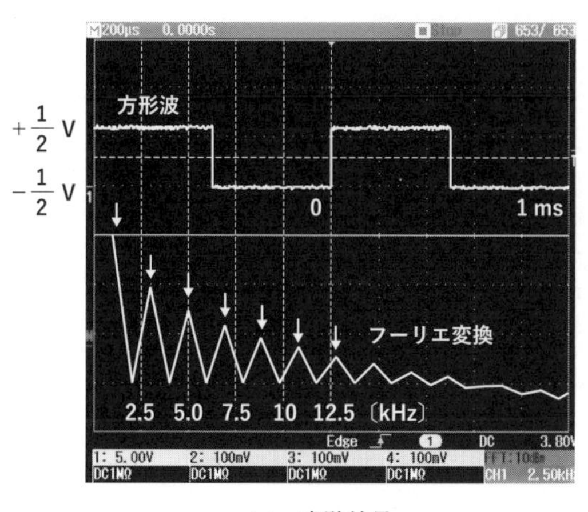

(a) 実験結果

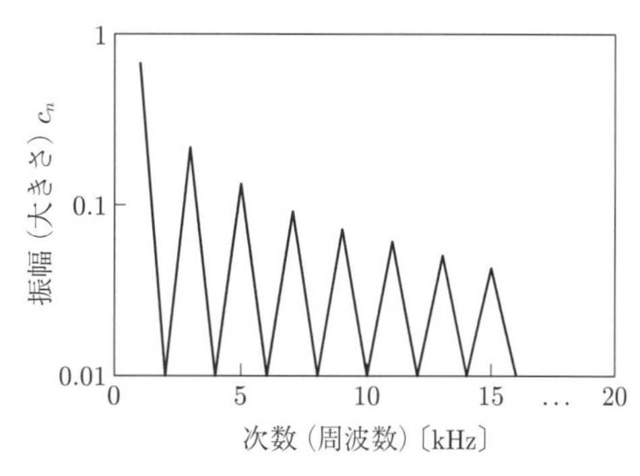

(b) 例題 12.2 の対数表示

図 12.14 方形波のフーリエ変換

り，$12, 5, 7 \cdots$ kHz と奇数周波数で C_n があり，$2, 4, 6 \cdots$ kHz と偶数周波数でスペクトル成分がないことを示している。

詳細な説明は省くが，オシロスコープの周波数に対する大きさ表示では，4 章の対数を使ったデシベル〔dB〕(p. 130 コラム参照）という単位が使われている。そこで例題 12.2 で求めた周波数解析の結果を対数表示したのが，図 (b) である。図 (a)，(b) ともに奇数周波数に信号があり，1 kHz の基本波に対し，高調波の次数が上がるのに伴い同じように減少しているのがわかる。

フーリエ級数による周波数解析は，オシロスコープを使えば簡単にでき，解析対象の波形を周波数成分に分析できる。この章で学んだフーリエ級数の考えをしっかり理解し，電気電子工学分野で調査，研究，開発に積極的に活用してほしい。

――― 章　末　問　題 ―――

【1】（フーリエ変換の準備）

(1)　グラフと周期 1

① 以下の基本関数が繰り返される関数のグラフを（$-4.0 \leqq t \leqq 4.0$）の範囲で書け。

$$f(t) = -\frac{1}{2} \quad (0 \leqq t \leqq 1) \qquad f(t) = 1 \quad (1 \leqq t \leqq 4)$$

② 周期と角周波数 ω_0 を求めよ。

(2)　定積分の問題

以下の定積分の値を求めよ。

$$① \int_{1/2}^{3/2} dt \qquad ② \int_0^{\pi} x \sin x \, dx$$

(3)　書き下しの問題

つぎの関数で $n = 1, 2, 3, 4$ のときの値を求めよ。

$$\cos\left(\frac{n\pi}{2}\right)$$

【2】（フーリエ変換（方形波））以下の関数のフーリエ級数展開を以下の手順で求めよ。

$$f(t) = 0 \quad (-1.0 < t \leqq -0.5), \qquad f(t) = 1 \quad (-0.5 \leqq t \leqq 0.5),$$
$$f(t) = 0 \quad (0.5 \leqq t \leqq 1.0)$$

(1)　上で示した基本関数が，繰り返される関数のグラフを（$-2.0 \leqq t \leqq 2.0$）の範囲で書け。

(2)　与えられた関数が奇関数か，偶関数か，根拠とともに述べよ。

(3)　与えられた関数の周期 τ を求めよ。また，角周波数 ω_0 を求めよ。

(4)　フーリエ級数展開の直流成分 $a_0/2$ を求めよ。

(5)　フーリエ級数における sin の係数 b_1 を求めよ。

(6)　フーリエ級数における cos の係数 a_1 を求めよ。

(7)　(5)，(6) の値が (2) の性質と一致することを確認せよ。

(8)　(5)〜(7) を参考にして，フーリエ級数における係数 a_n および b_n を求めよ。

(9)　与えられた関数について，6 次高調波までフーリエ級数展開で書け。

【3】（**フーリエ変換（のこぎり波）**）**図 12.15** ののこぎり波のフーリエ級数展開を以下の手順で求めよ。

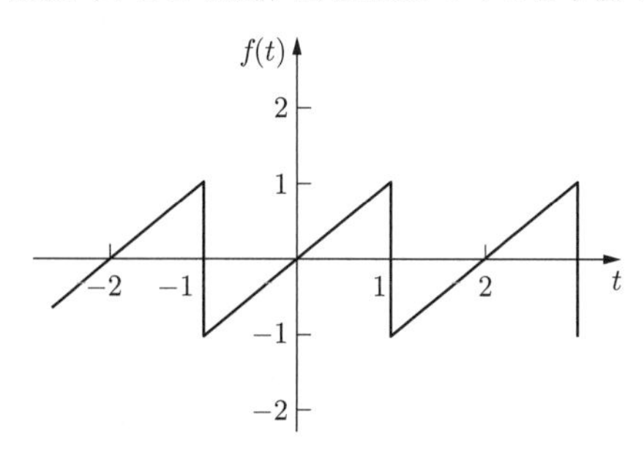

図 12.15　のこぎり波

(1)　のこぎり波を $-1 \leqq t \leqq 1$ の範囲で時間の関数 $f(t)$ で表せ。

(2)　$f(t)$ が奇関数か偶関数か，根拠とともに述べよ。

(3)　のこぎり波の周期 τ を求めよ。また，角周波数 ω_0 を求めよ。

(4)　フーリエ級数展開の直流成分 $a_0/2$ を求めよ。

(5)　不定積分 $\displaystyle\int x\cos x\,dx$ を求めよ。

※ $\displaystyle\int x\sin x\,dx$ は【1】(2) ② で求めた。

(6)　(5) をもとにフーリエ級数における係数 a_1 および b_1 を求めよ。

(7)　(6) の結果で，(2) の性質が成立していることを確かめよ。

(8)　(5)〜(7) を参考にフーリエ級数における係数 a_n および b_n を求めよ。

(9)　のこぎり波を 6 次の高調波までフーリエ級数展開で書け。

【4】（**周波数解析**）フーリエ級数の各周波数の大きさは，$c_n = \sqrt{a_n^2 + b_n^2}$ で計算される。

(1)　【2】で求めたフーリエ級数から，$n = 1$〜6 までの c_n の値を求めよ（小数点以下 3 桁まで）。

(2)　(1) で求めた c_n について横軸を n としたグラフを示せ。

(3)　【3】で求めたフーリエ級数から，$n = 1$〜6 までの c_n の値を求めよ（小数点以下 3 桁まで）。

(4)　(3) で求めた c_n について横軸を n としたグラフを示せ。

コラム：受け入れられなかったフーリエ級数

話は 18 世紀にさかのぼる。1769 年にジェームズ・ワットにより，蒸気機関が発明され，これを利用した蒸気船や，蒸気機関車が作られるようになった。蒸気機関の効率や安定性を高める研究が盛んに行われるようになり，熱伝達に関する解析は数学者の関心を集めていた。

当時は，一般的な形での熱伝導方程式の解法は知られておらず，熱源が単純な正弦波などの解しか得られていなかった。そこで，フランスの数学者ジョゼフ・フーリエは，複雑な形をした熱源を，sin 波，cos 波の和（フーリエ級数）として考え，解を求める方法を提案した。

この考えは「ぶっ飛んで」いた。方形波，三角波といった形のまったく異なる波形が，sin 波，cos 波の和で表されるというのだ。普通の感覚の人なら，そんなことは思わない。事実，1807 年に提出されたフーリエの論文は，その正当性が疑問視され，掲載が見送られてしまった。しかしながら，現在では，フーリエ級数の正当性が証明され，電気電子工学には欠かせない解析手法となっている。フーリエ級数を基本とした「フーリエ解析」という専門分野に発展している。

13 ベクトル

物理量は，単に大きさのみで表されるスカラー量と，大きさと方向を記述する必要があるベクトル量に大別される。電圧などは大きさのみの物理量で，例えば電圧 4 V となる。大きさと方向を持つ物理量で身近なものは，風の流れである。天気予報では，風の流れる方向が矢印の角度で，大きさが長さで示されている。電気電子工学では，電場や磁場が，方向と大きさを持つ量である。**図 13.1** はプラスとマイナスの電荷が空間に置かれたときの電場の分布である。方向を示す矢印を使うことで，電場の分布を視覚的に捉えることができ，さらに電場の大きさを長さで表すこともできる。

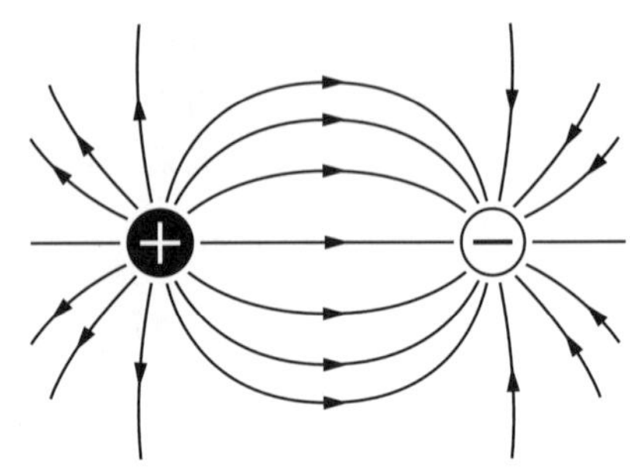

図 13.1　電荷のまわりの電場の分布

本章ではこうしたベクトルを取り上げる。定義に続き，和と差の計算方法，掛け算について学ぶ。ベクトル演算の掛け算では，ドット積とクロス積の 2 種類が定義される。続いて，ベクトル解析の基礎として勾配，発散，回転を取り上げる。この三つは電磁気学を学ぶためにとても重要な項目であるが，数式だけで理解するのはなかなか難しい。そこで，13.3 節では電磁気学で使われる発散と回転の例として，ガウスの法則とアンペールの法則を説明する。これらを参考に，ベクトル解析の基礎を理解するよう頑張ってほしい。

13.1　ベクトルの基本：空間ベクトル

13.1.1　定　　義

はじめに，ベクトルの厳密な定義は簡単ではない。ベクトルに先行してベクトル空間や線形性の定義を確認しておく必要がある。本章ではそこまでのことはせず，一般的な空間ベクトルの簡易的な定義に留める。

さて，三次元空間上のある点 x (x, y, z) を考えよう。空間の原点から点 x へ向けて矢印を描くとき，この矢印を**ベクトル**（vector）といい，つぎの通り表記する。

$$\boldsymbol{x} = (x, y, z) \tag{13.1}$$

$\boldsymbol{x}$ が x とは違い，太字となっていることに注意しよう†。x, y, z はベクトル $\boldsymbol{x}$ の**成分**（component）といい，x を指して x 成分などという。なお，実際のところは，原点から矢印が出ている必要はなく，$\boldsymbol{x}$ というのは「x 軸方向に x，y 軸方向に y，z 軸方向に z 進む矢印」という意味である。例えば，**図 13.2** に示したベクトルはすべて $\boldsymbol{x} = (1, 1, 2)$ である。

ベクトルの向きを反転させたい場合，すべての成分の正負を反転すればよい。**図 13.3** で確

† 手書きの場合，太字は $\mathbb{x}$，$\mathbb{y}$，$\mathbb{a}$，$\mathbb{b}$ などと書く。これらは黒板太字（blackboard bold）と呼ばれる。

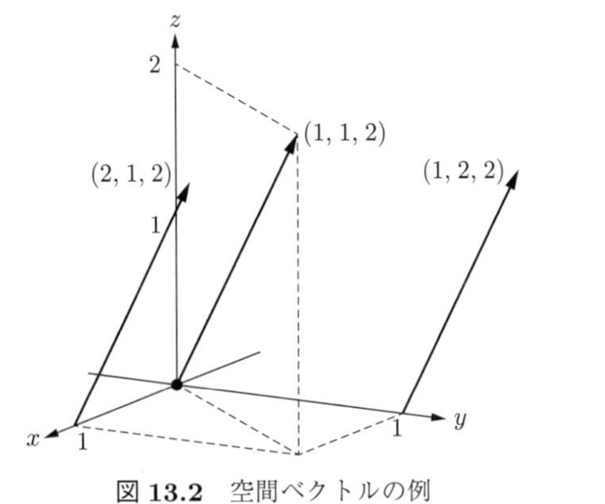

図 13.2　空間ベクトルの例

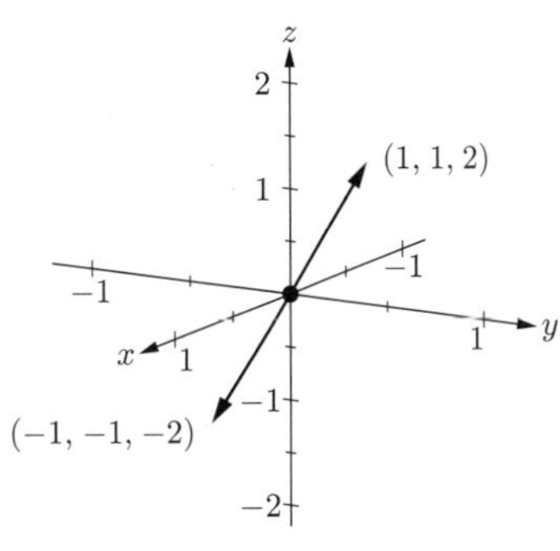

図 13.3　ベクトルの向きの反転

認してみよう。

13.1.2　基 本 演 算

〔1〕 和　　差　ベクトルの和および差はつぎの通り定義する。

定義 13.1　(ベクトルの和差)

$$(x_1, y_1, z_1) \pm (x_2, y_2, z_2) = (x_1 \pm x_2, y_1 \pm y_2, z_1 \pm z_2) \tag{13.2}$$

ベクトル $(-1, 1, 2)$ とベクトル $(3, 2, -1)$ の和は定義から $(2, 3, 1)$ となるが，これは，原点から $(-1, 1, 2)$ だけ動いた地点から，さらに $(3, 2, -1)$ だけ動いた地点を指すベクトルといえる。**図 13.4** からもわかる通り，ベクトルの和はベクトルをつなぎ合わせて，始点から終点までのベクトルを導くことに相違ない。

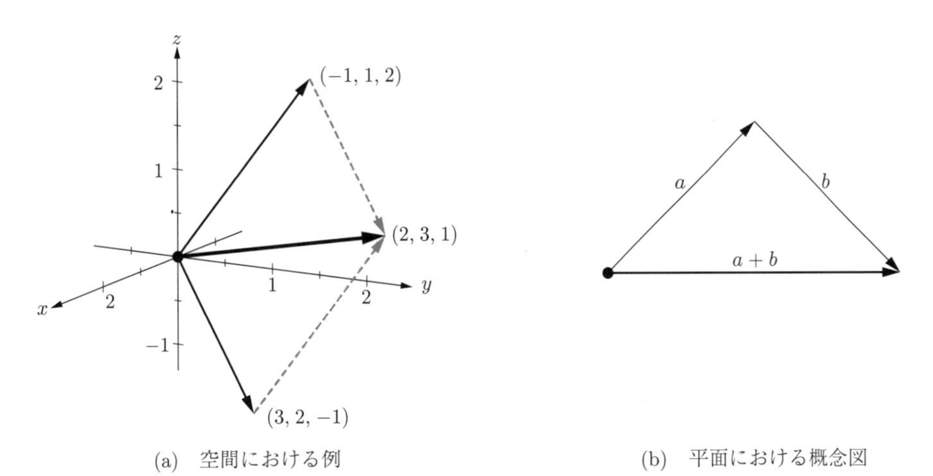

(a)　空間における例　　(b)　平面における概念図

図 13.4　ベクトルの和

例題 13.1　つぎのベクトルの和・差を計算せよ。

(1)　$(0,1,2)+(5,6,7)$　　(2)　$(0,1,2)-(5,6,7)$

【解答】

(1)　$(0,1,2)+(5,6,7)=(0+5,1+6,2+7)=(5,7,9)$

(2)　$(0,1,2)-(5,6,7)=(0-5,1-6,2-7)=(-5,-5,-5)$　◆

〔**2**〕 **スカラ倍**　足し算が定義されれば自然とスカラ倍（1 章の表 1.1 周辺を参照）も定義できる。

定義 13.2（ベクトルのスカラ倍）

$$a(x,y,z)=\underbrace{(x,y,z)+(x,y,z)+\cdots(x,y,z)}_{a\text{ 個}}=(ax,ay,az) \tag{13.3}$$

この定義は $a \leqq 0$ でも成り立つ。**図 13.5** で確認してみよう。

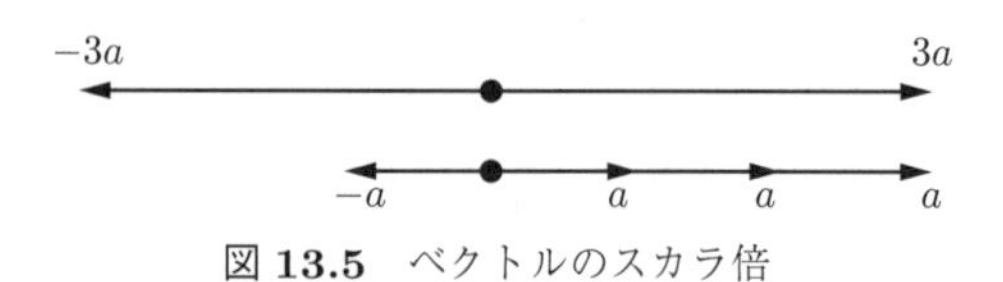

図 13.5　ベクトルのスカラ倍

例題 13.2　つぎのベクトルのスカラ倍を計算せよ。

(1)　$3(2,-3,4)$　　(2)　$-2(2,-3,4)$

【解答】

(1)　$3(2,-3,4)=(3\cdot 2, 3\cdot(-3), 3\cdot 4)=(6,-9,12)$

(2)　$-2(2,-3,4)=(-2\cdot 2,-2\cdot(-3),-2\cdot 4)=(-4,6,-8)$　◆

〔**3**〕 **長　さ**　ベクトルの長さは，三平方の定理からつぎの通り導出できる。

定義 13.3（ベクトルの長さ）

$$|(x,y,z)|=\sqrt{x^2+y^2+z^2} \tag{13.4}$$

例題 13.3　つぎのベクトルの長さを求めよ。

(1)　$\boldsymbol{a}=(1,1,1)$　　(2)　$\boldsymbol{b}=(3,0,4)$

【解答】

(1)　$|\boldsymbol{a}| = \sqrt{1^2 + 1^2 + 1^2} = \sqrt{3}$

(2)　$|\boldsymbol{b}| = \sqrt{3^2 + 0^2 + 4^2} = \sqrt{25} = 5$　◆

長さが 1 のベクトルを**単位ベクトル**（unit vector），例えば，例題 13.3 (1) の $\boldsymbol{a}$ と同じ向きの単位ベクトルを求める場合には，$\boldsymbol{a}$ をその大きさ $|\boldsymbol{a}|$ で割ればよい。すなわち，求める単位ベクトルは $\boldsymbol{a}/|\boldsymbol{a}|$ となる。一方，長さが 0 のベクトルを**零ベクトル**（zero vector）という。

13.1.3　内積（ドット積）

二つのベクトルに関するつぎの演算をベクトルの**ドット積**（dot product）と呼ぶ。

定義 13.4　（ベクトルのドット積（その 1））

$$\boldsymbol{x}_1 \cdot \boldsymbol{x}_2 = (x_1, y_1, z_1) \cdot (x_2, y_2, z_2) = x_1 x_2 + y_1 y_2 + z_1 z_2 \tag{13.5}$$

ドット積は**内積**（inner product）と呼ばれる演算の一種であり，高校数学でもこの呼名で学んでいたことかと思う。内積の定義はベクトルの定義によってさまざまであり，空間ベクトルにおいては一般にドット積を用いる。ベクトルのドット積は，ベクトルの大きさとそれらの間の角度 θ（図 **13.6**）によって式 (13.6) の形でも定義できる。

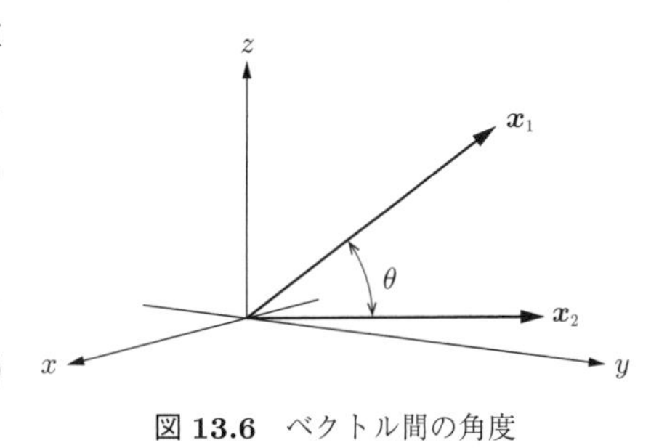

図 13.6　ベクトル間の角度

定義 13.5　（ベクトルのドット積（その 2））

$$\boldsymbol{x}_1 \cdot \boldsymbol{x}_2 = |\boldsymbol{x}_1||\boldsymbol{x}_2| \cos\theta \tag{13.6}$$

定義 13.4 と定義 13.5 を組み合わせることで，二つのベクトルの間の角度を容易に求められる。

例題 13.4　つぎのベクトルの内積を求めよ。

(1)　$(1, 2, 3) \cdot (-2, 0, 5)$　　(2)　$(-2, 0, 8) \cdot (4, 2, 1)$

【解答】

(1)　$(1, 2, 3) \cdot (-2, 0, 5) = 1 \cdot (-2) + 2 \cdot 0 + 3 \cdot 5 = 13$

(2)　$(-2, 0, 8) \cdot (4, 2, 1) = -2 \cdot (4) + 0 \cdot 2 + 8 \cdot 1 = 0$　◆

例題 13.5　つぎの二つのベクトルの間の角度 θ を求めよ。

$$\boldsymbol{a} = (-2, 0, 8), \qquad \boldsymbol{b} = (4, 2, 1)$$

【解答】

$$\boldsymbol{a} \cdot \boldsymbol{b} = (-2, 0, 8) \cdot (4, 2, 1) = 0$$

ここで，$|\boldsymbol{a}| = \sqrt{(-2)^2 + 8^2} = 2\sqrt{17}$，$|\boldsymbol{b}| = \sqrt{4^2 + 2^2 + 1^2} = \sqrt{21}$ から

$$\boldsymbol{a} \cdot \boldsymbol{b} = |\boldsymbol{a}||\boldsymbol{b}| \cos\theta = 2\sqrt{17} \cdot \sqrt{21} \cos\theta$$

したがって

$$2\sqrt{17} \cdot \sqrt{21} \cos\theta = 0$$

$$\cos\theta = 0$$

$$\theta = \frac{\pi}{2}$$

◆

例題で確認した通り，ドット積が 0 となる零ベクトルではない二つのベクトルは，必ず直角に交わる。

13.1.4　外積（クロス積）

二つのベクトルに関するつぎの演算をベクトルの**クロス積**（cross product）と呼ぶ。

定義 13.6　(ベクトルのクロス積（その 1))

$$(x_1, y_1, z_1) \times (x_2, y_2, z_2) = (y_1 z_2 - z_1 y_2, z_1 x_2 - x_1 z_2, x_1 y_2 - y_1 x_2) \tag{13.7}$$

クロス積はドット積とは異なり，計算の結果，数字（スカラ）ではなくベクトルが現れる点に注意しておこう。

一方で，クロス積もドット積と同様に，二つのベクトルの間の角度 θ を用いて式 (13.8) の形で記述できる。

定義 13.7　(ベクトルのクロス積（その 2))

$$\boldsymbol{x}_1 \times \boldsymbol{x}_2 = |\boldsymbol{x}_1||\boldsymbol{x}_2|(\sin\theta)\boldsymbol{n} \tag{13.8}$$

ただし，$\boldsymbol{n}$ は $\boldsymbol{x}_1$ と $\boldsymbol{x}_2$ にともに垂直な単位ベクトルであり，$0 \leqq \theta \leqq \pi$ から $\sin\theta > 0$ である。

ここで，$\boldsymbol{n}$ の向きには注意が必要で，始点を軸にして $\boldsymbol{x}_1$ を $\boldsymbol{x}_2$ の方向へ回したときの右ねじが進む方向と一致する。すなわち，**図 13.7** の $\boldsymbol{x}_1$ から出ている矢印の向きに $\boldsymbol{x}_1$ を回したとき

の右ねじの進む方向，この例の場合には上向きに $\boldsymbol{n}$ をとる。

$\boldsymbol{n}$ の向きの性質や，定義 13.6 からもわかる通り，ベクトルのクロス積では $\boldsymbol{x}_1 \times \boldsymbol{x}_2$ と $\boldsymbol{x}_2 \times \boldsymbol{x}_1$ は一致せず，$\boldsymbol{x}_2 \times \boldsymbol{x}_1 = -\boldsymbol{x}_1 \times \boldsymbol{x}_2$ の関係が成り立つ。

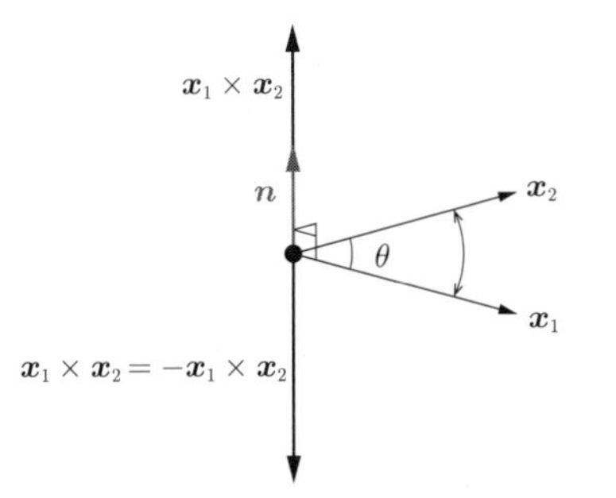

図 13.7　ベクトルのクロス積

例題 13.6　つぎのベクトルの外積を求めよ。

(1)　$(1,2,3)\times(-2,0,5)$　　(2)　$(-2,0,8)\times(4,2,1)$

【解答】

(1)　$(1,2,3)\times(-2,0,5) = (2\cdot5-3\cdot0, 3\cdot(-2)-1\cdot5, 1\cdot0-2\cdot(-2)) = (10,-11,4)$

(2)　$(-2,0,8)\times(4,2,1) = (0\cdot1-8\cdot2, 8\cdot4-(-2)\cdot1, -2\cdot2-0\cdot4) = (-16,34,-4)$　◆

13.2　空間での変化量を扱う：ベクトル解析の基礎

大学で学ぶ「電磁気学」は「ベクトル解析」と呼ばれる学問分野を基本としている。ベクトル解析は，「ベクトルの解析学」であり，解析学とは「極限や収束，微分・積分を扱う学問分野」である。ここでは，ベクトル解析の基本となる三つの演算，「勾配，発散，回転」をそれぞれ学ぶ。いずれも，次式で定義される**ベクトル微分演算子**（vector differential operator）∇（ナブラ）が肝となっている。

定義 13.8　（ベクトル微分演算子）

$$\nabla = \left(\frac{\partial}{\partial x}, \frac{\partial}{\partial y}, \frac{\partial}{\partial z}\right) \tag{13.9}$$

13.2.1　勾　　　配

次式で定義される演算を「スカラ値」関数 $f(x,y,z)$ の点 p における**勾配**（gradient）という。

定義 13.9 (スカラ値関数の勾配)

$$\nabla f(p) = \left(\frac{\partial f}{\partial x}(p), \frac{\partial f}{\partial y}(p), \frac{\partial f}{\partial z}(p)\right) \tag{13.10}$$

例えば，$f(x,y,z)$ がある空間座標 (x,y,z) における「温度」を表す関数だとしよう。すなわち，点 $(1,2,3)$ では $26°$，$(-5,-5,-5)$ では $-3°$ といった具合に $f(1,2,3)=26$，$f(-5,-5,-5)=-3$ といった形で温度を示す。このとき，$\nabla f(p)$ は点 p のまわりで温度がどのように変化するのかを教えてくれる。例えば，$\nabla f(p)=(1,-1,0)$ などであれば，点 p から x 軸方向に進めば温度が上がり，y 軸方向に進めば温度が下がり，z 軸方向に進んでも温度が変わらない，ということがわかるのだ。電磁気学では，ある点における電荷量を示すためにこのような関数を用いる。

例題 13.7　つぎのそれぞれの関数の点 $(1,1,1)$ における勾配を求めよ。
(1)　$f(x,y,z)=3xyz$　　(2)　$f(x,y,z)=x^2+y^2$

【解答】

(1)　$$\nabla f(x,y,z) = \left(\frac{\partial}{\partial x}(3xyz), \frac{\partial}{\partial y}(3xyz), \frac{\partial}{\partial z}(3xyz)\right) = (3yz, 3xz, 3xy)$$

$$\nabla f(1,1,1) = (3\cdot 1\cdot 1, 3\cdot 1\cdot 1, 3\cdot 1\cdot 1) = (3,3,3)$$

(2)　$$\nabla f(x,y,z) = \left(\frac{\partial}{\partial x}(x^2+y^2), \frac{\partial}{\partial y}(x^2+y^2), \frac{\partial}{\partial z}(x^2+y^2)\right) = (2x, 2y, 0)$$

$$\nabla f(1,1,1) = (2\cdot 1, 2\cdot 1, 0) = (2,2,0)$$

◆

13.2.2　発　　散

式 (13.11) で定義される演算を「ベクトル値」関数 $\boldsymbol{f}(x,y,z) = (F_x(x,y,z), F_y(x,y,z), F_z(x,y,z))$ の点 p における**発散**（divergence）という。

定義 13.10 (ベクトル値関数の発散)

$$\nabla\cdot\boldsymbol{f}(p) = \frac{\partial F_x}{\partial x}(p) + \frac{\partial F_y}{\partial y}(p) + \frac{\partial F_z}{\partial z}(p) \tag{13.11}$$

例えば，$\boldsymbol{f}(x,y,z)$ がある空間座標 (x,y,z) における電場を表す関数だとしよう。すなわち，点 $(1,2,3)$ ではベクトル $(10,20,30)$ の電場，点 $(-5,-5,-5)$ ではベクトル $(-3,-3,-3)$ の電場といった具合である。電気数学を学びたいと思う人は，ある電荷のまわりに生じているクーロン力を想像できる人が大半だと思う。電場が想像しにくいという人は，**図 13.8** のような電荷を思い出してみてほしい。電場の強弱（ベクトルの長さ）や電場の向き（ベクトルの向き）が想像しやすいのではなかろうか。

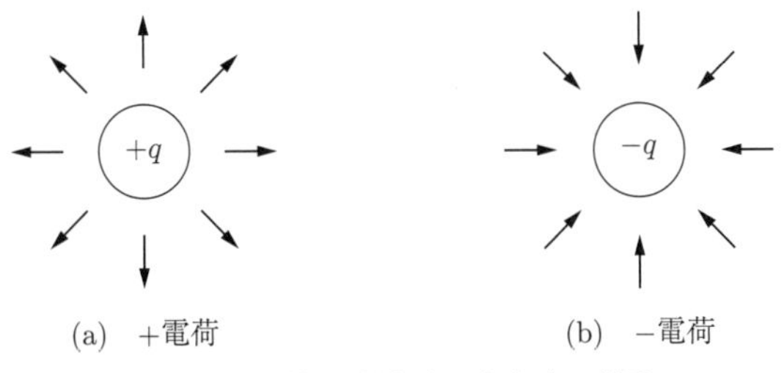

図 13.8 電場の湧き出しと収束の様子

さて，このとき，$\nabla \cdot \boldsymbol{f}(p)$ は，点 p のまわりで電場が湧き出ているか収束しているかを教えてくれる。例えば，$\nabla \cdot \boldsymbol{f}(p) = 1$ など正の値であれば，点 p からいくらかの電場が湧き出ている。これは，プラスの電荷が配置されている様子を考えればわかりやすい。一方，$\nabla \cdot \boldsymbol{f}(p) = -1$ など負の値であれば，点 p でいくらかの電場が収束している。これは，マイナスの電荷を考えればわかりやすい。発散は，生じている電場を定量的に捉えるためにも大変重要な概念である。

例題 13.8 つぎのそれぞれの関数の点 $(1, 1, 1)$ における発散を求めよ。

(1) $\boldsymbol{f}(x, y, z) = (2xy, 2xy, z)$ (2) $\boldsymbol{f}(x, y, z) = (2y, 0, -x)$

【解答】

(1) $$\nabla \cdot \boldsymbol{f}(x, y, z) = \frac{\partial}{\partial x}(2xy) + \frac{\partial}{\partial y}(2xy) + \frac{\partial}{\partial z}(z) = 2y + 2x$$

$$\nabla \cdot \boldsymbol{f}(1, 1, 1) = 2 \cdot 1 + 2 \cdot 1 = 4$$

(2) $$\nabla \cdot \boldsymbol{f}(x, y, z) = \frac{\partial}{\partial x}(2y) + \frac{\partial}{\partial y}(0) + \frac{\partial}{\partial z}(-x) = 0 + 0 + 0 = 0$$

$$\nabla \cdot \boldsymbol{f}(1, 1, 1) = 0$$ ◆

13.2.3 回 転

式 (13.12) で定義される演算を「ベクトル値」関数 $\boldsymbol{f}(x, y, z) = (F_x(x, y, z), F_y(x, y, z), F_z(x, y, z))$ の点 p における**回転**（curl）という。

定義 13.11 （ベクトル値関数の回転）

$$\nabla \times \boldsymbol{f}(p) = \left(\frac{\partial F_z}{\partial y} - \frac{\partial F_y}{\partial z}, \frac{\partial F_x}{\partial z} - \frac{\partial F_z}{\partial x}, \frac{\partial F_y}{\partial x} - \frac{\partial F_x}{\partial y} \right) \tag{13.12}$$

再び，$\boldsymbol{f}(x, y, z)$ がある空間座標 (x, y, z) における磁場を表す関数だとしよう。さらに，この磁場は，**図 13.9** のように電流が流れている導線のまわりを回転する形で生じているものとしよう†。電流に近いほど磁場は強く，遠いほど磁場は弱い。

このとき，$\nabla \times \boldsymbol{f}(p)$ は，点 p に磁場の影響を受ける物体を置いたとき，物体が回転するか，

† この電流と磁場の関係をアンペールの法則という。

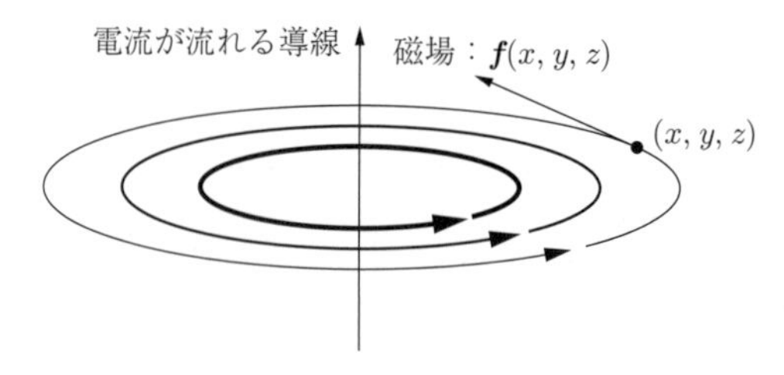

図 13.9　電流が流れる導線のまわりに生じた磁場

するならどちらの向きかを教えてくれる。例えば，図 13.9 の導線から少し離れた地点に物体をおいたとき，物体の導線側にはより強い力が，反対側にはより弱い力が働くことになる。結果として，力の大きさや物体のサイズ次第ではあるが，物体は（地球の自転のように）スピンすることになる†。このスピンの方向に対して，右ねじの向きが $\nabla \times \boldsymbol{f}(p)$ の向きに一致し，スピンの力強さが $\nabla \times \boldsymbol{f}(p)$ の長さで定量化できる。

例題 13.9　つぎの関数の点 $(1, 1, 0)$ における回転を求めよ。

$$\boldsymbol{f}(x, y, z) = \left(-\frac{y}{x^2+y^2}, \frac{x}{x^2+y^2}, 0\right)$$

【解答】

$$\begin{aligned}\nabla \times \boldsymbol{f}(x, y, z) &= \left(\frac{\partial}{\partial y}(0) - \frac{\partial}{\partial z}\left(\frac{x}{x^2+y^2}\right), \frac{\partial}{\partial z}\left(-\frac{y}{x^2+y^2}\right) - \frac{\partial}{\partial x}(0),\right.\\ &\qquad\left.\frac{\partial}{\partial x}\left(\frac{x}{x^2+y^2}\right) - \frac{\partial}{\partial y}\left(-\frac{y}{x^2+y^2}\right)\right)\\ &= \left(0, 0, \frac{(x^2+y^2)-2x^2}{(x^2+y^2)^2} + \frac{(x^2+y^2)-2y^2}{(x^2+y^2)^2}\right)\\ &= (0, 0, 0)\\ \nabla \times \boldsymbol{f}(1, 1, 0) &= (0, 0, 0)\end{aligned}$$

◆

例題 13.9 は実際の静磁場（動きのない磁場）にあやかったベクトル値関数を用いている。計算をしてみてわかる通り，z 軸を除くどのような (x, y, z) に対しても回転が 0 となる。

13.2.4　勾配・発散・回転の比較

ここまで，ベクトル微分演算子を用いた三つの演算を紹介してきた。どれがどんな定義で，どのような関数に適用できて，どんな結果が得られるのか，**表 13.1** で整理しておこう。イメージとして，スカラ倍，ドット積，クロス積と結び付けて覚えるとわかりやすい。ベクトル微分演算子を一つのベクトルと捉えれば，矛盾なく計算できるようになっている。

† 実際の静磁場は導線からの距離に反比例する関係でスピンは生じないが，ここではイメージを掴んでもらうために仮想的な状況を設定した。

表 13.1 ベクトル解析の基本演算

名 称	前後の値	表 記	式展開	イメージ
勾 配	スカラ → ベクトル	$\nabla f(x,y,z)$	$\left(\frac{\partial f}{\partial x}, \frac{\partial f}{\partial y}, \frac{\partial f}{\partial z}\right)$	スカラ倍
発 散	ベクトル → スカラ	$\nabla \cdot \boldsymbol{f}(x,y,z)$	$\frac{\partial F_x}{\partial x} + \frac{\partial F_y}{\partial y} + \frac{\partial F_z}{\partial z}$	ドット積
回 転	ベクトル → ベクトル	$\nabla \times \boldsymbol{f}(x,y,z)$	$\left(\frac{\partial F_z}{\partial y} - \frac{\partial F_y}{\partial z}, \frac{\partial F_x}{\partial z} - \frac{\partial F_z}{\partial x}, \frac{\partial F_y}{\partial x} - \frac{\partial F_x}{\partial y}\right)$	クロス積

13.3 電磁気学とベクトル解析

電磁気学とは，電荷や電流，磁場がどのように運動（時間とともに変化）するのかを探求する学問である。13.2 節冒頭でも述べたが，電磁気学において切って離せない関係にあるのがベクトル解析という学問分野だ。電磁気学の公式の多くはベクトル微分演算子を用いて記述される。本節では，そのほんの一部を紹介する。

13.3.1 静電場のガウスの法則

静電場における**ガウスの法則**（Gauss's theorem）とは，電荷が作り出す力場である**電場**（electric field）の発散が電荷の密度に比例するという次式の法則である。

$$\nabla \cdot \boldsymbol{E}(p) = 4\pi\rho(p) \tag{13.13}$$

$\boldsymbol{E}(p)$ および $\rho(p)$ はそれぞれ点 p における電場と**電荷密度**（charge density）という量を示している。$\rho(p)$ は単位体積に含まれる電荷の量に相当し，正負いずれの値もとりうるため，正の電荷が存在する場所からは電場のベクトルが湧き出し，負の電荷が存在する場所へは電場のベクトルが収束する。例えば，図 13.8 のように，$\pm q$ の二つの電荷をそれぞれ配置する状況を考えれば，図 13.8 (a) の点では $\nabla \cdot \boldsymbol{E} = 4\pi q > 0$ となり，図 13.8 (b) の点では $\nabla \cdot \boldsymbol{E} = -4\pi q < 0$ となる。これらの発散の値に準ずる形でそれぞれの電荷まわりのベクトルを描写できるのである。

13.3.2 静磁場のアンペールの法則

静磁場における**アンペールの法則**（Ampére's circuital law）とは，電流が作り出す力場である**磁場**（magnetic field）の回転が電流の密度に比例するという法則で，次式で表される。

$$\nabla \times \boldsymbol{B}(p) = \frac{4\pi}{c}\boldsymbol{J}(p) \tag{13.14}$$

$\boldsymbol{B}(p)$ および $\boldsymbol{J}(p)$ はそれぞれ点 p における磁場と**電流密度**（current density）という量を示している。c は光の速度で，おおよそ 300 000 km/s である。$\boldsymbol{J}(p)$ は単位面積を流れる電流量に相当し，電流には流れる向きがあるため，ベクトルとして記述される。さて，図 13.8 を思い出してみよう。電流が導線を流れることで，導線を軸とした力場（磁場）が生じている例であった。ここでは，流れる電流によって，導線内部で $\nabla \times \boldsymbol{B} \neq \boldsymbol{0}$ となり，この回転の力がもととなって磁場が生じているのだ。さらに，電流が流れていない場所では，$\boldsymbol{J} = \boldsymbol{0}$ から，磁場の回転は必ず $\boldsymbol{0}$ となるため，磁場の渦の「軸」は電流の流れている導線の部分のみということになる。すなわち，磁場の渦は途中が歪められたりすることなく，同心円状に広がっていくのである。このような事実を定式化したのが，静磁場のアンペールの法則である。

勾配，発散，回転を用いて，**線積分**（line integral）や**面積分**（surface integral）といった大変重要な計算が可能となる。本書籍では紙面の都合により割愛するが，電磁気学を学ぶうえでは避けては通れない道であるため，興味のある人はぜひとも習得してもらいたい。

―――― 章　末　問　題 ――――

【１】（**ベクトルの基本**）つぎのベクトルの計算を行え。ただし，$\boldsymbol{a} = (2, 0, -3)$，$\boldsymbol{b} = (-1, 3, 5)$ とする。

(1) $3\boldsymbol{a} - \boldsymbol{b}$　(2) $|\boldsymbol{b}| - 5$　(3) $\dfrac{\boldsymbol{a}}{|\boldsymbol{a}|}$　(4) $\boldsymbol{b} - \dfrac{1}{2}\boldsymbol{a}$

【２】（**ベクトルのドット積**）つぎのベクトルのドット積を計算せよ。

(1) $(2, 7, 1) \cdot (8, 2, 8)$　(2) $(1, 2, 3) \cdot (0, -3, 2)$　(3) $(5, -2, 3) \cdot (0, 1, 0)$
(4) $(0, -2, 0) \cdot (1, 0, 1)$

【３】（**ベクトルのクロス積**）つぎのベクトルのクロス積を計算せよ。

(1) $(2, 7, 1) \times (8, 2, 8)$　(2) $(1, 2, 3) \times (0, -3, 2)$　(3) $(5, -2, 3) \times (0, 1, 0)$
(4) $(0, -2, 0) \times (1, 0, 1)$

【４】（**スカラ値関数の勾配**）つぎのそれぞれの関数について，勾配を求めよ。

(1) $f(x, y, z) = 2xy + z$　(2) $f(x, y, z) = x^2yz$　(3) $f(x, y, z) = -\dfrac{xz}{3}$
(4) $f(x, y, z) = e^{-x} + e^{-y} + e^{-z}$

【５】（**ベクトル値関数の発散**）つぎのそれぞれの関数について，発散を求めよ。

(1) $\boldsymbol{f}(x, y, z) = (yz, xyz, xy)$　(2) $\boldsymbol{f}(x, y, z) = \left(x^2, y^2, z^2\right)$
(3) $\boldsymbol{f}(x, y, z) = \left(ye^x, 2x + 1, z^3\right)$　(4) $\boldsymbol{f}(x, y, z) = \left(\dfrac{yz + y^2z}{z}, \sqrt{xz}, z\right)$

【６】（**ベクトル値関数の回転**）つぎのそれぞれの関数について，回転を求めよ。

(1) $\boldsymbol{f}(x, y, z) = (y, -x, 0)$　(2) $\boldsymbol{f}(x, y, z) = \left(x^2, y^2, z^2\right)$
(3) $\boldsymbol{f}(x, y, z) = \left(x \sin y, 2x \cos y, 2z^2\right)$　(4) $\boldsymbol{f}(x, y, z) = (yz, xz, xy)$

章末問題略解

★1章

【1】 行数：3，列数：5，(2, 4) 成分

【2】

(1) $\begin{bmatrix} 4 & 6 \\ 15 & 4 \end{bmatrix}$ (2) $\begin{bmatrix} 11 & -12 \\ -6 & 23 \end{bmatrix}$

(3) $\begin{bmatrix} -19 & 38 \\ 39 & -47 \end{bmatrix}$ (4) $\begin{bmatrix} \frac{9}{4} & 1 \\ \frac{9}{2} & \frac{13}{4} \end{bmatrix}$

【3】

(1) $\begin{bmatrix} 100 & 22 \\ 35 & 4 \end{bmatrix}$ (2) $\begin{bmatrix} 58 & 13 \\ 7 & 3 \end{bmatrix}$

【4】

(1) $\begin{bmatrix} 19 & 22 \\ 43 & 50 \end{bmatrix}$ (2) $\begin{bmatrix} 7 & -14 \\ 9 & -18 \end{bmatrix}$

(3) $\begin{bmatrix} 10 & -20 \\ 30 & -40 \end{bmatrix}$ (4) $\begin{bmatrix} -2 & 0 \\ 0 & -2 \end{bmatrix}$

【5】 各小問の行列を A と書く。

(1) $\det A = 22$ から，逆行列は存在する。

$$A^{-1} = \frac{1}{22}\begin{bmatrix} 7 & -3 \\ 5 & 1 \end{bmatrix}$$

(2) $\det A = 0$ から，逆行列は存在しない。

(3) $\det A = 3$ から，逆行列は存在する。

$$A^{-1} = \frac{1}{3}\begin{bmatrix} 8 & -3 \\ 1 & 0 \end{bmatrix}$$

(4) $\det A = 21$ から，逆行列は存在する。

$$A^{-1} = \frac{1}{21}\begin{bmatrix} 7 & 0 \\ 0 & 3 \end{bmatrix}$$

【6】

(1) $\begin{bmatrix} 2 & 3 \\ -1 & 5 \end{bmatrix}\begin{bmatrix} x \\ y \end{bmatrix} = \begin{bmatrix} 1 \\ 3 \end{bmatrix}$

$$\begin{bmatrix} x \\ y \end{bmatrix} = \begin{bmatrix} 2 & 3 \\ -1 & 5 \end{bmatrix}^{-1}\begin{bmatrix} 1 \\ 3 \end{bmatrix}$$

$$\begin{bmatrix} x \\ y \end{bmatrix} = \begin{bmatrix} \frac{4}{13} \\ \frac{7}{13} \end{bmatrix}$$

(2) $\begin{bmatrix} -100 & 300 \\ 20 & 50 \end{bmatrix}\begin{bmatrix} x \\ y \end{bmatrix} = \begin{bmatrix} 10 \\ 4 \end{bmatrix}$

$$\begin{bmatrix} x \\ y \end{bmatrix} = \begin{bmatrix} -100 & 300 \\ 20 & 50 \end{bmatrix}^{-1}\begin{bmatrix} 10 \\ 4 \end{bmatrix}$$

$$\begin{bmatrix} x \\ y \end{bmatrix} = \begin{bmatrix} \frac{7}{110} \\ \frac{3}{55} \end{bmatrix}$$

★2章

【1】 各小問の行列を A と書く。

(1) $\det A = 53$ (2) $\det A = -60$

(3) $\det A = 28$ (4) $\det A = 324$

【2】 (i, j) 成分の余因子を C_{ij} とする。

$C_{11} = -5$ $C_{12} = -3$ $C_{13} = 0$

$C_{21} = 0$ $C_{22} = 2$ $C_{23} = 0$

$C_{31} = 15$ $C_{32} = -5$ $C_{33} = -10$

【3】 各小問の行列を A と書く。

(1) $\det A = 1$ から，逆行列は存在する。

$$A^{-1} = \begin{bmatrix} 3 & -1 & -1 \\ -4 & 2 & 1 \\ -1 & 0 & 1 \end{bmatrix}$$

(2) $\det A = 0$ から，逆行列は存在しない。

(3) $\det A = 25$ から，逆行列は存在する。

$$A^{-1} = \begin{bmatrix} 1 & -0.4 & -0.6 \\ -0.4 & 0.16 & 0.44 \\ -0.6 & 0.04 & 0.36 \end{bmatrix}$$

(4)　$\det A = 1$ から，逆行列は存在する。

$$A^{-1} = \begin{bmatrix} -2 & 2 & -1 \\ 3 & -5 & 4 \\ 5 & -6 & 4 \end{bmatrix}$$

【4】

(1) $$\begin{bmatrix} 1 & 2 & 3 \\ 0 & 1 & 4 \\ 5 & 6 & 0 \end{bmatrix} \begin{bmatrix} x \\ y \\ z \end{bmatrix} = \begin{bmatrix} 5 \\ 3 \\ -2 \end{bmatrix}$$

$$\begin{bmatrix} x \\ y \\ z \end{bmatrix} = \begin{bmatrix} 1 & 2 & 3 \\ 0 & 1 & 4 \\ 5 & 6 & 0 \end{bmatrix}^{-1} \begin{bmatrix} 5 \\ 3 \\ -2 \end{bmatrix}$$

$$\begin{bmatrix} x \\ y \\ z \end{bmatrix} = \begin{bmatrix} -76 \\ 63 \\ -15 \end{bmatrix}$$

(2) $$\begin{bmatrix} 5 & 7 & 9 \\ 4 & 3 & 8 \\ 7 & 5 & 6 \end{bmatrix} \begin{bmatrix} x \\ y \\ z \end{bmatrix} = \begin{bmatrix} 1 \\ -3 \\ 8 \end{bmatrix}$$

$$\begin{bmatrix} x \\ y \\ z \end{bmatrix} = \begin{bmatrix} 5 & 7 & 9 \\ 4 & 3 & 8 \\ 7 & 5 & 6 \end{bmatrix}^{-1} \begin{bmatrix} 1 \\ -3 \\ 8 \end{bmatrix}$$

$$\begin{bmatrix} x \\ y \\ z \end{bmatrix} = \begin{bmatrix} \frac{67}{35} \\ \frac{33}{35} \\ -\frac{59}{35} \end{bmatrix}$$

【5】　$I_1 = 0.25\,\mathrm{A},\ I_2 = 0.15\,\mathrm{A},\ I_3 = 0.1\,\mathrm{A}$

★3 章

【1】　(1)　1　　(2)　$\frac{\sqrt{3}}{2}$　　(3)　$-\frac{\sqrt{3}}{2}$

(4)　$-\frac{\sqrt{3}}{2}$　　(5)　$-\frac{\sqrt{3}}{2}$　　(6)　$-\frac{1}{2}$

【2】　(1)　$\frac{\sqrt{6}+\sqrt{2}}{4}$　　(2)　$-\frac{\sqrt{6}-\sqrt{2}}{4}$

(3)　$-\left(2+\sqrt{3}\right)$　　(4)　$\frac{\sqrt{6}-\sqrt{2}}{4}$

(5)　$\frac{\sqrt{6}+\sqrt{2}}{4}$　　(6)　$2-\sqrt{3}$

【3】　(1)　$\frac{\pi}{6},\ \frac{5}{6}\pi$　　(2)　$\frac{\pi}{6},\ \frac{11}{6}\pi$

(3)　$\frac{\pi}{3},\ \frac{4}{3}\pi$

【4】

(1)　解図 **3.1** 参照。

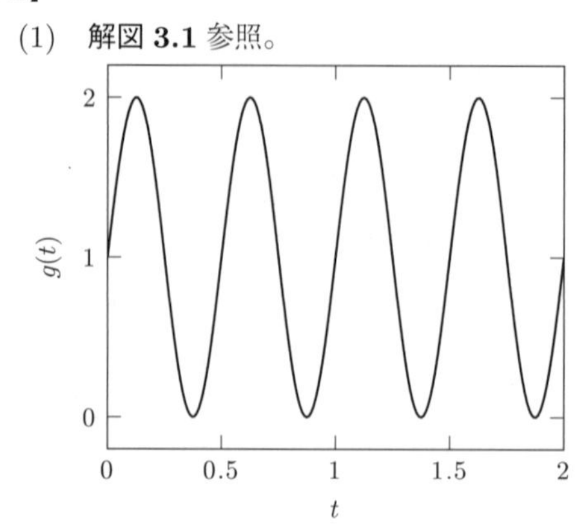

解図 **3.1**

(2)　解図 **3.2** 参照。

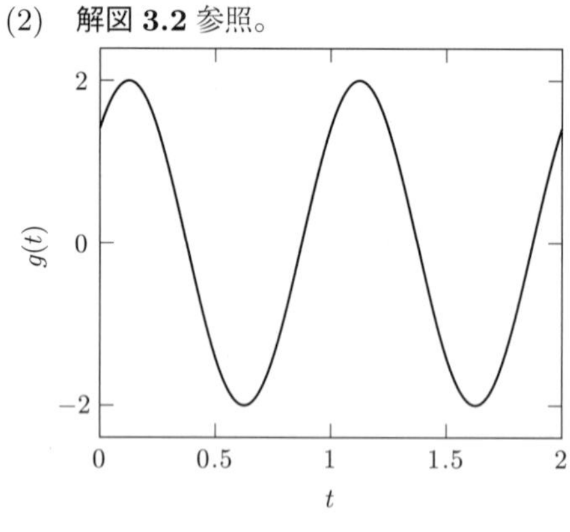

解図 **3.2**

(3)　解図 **3.3** 参照。

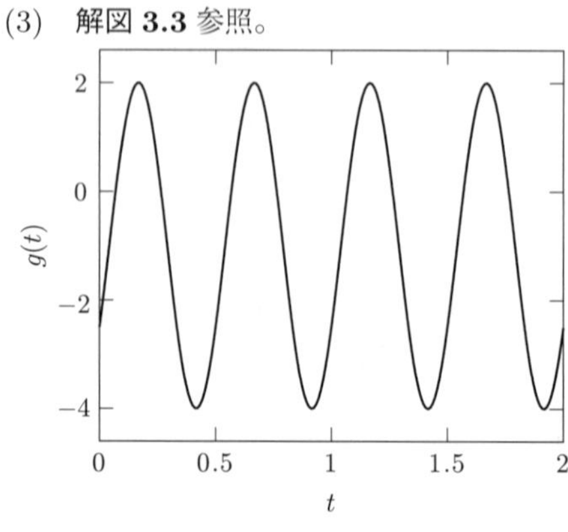

解図 **3.3**

(4)　**解図 3.4** 参照。

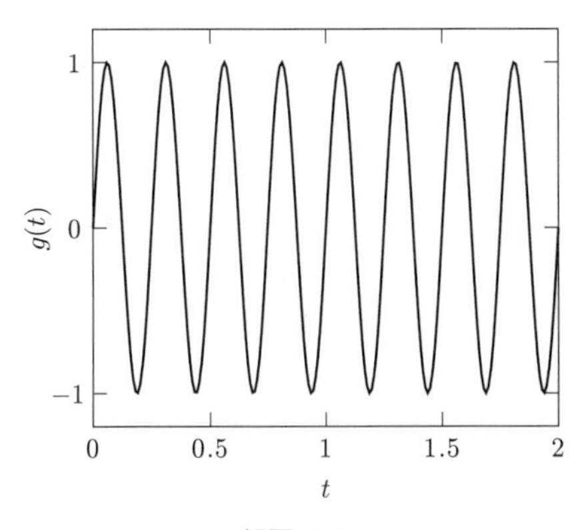

解図 3.4

【**5**】

(a)　$A = 1, \quad f = 2, \quad \phi = \frac{\pi}{2}, \quad B = 1$

(b)　$A = 2, \quad f = \frac{1}{2}, \quad \phi = 0, \quad B = 0$

(c)　$A = 3, \quad f = 3, \quad \phi = -\frac{\pi}{2}, \quad B = -1$

(d)　$A = 2, \quad f = 2, \quad \phi = \pi, \quad B = -2$

【**6**】　$\sqrt{10}\sin(2\pi x + 1.249) - 1$

★4 章

【**1**】　(1)　2　　(2)　1 000　　(3)　64
　　(4)　256

【**2**】　(1)　5　　(2)　4　　(3)　−2　　(4)　7

【**3**】　(1)　**解図 4.1** 参照。

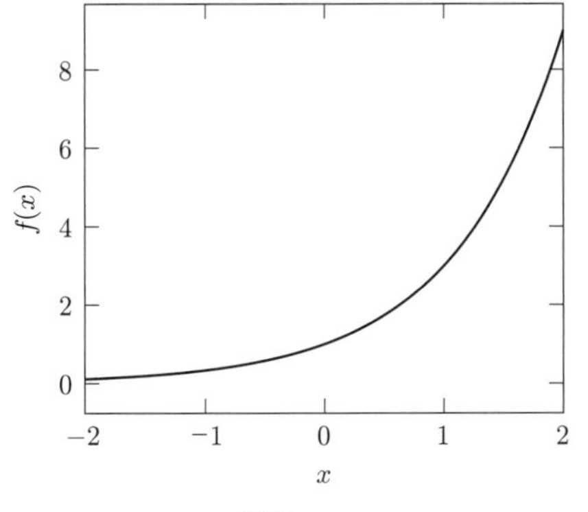

解図 4.1

(2)　**解図 4.2** 参照。

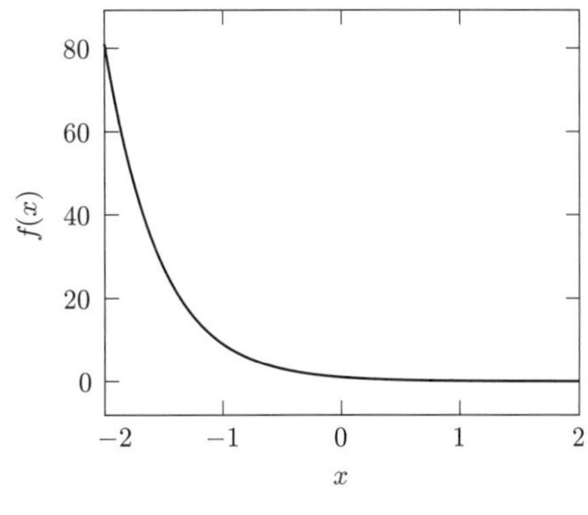

解図 4.2

【**4**】　(1)　**解図 4.3** 参照。定義域は $x > 0$。

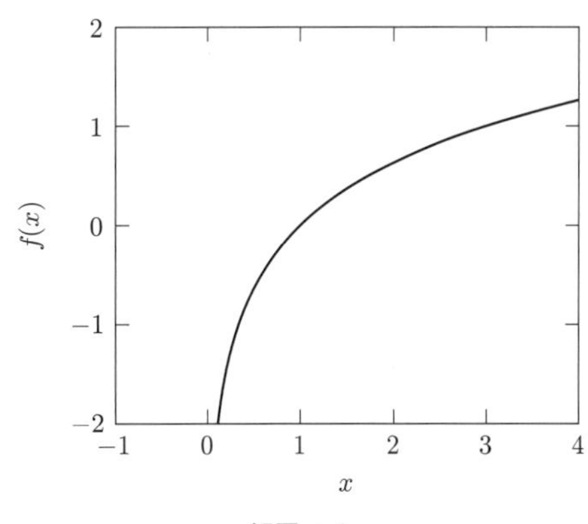

解図 4.3

(2)　**解図 4.4** 参照。定義域は $x < 0$。

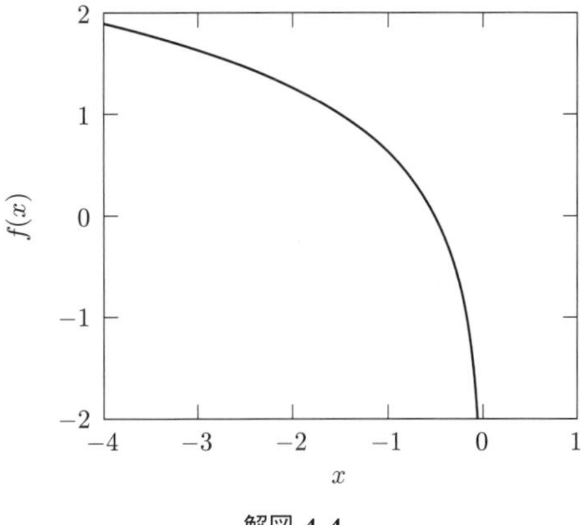

解図 4.4

【5】 (1) 1.18　(2) 1.54　(3) 0.76

【6】 (1) $\dfrac{e^{2x}-2+e^{-2x}}{4}$

(2) $\dfrac{e^{2x}+2+e^{-2x}}{4}$

(3) $(2)-(1)=\dfrac{4}{4}=1$（一定）

★5 章

【1】 (1) $8+j11$　(2) $16+j11$

(3) 2　(4) $\dfrac{1}{2}+j\dfrac{1}{2}$

【2】 (1) $\cos\dfrac{\pi}{3}+j\sin\dfrac{\pi}{3}$

(2) $\cos\dfrac{3}{4}\pi+j\sin\dfrac{3}{4}\pi$

(3) $\cos\dfrac{3}{2}\pi+j\sin\dfrac{3}{2}\pi$

【3】

(1) 極座標：$\left(\sqrt{2},\dfrac{\pi}{4}\right)$　指数関数：$\sqrt{2}e^{\pi/4}$

(2) 極座標：$\left(1,\dfrac{\pi}{6}\right)$　指数関数：$e^{\pi/6}$

(3) 極座標：$\left(1,\dfrac{7}{4}\pi\right)$　指数関数：$e^{(7/4)\pi}$

【4】 (1) $-\sqrt{3}+j$

(2) $\dfrac{1}{\sqrt{2}}+j\dfrac{1}{\sqrt{2}}$

(3) $\sqrt{3}-j$

【5】 (1) $r^2\left(\cos^2\theta-\sin^2\theta+2j\cos\theta\sin\theta\right)$

(2) $r^2\left(\cos 2\theta+j\sin 2\theta\right)$

(3) 省略

★6 章

【1】 (1) $9x^2-4x+6$

(2) $\dfrac{1}{2\sqrt{x+2}}$

(3) $3\sin x+(3x-1)\cos x$

(4) $\dfrac{1}{(x+1)^2}$

【2】 (1) $4\sin^3 x\cos x$　(2) $\dfrac{\cos x}{2\sqrt{\sin x}}$

(3) $\cos(2x)$　(4) $-2xe^{-x^2}$

(5) $e^{\sin x}\cos x$　(6) $\dfrac{xe^{x^2}}{\sqrt{1+e^{x^2}}}$

【3】 (1) $-\dfrac{b}{a}\dfrac{1}{\tan t}$　(2) $4t(t+1)$

【4】 $y'=-\dfrac{1}{\sqrt{1-x^2}}$

【5】

(1) $f_x=4x-4y^2,\quad f_y=-8xy+6y$

(2) $f_x=\dfrac{y(2x+3y)}{2\sqrt{x^2+3xy}},\quad f_y=\dfrac{2x^2+9xy}{2\sqrt{x^2+3xy}}$

(3) $f_x=2e^{2x}\cos 2y,\quad f_y=-2e^{2x}\sin 2y$

(4) $f_x=-\dfrac{2y(x^2-y^2)}{(x^2+y^2)^2},\quad f_y=\dfrac{2x(x^2-y^2)}{(x^2+y^2)^2}$

【6】

(1) $f_x=6xy,\quad f_y=3x^2-3y^2,$

$f_{xy}=f_{yx}=6x,$

$f_{xx}=6y,\quad f_{yy}=-6y$

(2) $f_x=e^x\cos 3y,\quad f_y=-3e^x\sin 3y,$

$f_{xy}=f_{yx}=-3e^x\sin 3y,$

$f_{xx}=e^x\cos 3y,\quad f_{yy}=-9e^x\cos 3y$

★7 章

【1】 各小問において，C を積分定数とする。

(1) $\dfrac{5}{3}x^3-\dfrac{3}{2}x^2+x+C$

(2) $-\dfrac{1}{x}-\dfrac{1}{2x^2}+C$

(3) $\dfrac{1}{2}x-\dfrac{1}{4}\sin(2x)+C$

【2】 各小問において，C を積分定数とする。

(1) $\dfrac{(3x-2)^6}{18}+C$

(2) $\dfrac{1}{3}\left(1+x^2\right)^{3/2}+C$

(3) $\dfrac{1}{5}\sin^5 x+C$

【3】 各小問において，C を積分定数とする。

(1) $e^x(x-1)+C$

(2) $x\sin x+\cos x+C$

(3) $x(\ln x-1)+C$

【4】 (1) $\dfrac{7}{12}$　(2) $\dfrac{16}{3}$　(3) $\dfrac{1}{3}$

【5】 0.625〔W〕

★8 章

【1】

(1) $y' = -3Ce^{-3t} = -3y$

(2) $y'' = -9\left(C_1 \cos 3t + C_2 \sin 3t\right) = -9y$

(3) $y'' = C_1 e^t + C_2 e^{-t} = y$

【2】 (1) $y = \dfrac{1}{3}t^3 + C$

(2) $y = Ce^{-2t}$

【3】 (1) 一般解：$y = \sqrt{-\dfrac{2}{3}t^3 + 6t + C}$

求める解：$y = \sqrt{-\dfrac{2}{3}t^3 + 6t + 3}$

(2) $y = 9t^{2/3}$

【4】 (1) $y = Ce^{t/4}$

(2) $y = -4$

(3) $y = -4 + Ce^{t/4}$

(4) $y = -4 + 2e^{t/4}$

(5) 省略

【5】 (1) $y = Ce^{-5t}$

(2) $y = -\dfrac{1}{26}\cos t + \dfrac{5}{26}\sin t$

(3) $y = Ce^{-5t} - \dfrac{1}{26}\cos t + \dfrac{5}{26}\sin t$

(4) $y = \dfrac{1}{26}e^{-5t} - \dfrac{1}{26}\cos t + \dfrac{5}{26}\sin t$

(5) 省略

★9 章

【1】 省略

【2】 (1-1) $y = C_1 e^{-3t} + C_2 e^{3t}$

(1-2) $y = 2\left(e^{-3t} + e^{3t}\right)$

(2-1) $y = C_1 e^{3t}\cos 2t + C_2 e^{3t}\sin 2t$

(2-2) $y = 3e^{3t}\cos 2t - 5e^{3t}\sin 2t$

【3】

(1) $y = C_1 e^{-t} + C_2 e^{-5t}$

(2) $y = \dfrac{9}{13}\sin t + \dfrac{6}{13}\cos t$

(3) $y = C_1 e^{-t} + C_2 e^{-5t} + \dfrac{9}{13}\sin t + \dfrac{6}{13}\cos t$

(4) $y = \dfrac{15}{52}e^{-t} - \dfrac{3}{4}e^{-5t} + \dfrac{9}{13}\sin t + \dfrac{6}{13}\cos t$

【4】

(1) $\dfrac{d^2q}{dt^2} + 2\dfrac{dq}{dt} + 10q = 40$

(2) $q(0) = 0, \qquad q'(0) = i(0) = 0$

(3) $q = C_1 e^{-t}\cos 3t + C_2 e^{-t}\sin 3t$

(4) $q = 4$

(5) $q = 4 + C_1 e^{-t}\cos 3t + C_2 e^{-t}\sin 3t$

(6) $q = 4 - 4e^{-t}\cos 3t - \dfrac{4}{3}e^{-t}\sin 3t$

★10 章

【1】 (1) $\cos\theta + j\sin\theta$

(2) $\dfrac{e^{jat} + e^{-jat}}{2}$

(3) $\displaystyle\int_0^\infty \frac{e^{jat} + e^{-jat}}{2}e^{-st}\,dt = \frac{s}{s^2 + a^2}$

【2】 (1) 省略

(2) $F(s) = \dfrac{4}{s+7}$

(3) 省略

【3】 (1) $F(s) = \dfrac{6}{s^3}$

(2) $F(s) = \dfrac{5}{s^2 + 25}$

(3) $F(s) = \dfrac{4s}{4s^2 + 1}$

【4】

(1) $F(s) = \dfrac{1}{(s+3)^2}$

(2) $F(s) = \dfrac{6}{(s+1)^4}$

(3) $F(s) = \dfrac{4}{(s+2)^2 + 1}$

【5】

(1) $f(t) = e^{-3t}$ (2) $f(t) = \sin 2t$

(3) $f(t) = \dfrac{t^3}{6}$ (4) $f(t) = e^{-3t}\cos 2t$

★11 章

【1】 省略

【2】

(1-1) $\dfrac{1}{s-1} + \dfrac{2}{s+3}$ (1-2) $e^t + 2e^{-3t}$

(2-1) $\dfrac{1}{s} - \dfrac{1}{s+1}$ (2-2) $t^2 - e^{-t}$

【3】 (1) $F(s)=\dfrac{3}{s+2}$

(2) $f(t)=3e^{-2t}$

【4】 (1) $F(s)=\dfrac{2}{s^2+9}$

(2) $f(t)=2\cos 3t$

【5】

5-1

(1) $f(t)=Ce^{-t}$

(2) $f(t)=t-1$

(3) $f(t)=Ce^{-t}+t-1$

(4) $f(t)=e^{-t}+t-1$

5-2

(1) $F(s)=\dfrac{1}{s^2(s+1)}\left(=\dfrac{1}{s^2}-\dfrac{1}{s}+\dfrac{1}{s+1}\right)$

(2) $f(t)=e^{-t}+t-1\ \bigl(=e^{-t}+t-u(t)\bigr)$

★12 章

【1】

(1) ①解図 **12.1** 参照。

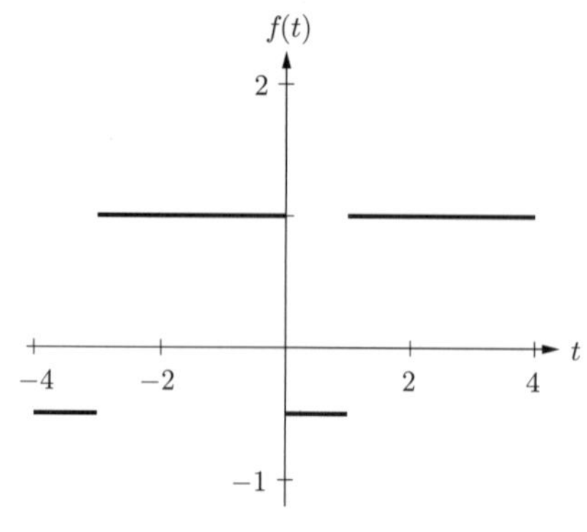

解図 **12.1**

②周期：4,　　各周波数 ω_0：$\pi/2$

(2) ① $\displaystyle\int_{1/2}^{3/2} dt=1$

② $\displaystyle\int_0^{\pi} x\sin x\,dx=\pi$

(3) $n=1\cdots 0,\qquad n=2\cdots -1,$

$n=3\cdots 0,\qquad n=4\cdots 1$

【2】

(1) 解図 **12.2** 参照。

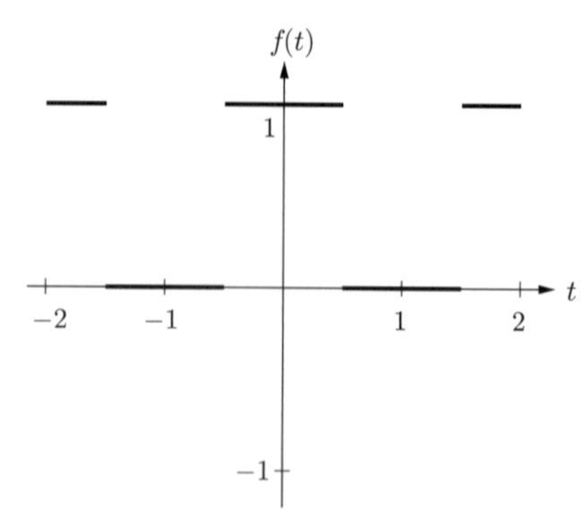

解図 **12.2**

(2) $f(t)=f(-t)$ のため，偶関数。

(3) $\tau=2,\qquad \omega_0=\pi$

(4) $a_0=\dfrac{1}{2}$

(5) $b_1=0$

(6) $a_1=\dfrac{2}{\pi}$

(7) cos は偶関数，sin は奇関数であるが，cos の係数 a_1 は 0 ではない値を持ち，sin の係数 b_1 は 0 となっている。したがって，$f(t)$ のフーリエ級数展開では，奇関数の要素は排除され，偶関数の部分のみが残る。これは (2) の性質と一致する。

(8) $a_n=\dfrac{2}{n\pi}\sin\dfrac{n\pi}{2},\qquad b_n=0$

(9) $\dfrac{1}{2}+\dfrac{2}{\pi}\cos\pi t-\dfrac{2}{3\pi}\cos 3\pi t+\dfrac{2}{5\pi}\cos 5\pi t$

【3】

(1) $f(t)=t$

(2) $f(t)=-f(-t)$ のため，奇関数。

(3) $\tau=2,\qquad \omega_0=\pi$

(4) $a_0=0$

(5) $x\sin x+\cos x+C$（C は積分定数）

(6) $a_1=0,\qquad b_1=\dfrac{2}{\pi}$

(7) cos は偶関数，sin は奇関数であるが，cos の係数 a_1 は 0 であり，sin の係数 b_1 は 0 ではない値を持っている。したがって，$f(t)$ のフーリエ級数展開では，偶関数の要素は排除され，奇関数の部分のみが残る。これ

は (2) の性質と一致する。

(8) $a_n = 0, \qquad b_n = -\dfrac{2}{n\pi}\cos n\pi$

(9) $\dfrac{2}{\pi}\sin \pi t - \dfrac{1}{\pi}\sin 2\pi t + \dfrac{2}{3\pi}\sin 3\pi t - \dfrac{1}{2\pi}\sin 4\pi t + \dfrac{2}{5\pi}\sin 5\pi t - \dfrac{1}{3\pi}\sin 6\pi t$

【4】

(1) $c_1 = \dfrac{2}{\pi} = 0.637, \qquad c_2 = 0$

$c_3 = \dfrac{2}{3\pi} = 0.212, \qquad c_4 = 0$

$c_5 = \dfrac{2}{5\pi} = 0.127, \qquad c_6 = 0$

(2) **解図 12.3** 参照。

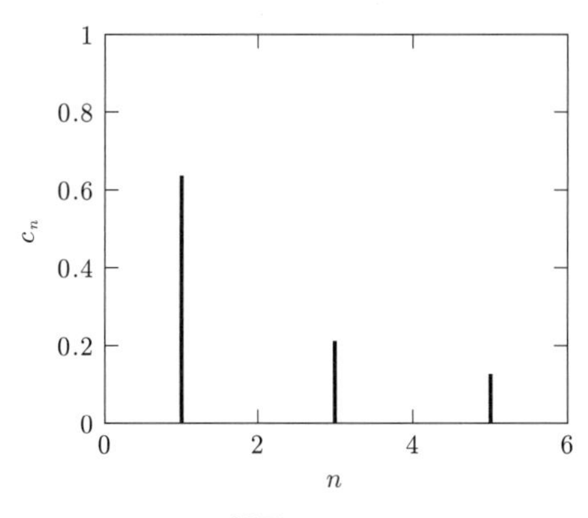

解図 12.3

(3) $c_1 = \dfrac{2}{\pi} = 0.637, \qquad c_2 = \dfrac{1}{\pi} = 0.318,$

$c_3 = \dfrac{2}{3\pi} = 0.212, \qquad c_4 = \dfrac{1}{2\pi} = 0.159,$

$c_5 = \dfrac{2}{5\pi} = 0.127, \qquad c_6 = \dfrac{1}{3\pi} = 0.106$

(4) **解図 12.4** 参照。

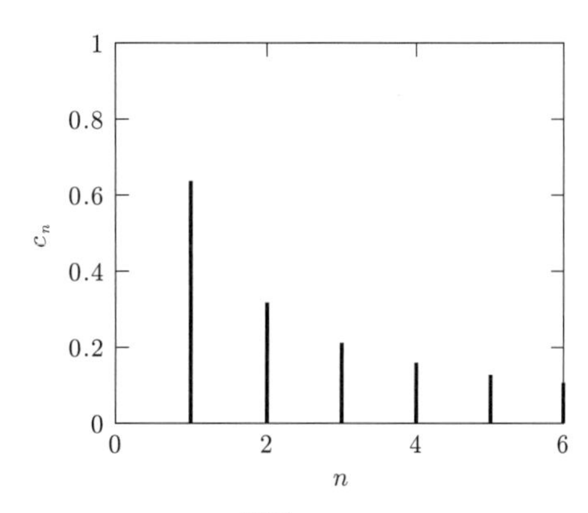

解図 12.4

★13 章

【1】 (1) $(7, -3, -14)$

(2) $\sqrt{35} - 5$

(3) $\left(\dfrac{2}{\sqrt{13}}, 0, -\dfrac{3}{\sqrt{13}}\right)$

(4) $(-2, 3, 6.5)$

【2】 (1) 38　(2) 0　(3) -2

(4) 0

【3】 (1) $(54, -8, -52)$　(2) $(13, -2, -3)$

(3) $(-3, 0, 5)$　(4) $(-2, 0, 2)$

【4】 (1) $(2y, 2x, 1)$

(2) $(2xyz, x^2z, x^2y)$

(3) $\left(-\dfrac{z}{3}, 0, -\dfrac{x}{3}\right)$

(4) $\left(-e^{-x}, -e^{-y}, -e^{-z}\right)$

【5】 (1) xz　(2) $2x + 2y + 2z$

(3) $ye^x + 3z^2$　(4) 1

【6】 (1) $(0, 0, -2)$　(2) 0

(3) $(0, 0, (2 - x)\cos y)$　(4) 0

索　　引

―― 著者略歴 ――

高木　茂行（たかぎ　しげゆき）

1982年　名古屋大学工学部電気電子工学科卒業
1984年　名古屋大学大学院工学研究科修士課程修了（電気電子工学専攻）
1984年　株式会社東芝生産技術研究所勤務
1991年　名古屋大学大学院工学研究科博士課程修了（電気電子工学専攻）
　　　　工学博士
1997年　株式会社東芝生産技術センター勤務
2000年　技術士（電気電子部門）
2007年　株式会社 SED 勤務
2010年　株式会社東芝生産技術センター勤務
2011年　青山学院大学大学院博士課程修了（機能物質創成コース）
　　　　博士（理学）
2015年　東京工科大学教授
　　　　現在に至る

美井野　優（みいの　ゆう）

2014年　徳島大学工学部知能情報工学科卒業
2016年　徳島大学大学院先端技術科学教育部博士前期課程修了
2018年　徳島大学教養教育院非常勤講師
2019年　徳島大学大学院先端技術科学教育部博士後期課程修了
　　　　博士（工学）
2019年　東京工科大学助教
2022年　鳴門教育大学講師
　　　　現在に至る

これなら解ける　**電気数学**　―実験でアプローチ―
Strategy for Mathematics in Circuit Experiments

2022年 8月26日　初版第1刷発行　★

検印省略	著　者	髙　木　茂　行
		美井野　　　優
	発行者	株式会社　コロナ社
		代表者　牛来真也
	印刷所	三美印刷株式会社
	製本所	有限会社　愛千製本所

112–0011　東京都文京区千石 4–46–10
発行所　株式会社　コロナ社
CORONA PUBLISHING CO., LTD.
Tokyo Japan
振替 00140–8–14844・電話(03)3941–3131(代)
ホームページ　https://www.coronasha.co.jp

ISBN 978–4–339–00984–2　C3054　Printed in Japan　（松岡）